多変量解析がわかる

多変量解析の入門書として最適
具体的な例や図が豊富でわかりやすい！

涌井良幸 著
涌井貞美 著

技術評論社

■**本書の使い方**
（1）多変量解析の多くの解説書は線形代数や解析学の知識を仮定しますが、本書はその知識を仮定しません。ただし、表記上、行列や微分の記号を含む式が示されている箇所があります。線形代数や解析学に親しみのない読者は、その箇所を軽く読み流してください。
（2）数値の表記は、理論の概要が見やすいように適当な小数位で表示しています。そこで、掲載されている数値の関係に多少の齟齬が発生する場合があります。ご容赦ください。
（3）本書は一般解を求めることを目標としていません。テーマに即した最適な解を採用しています。
（4）本書は数値解析の解説書ではないので、Excelで求めた最小値問題の解の吟味をしていません。この辺の詳細はアルゴリズムの解説書をご覧ください。
（5）本書は統計的な検定を主眼にしていません。そこで、分散や共分散の計算式には母集団を対象にする式を利用しています。
（6）本書では、理論を確認するための数値計算にマイクロソフト社のExcelを利用しています。そのバージョンはExcel2010（またはOffice2010）です。他のバージョンをご利用の場合は、掲載の文や図に多少の違いが生じます。

はじめに

　情報技術の進歩した現代においては、様々な資料を簡単に入手したり加工したりできます。その資料の多くには一つの特徴があります。複数の調査項目から構成されているということです。例えば学校において、子供一人ひとりのデータは成績や出席数などの複数の項目から成り立っています。会社の人事管理においては、社員一人ひとりのデータは年齢や性別、勤務成績や態度、健康度など幾つもの項目から構成されています。また、経済アナリストのデータベースにおいては、会社一つひとつのデータは収入や支出などの多くの項目から作り上げられています。

　このような多項目の資料が与えられたとき、私たちに備えがなければ、それを十分に活用することができません。というのは、多項目の資料には「項目間の関係」という貴重な情報が含まれているからです。多変量解析は、この「項目間の関係」の「あぶり出し方」を提供する分析術です。複数の項目の関係を具体的な数値として我々に提示してくれます。更には、それら複数の項目を背後から操る「原因」までも定量的に明示してくれます。

　ところで、多くの多変量解析の解説書は難解です。多変量解析の厳密な記述には解析学と線形代数学の知識が必要だからです。結果として難しい数式が羅列され、理解しづらい内容になってしまうのです。しかし、多変量解析の本質的なアイデアの理解は難しいものではありません。常識的であり、直感的に理解できるものです。そこで、本書はそのアイデアの理解に焦点を当て、丁寧に解説します。計算においては、難しい数学は章末やMemo、付録に回し、Excelによる数値計算で考え方の正しさを確かめます。こうすることで、多変量解析の意図するところが明快に伝わるでしょう。

　多変量解析は情報が氾濫する現代人の必須スキルの一つです。本書がこの理解と普及に少しでも役立てれば無上の喜びです。最後になりましたが、本書を作成するに際して技術評論社の渡邉悦司氏に御指導を仰ぎました。この場をお借りして感謝の意を表させて頂きます。

2011年　著者

ファーストブック **多変量解析がわかる** Contents

はじめに …………………………………………………………………………… 3

第1章 多変量解析の準備 ……………………………………………… 13

1-1 多変量解析の目的
～複数項目の資料から宝物情報を抽出する術 …………… 14
- ●多項目からなる多変量資料 ………………………………………… 14
- ●多変量解析の目的 …………………………………………………… 15
- ●個票データが重要 …………………………………………………… 16
- ●個票データで用いる言葉 …………………………………………… 17

1-2 分散 ～分散は資料のバラツキ具合を表す ……………… 18
- ●資料の並の値が平均値 ……………………………………………… 18
- ●個体の個性を表す偏差 ……………………………………………… 19
- ●偏差の平方和が変動 ………………………………………………… 19
- ●偏差の2乗平均が分散 ……………………………………………… 20
- ●分散の記号 …………………………………………………………… 21
- ●資料のバラツキを身近に表現する標準偏差 ……………………… 21

1-3 相関図 ～2変量の関係をイメージ化 ……………………… 22
- ●2変量の関係を描く相関図 ………………………………………… 22
- ●正の相関・負の相関 ………………………………………………… 23

1-4 共分散、相関係数 ～2変量の関係を数値化する ……… 24
- ●偏差の積の平均値が共分散 ………………………………………… 24
- ●2変量の関係を数値化する共分散 ………………………………… 24
- ●共分散の記号 ………………………………………………………… 26
- ●共分散を普遍化した相関係数 ……………………………………… 26
- ●分散共分散行列と相関行列 ………………………………………… 27

1-5 変量の標準化 ～データを規格化して見やすくする技法 … 29
- ●変量を規格化する「標準化」 ……………………………………… 29
- ●標準化された変量の共分散は相関係数と一致 …………………… 29

1-6 パス図 ～変量の関係をイメージ化 ………………………… 30
- ●変量の関係を図示するパス図 ……………………………………… 30
- ●潜在変数を含むパス図 ……………………………………………… 32
- ●パス図のまとめ ……………………………………………………… 33

1-7 ソルバーの使い方 〜多変量解析のための強力な武器 ……34
- ●ソルバーの確認 …… 34
- ●ソルバー利用法 …… 34

1-8 クロス集計表 〜2つの項目の関係を表にする方法 ……37
- ●例から調べる$m×n$クロス集計表 …… 37
- ●表側と表頭 …… 37

第2章 回帰分析 ……39

2-1 回帰分析の分類 〜外的基準のある分析術 ……40
- ●単回帰分析と重回帰分析 …… 40
- ●線形の回帰分析と非線形の回帰分析 …… 41
- ●回帰分析のイメージ化 …… 41

2-2 単回帰分析とは 〜相関図上の点を回帰直線で表現 ……42
- ●回帰方程式のイメージ …… 43
- ●回帰方程式の利用法 …… 44

2-3 単回帰分析の回帰方程式の求め方 〜予測値と実測値との差を最小化 ……45
- ●実測値と予測値 …… 45
- ●回帰方程式の求め方 …… 46
- ●実際に回帰方程式を求めてみる …… 47

2-4 単回帰分析の回帰方程式の公式 〜統計量の様々な関係 ……49
- ●回帰方程式の公式 …… 49
- ●回帰方程式の公式の証明 …… 50
- ●残差平方和と残差の分散の関係 …… 50
- ●目的変量の分散は予測値と残差の分散の和 …… 51
- ●単回帰分析のパス図 …… 52

2-5 決定係数 〜回帰分析の精度を示す指標 ……54
- ●回帰方程式の精度 …… 54
- ●回帰方程式の説明力を表す決定係数 …… 54
- ●実際に決定係数を求める …… 55
- ●重相関係数 …… 56

2-6 重回帰分析 〜1変量を複数の変量から予測する分析法 ……58

- ●重回帰分析の回帰方程式 ……………………………… 58
- ●重回帰分析の回帰方程式の求め方 …………………… 59
- ●実際に回帰方程式を求めてみる ……………………… 60
- ●重回帰分析のパス図 …………………………………… 61

2-7 重回帰分析の回帰方程式の公式 〜一般公式は行列で表現 … 62
- ●最小2乗法の復習 ……………………………………… 62
- ●残差平方和を微分 ……………………………………… 63
- ●回帰係数を行列表現 …………………………………… 63

2-8 Excelを用いた回帰分析 〜LINEST関数の利用法 … 65
- ●LINEST関数で線形回帰分析 ………………………… 65

2-9 対数線形モデルの回帰分析 〜非線形モデルへの対応法 … 68
- ●対数線形モデルとは …………………………………… 68
- ●具体例を見てみる ……………………………………… 69
- ●変数を変換して線形モデル化 ………………………… 69

第3章 主成分分析 … 73

3-1 主成分分析の考え方 〜合成変量から資料を分析 … 74
- ●変量の合成の原理 ……………………………………… 74
- ●合成変量の作り方 ……………………………………… 75
- ●主成分はデータの見方を変えただけ ………………… 76

3-2 主成分の求め方 〜分散を最大にする変量を合成 … 77
- ●主成分は分散を最大にする変量合成 ………………… 77
- ●原理を直接用いて主成分を数値計算 ………………… 78
- ●主成分の解釈 …………………………………………… 80
- ●各個体の主成分の値が主成分得点 …………………… 80

3-3 寄与率 〜主成分の説明力を表現する指標 … 81
- ●主成分の寄与率の定義 ………………………………… 81
- ●実際に寄与率を算出 …………………………………… 82

3-4 第2主成分 〜主成分の搾りカスから抽出される第2の主成分 … 83
- ●主成分の「搾りかす」から得られる第2主成分 ……… 83
- ●主成分の「搾りかす」の資料の算出 …………………… 83
- ●実際に第2主成分を抽出 ……………………………… 85

- ●第2主成分を解釈 ……………………………………………… 86
- 3-5 **累積寄与率** 〜主成分全体の説明力を示す指標 ……… 87
  - ●寄与率の和が累積寄与率 ……………………………………… 87
  - ●実際に累積寄与率を算出 ……………………………………… 88
- 3-6 **変量プロットと主成分得点プロット**
  〜主成分分析の結果を視覚化 ……………………………… 89
  - ●変量を主成分から評価する変量プロット …………………… 89
  - ●個体を主成分から評価する主成分得点プロット …………… 91
- 3-7 **主成分分析の数学的な定式化** 〜ラグランジュの未定係数法 … 93
  - ●主成分の求め方の復習 ………………………………………… 93
  - ●ラグランジュの未定係数法 …………………………………… 93
  - ●実際に微分計算 ………………………………………………… 95
  - ●固有値問題を解く ……………………………………………… 95
  - ●固有値問題の解から主成分を得る …………………………… 96

第4章 因子分析 …………………………………………………… 97

- 4-1 **データの背後を探る因子分析**
  〜データから原因をあぶり出す手法 ……………………… 98
  - ●1因子モデルで仕組みを理解 ………………………………… 98
  - ●1因子モデルを式で表現 ……………………………………… 100
  - ●モデルの式から分散・共分散を算出 ………………………… 101
  - ●因子間の独立性を仮定 ………………………………………… 101
  - ●変量の標準化で式を簡略化 …………………………………… 102
  - ●変量の標準化 …………………………………………………… 103
  - ●原理は分散・共分散を忠実に再現すること ………………… 103
  - ●方程式を解いてみる …………………………………………… 104
  - ●因子の解釈 ……………………………………………………… 105
- 4-2 **共通性と寄与率** 〜共通因子の説明力を示す指標 ……… 107
  - ●変量に対する共通因子の説明力が「共通性」………………… 107
  - ●資料全体に対する共通因子の説明力が「寄与率」…………… 108
- 4-3 **2因子モデルの因子分析** 〜因子負荷量の方程式を導出 … 110
  - ●2因子モデルの関係式 ………………………………………… 110

- ●2因子モデルの因子負荷量の方程式 ……………………… 111

4-4 2因子直交モデルを解く(1) ～最小2乗法で因子負荷量を決定 …… 114
- ●2因子直交モデルの因子負荷量の方程式 ……………… 115
- ●共通性を推定 ……………………………………………… 116
- ●共通性推定のためのSMC法 …………………………… 117
- ●因子負荷量の方程式の解き方 …………………………… 118
- ●因子負荷量の方程式を実際に解く ……………………… 119
- ●因子の意味を調べる ……………………………………… 121

4-5 反復推定法 ～推定値と算出値との不整合を解決 …… 123
- ●反復計算の原理 …………………………………………… 123
- ●計算結果を見てみる ……………………………………… 124

4-6 バリマックス回転 ～共通因子を解釈しやすくする技法 …… 127
- ●因子分析の基本方程式の特徴 …………………………… 127
- ●因子負荷量の回転 ………………………………………… 128
- ●回転後のまとめ …………………………………………… 131

4-7 2因子直交モデルを解く(2) ～主因子法で因子負荷量を決定 …… 132
- ●因子負荷量の方程式を行列表現 ………………………… 132
- ●主因子法による因子の抽出 ……………………………… 133
- ●固有値問題を解く ………………………………………… 135
- ●最小2乗法と比較 ………………………………………… 135

第5章 SEM …… 137

5-1 古典的因子分析とSEM ～SEMはデータ構造を予め仮定 …… 138
- ●古典的因子分析の復習 …………………………………… 138
- ●古典的因子分析を発展させたSEM ……………………… 139

5-2 確認的因子分析 ～因子の意味を予め仮定する分析術 …… 140
- ●確認的因子分析の関係式 ………………………………… 141
- ●パラメータの決定原理は因子分析と同様 ……………… 141
- ●理論値と実測値の誤差が適合度関数 …………………… 142
- ●計算の実行 ………………………………………………… 143
- ●結果を見てみる …………………………………………… 144

5-3 非直交モデルの因子分析 ～因子間の相関がある因子分析 … 145
- ●非直交モデルとは ……………………………………………… 145
- ●非直交モデルを式で表すと …………………………………… 146
- ●非直交モデルの方程式を解く ………………………………… 147

5-4 潜在変数に構造を仮定できるSEM
～SEMらしい問題に挑戦 …………………………………… 149
- ●モデルを式で表すと …………………………………………… 150
- ●モデルの方程式を解く ………………………………………… 151
- ●結果を見てみる ………………………………………………… 152

5-5 SEMのモデルを検定
～SEMと最尤推定法とのコラボレーション ……………… 153
- ●SEMの尤度関数 ………………………………………………… 153
- ●最尤推定法の適合度関数 ……………………………………… 154
- ●確認的因子分析モデルを最尤推定法で分析 ………………… 155
- ●確認的因子分析モデルの確認 ………………………………… 156
- ●最尤推定法を実行 ……………………………………………… 157
- ●結果を見てみる ………………………………………………… 159
- ●適合度関数と検定 ……………………………………………… 160
- ●SEMの検定の特徴 ……………………………………………… 161

第6章 判別分析 ……………………………………………………… 163

6-1 判別分析とは ～データの群分けを最適に判断する技法 … 164
- ●2つの代表的な判別分析法 …………………………………… 165

6-2 相関比 ～2群の離れ具合を表現する相関比 ……………… 166
- ●具体例で調べる ………………………………………………… 166
- ●分散の分離 ……………………………………………………… 167
- ●群の離れ具合を示す群間変動 ………………………………… 169
- ●群のまとまり具合を示す群内変動 …………………………… 170
- ●全変動に占める群間変動の割合が相関比η^2 ………………… 170
- ●相関比η^2の性質 ……………………………………………… 171
- ●実際に計算してみよう ………………………………………… 172

6-3 線形判別分析のしくみ
〜相関比が最大になるような変量の合成 ……… 173
- ●具体例でイメージ作成 ……… 173
- ●群が離れて見える変量を合成 ……… 175
- ●変量合成の原理は相関比の最大化 ……… 176
- ●具体例を用いて計算 ……… 176
- ●解確定のために合成変量zの分散を仮定 ……… 178
- ●定数項決定の原理は相関比とは別 ……… 179
- ●線形判別関数$z=0$は2群の境界線を表す ……… 180
- ●結果を見てみる ……… 181
- ●判別得点は群所属の判別の目安 ……… 182

6-4 線形判別分析の計算の実際 〜パソコンで解いてみる ……… 183
- ●線形判別分析のまとめ ……… 183
- ●Excelのソルバーで線形判別分析 ……… 184

6-5 線形判別分析の数学的解法 〜統一的な議論が可能 ……… 185
- ●ラグランジュの未定係数法を利用 ……… 185
- ●微分の結果を行列で表現 ……… 187
- ●未定係数λは相関比 ……… 187
- ●実際にλを求めてみよう ……… 188
- ●線形判別関数を求めてみよう ……… 189

6-6 マハラノビスの距離 〜確率を加味した平均値からの遠近表現 ……… 190
- ●マハラノビスの距離の必要性 ……… 190
- ●1変量のマハラノビスの距離 ……… 191
- ●多変量のマハラノビスの距離 ……… 192
- ●マハラノビスの距離を一般化 ……… 193
- ●マハラノビスの距離と多変量正規分布 ……… 193

6-7 マハラノビスの距離による判別分析 〜距離の遠近で群判別 ……… 194
- ●マハラノビスの距離による判別の原理 ……… 194
- ●マハラノビスの距離による判別の具体例 ……… 195
- ●マハラノビスの距離による判別の正誤 ……… 197

6-8 判別的中率 〜判別の精度を示す指標 ……… 198
- ●判別的中率 ……… 198

- ●判別的中率の評価 …………………………………… 199

第7章 質的データの多変量解析 …………………… 201

7-1 質的データの統計学 〜数値の意味を持たないデータの扱い … 202
- ●データを測る尺度には4種 …………………………… 202
- ●質的データの統計解析 ………………………………… 203
- ●アイテムとカテゴリー ………………………………… 203

7-2 数量化Ⅰ類 〜量的データを基準に質的データを数量化 … 204
- ●数量化Ⅰ類の分析対象となる資料 …………………… 204
- ●各カテゴリーにカテゴリーウェイトを付与 ………… 205
- ●目的変量とサンプルスコアとの誤差を最小化 ……… 207
- ●カテゴリーウェイトを条件付け ……………………… 207
- ●最小2乗法を用いて実際に計算 ……………………… 207
- ●結果を見てみる ………………………………………… 208

7-3 数量化Ⅱ類 〜質的データを基準に質的データを数量化 … 210
- ●数量化Ⅱ類の分析対象となる資料 …………………… 210
- ●カテゴリーウェイトの設定 …………………………… 211
- ●2群を遠ざけるようにウェイトを決定 ……………… 212
- ●相関比のまとめ ………………………………………… 212
- ●相関比を最大にする数量化が数量化Ⅱ類 …………… 213
- ●カテゴリーウェイトに条件付け ……………………… 214
- ●相関比η^2を最大にするように数量化 ……………… 215
- ●結果を見てみる ………………………………………… 216

7-4 数量化Ⅲ類 〜クロス集計表の表側と表頭のカテゴリーを数量化 … 218
- ●数量化Ⅲ類の分析対象となる資料 …………………… 210
- ●数量化Ⅲ類は項目の並べ替え ………………………… 219
- ●クロス集計表の並びは相関図の並び ………………… 220
- ●数量化Ⅲ類の原理は相関係数の最大化 ……………… 221
- ●相関係数を求めるための個票を作成 ………………… 221
- ●作成した個票から相関係数を算出 …………………… 222
- ●カテゴリーウェイトの条件付け ……………………… 223

- ●相関係数を最大にするように数量化 ……………………………………… 224
- ●結果を見てみる ……………………………………………………………… 224

7-5 数量化Ⅳ類 ～互いの親近性から関係を数量化 226
- ●数量化Ⅳ類の分析対象となる資料 ………………………………………… 226
- ●親近度の重みづけをした距離を距離を考える …………………………… 227
- ●距離Qを最小にするように数量化 ………………………………………… 228
- ●結果を見てみる ……………………………………………………………… 230
- ●多次元に拡張 ………………………………………………………………… 230

7-6 コレスポンデンス分析 ～数量化Ⅲ類の拡張 231
- ●コレスポンデンス分析の対象となる資料 ………………………………… 231
- ●コレスポンデンス分析は項目の並べ替え ………………………………… 232
- ●クロス集計表の並びを相関図の並びで解釈 ……………………………… 233
- ●コレスポンデンス分析の原理は相関係数の最大化 ……………………… 234
- ●相関係数を求めるための個票を作成 ……………………………………… 234
- ●カテゴリーウェイトを条件付け …………………………………………… 235
- ●相関係数を最大にするように数量化 ……………………………………… 236
- ●結果を見てみる ……………………………………………………………… 237
- ●カテゴリーウェイト順に並べ替え ………………………………………… 238

■付録A　分散と共分散の計算公式 …………………………………………… 239
■付録B　重回帰方程式の一般的な解法 ……………………………………… 242
■付録C　極値条件とラグランジュの未定係数法 …………………………… 244
■付録D　行列の基本 …………………………………………………………… 247
■付録E　対称行列の固有値問題とその性質 ………………………………… 251
■付録F　固有値問題の数値的解法 …………………………………………… 254
■付録G　第1主成分を取り除いた「搾りカス」変量の導出 ………………… 256
■付録H　正規分布と多変量正規分布 ………………………………………… 258
■付録I　最尤推定法 …………………………………………………………… 260
■付録J　最尤推定法のための適合度関数 …………………………………… 262

索引 ………………………………………………………………………………… 266

第1章 多変量解析の準備

　本章は多変量解析を理解するための最低限の統計学の知識をまとめます。多変量解析では分散と共分散が主役になるので、それに関係する事項を丁寧に調べます。

(注)統計的な基礎知識をお持ちの読者は、この1章を読み飛ばしても問題はありません。

1-1 多変量解析の目的
～複数項目の資料から宝物情報を抽出する術

「現代は情報化社会」といわれて久しくなります。この「情報化社会」とはいろいろな意味で解釈されていますが、統計的観点でいうなら「扱えるデータが容易に得られる社会」と解釈できるでしょう。ところで、そのデータの多くは複数項目からなる「多変量の資料」です。この多変量の資料から有益な情報をあぶり出すのが多変量解析です。

● 多項目からなる多変量資料

多変量解析は複数の項目から構成されている資料、すなわち多変量の資料を分析対象にします。誰もが知っている例として挙げられるのは、次のような学校の得点成績でしょう。一人の学生や生徒について複数の項目(すなわち教科)のデータが併記されています。

出席番号	数学	理科	社会	英語	国語
1	71	64	83	100	71
2	34	48	67	57	68
3	58	59	78	87	66
4	41	51	70	60	72
5	69	56	74	81	66
19	63	56	79	91	70
20	39	49	73	64	60

もっともなじみ深い多変量の資料の一つは学校の成績一覧表。

さて、IT社会の現代において、この形式の資料はいたるところに見ることができます。経済データ、アンケートの調査結果、社会調査資料など、枚挙にいとまがないでしょう。このような複数の項目から構成された資料を分析できることは、現代人にとって不可欠なスキルになっています。その代表的なスキルが多変量解析なのです。この解析法をマスターすると、データの関係や、その背後に潜む原因を数量的に捉えることができるようになります。

銘柄名	みずほ	野村HD	三井不動産	新日鉄	トヨタ
10/1(水)	450	141	1981	390	446
10/2(木)	440	135	1949	357	431
10/3(金)	436	135	1871	346	408
10/6(月)	402	124	1761	319	390
…	…	…	…	…	…

株価の動向を見て、ポートフォーリオを作成するのに多変量解析は不可欠。

従業員番号	年齢	身長	体重	肺活量	心電図
101	43	175.0	67.2	4323	異常なし
102	54	168.0	60.0	3988	異常なし
103	29	171.0	61.5	4131	異常なし
104	38	179.0	71.7	4532	所見有
…	…	…	…	…	…

従業員の健康管理を行うにも多変量解析は不可欠。

都道府県名	持家比率	老年割合	婚姻率
北海道	56.7	23.6	5.2
青森県	70.9	24.4	4.6
岩手県	70.1	26.3	4.7
宮城県	60.6	21.5	5.5
秋田県	77.6	28.4	4.0
山形県	75.9	26.6	4.6

地域調査をするにも多変量解析は不可欠。

多変量解析の目的

さて、多変量解析のスキルを持たない人が多変量の資料を分析したら、どうなるでしょうか。結果は大変貧困なものになります。例えば、先に例示した学校の成績の資料でいうと、往々にして平均点と標準偏差だけを算出し「それでよし」ということになってしまいます。

	数学	理科	社会	英語	国語
平均点	46.4	53.0	73.5	59.2	66.3
標準偏差	15.2	5.9	6.7	24.3	4.7

しかし、これは大変もったいない話です。多変量の資料を「1変量資料の合体」としてしか捉えていない貧しい分析法です。多変量の資料は1変量の資料の合体ではないのです。情報がより豊富に含まれているのです。

個体名	w	x	...	z
1	w_1	x_1	...	z_1
2	w_2	x_2	...	z_2
3	w_3	x_3	...	z_3
...	...	...	...	...
n	w_n	x_n	...	z_n

w
w_1
w_2
w_3
...
w_n

x
x_1
x_2
x_3
...
x_n

z
z_1
z_2
z_3
...
z_n

多変量の資料は1変量の資料の合体ではない。情報をより豊富に含んでいる。

多変量資料に含まれる豊富な情報とは「変量間の関係」です。先に述べた学校の成績でいうなら、教科と教科がどのように関係しているか、という情報が資料には含まれているのです。更には、それらの教科を背後で操っている「能力」という原因までもが含まれているはずです。

● 個票データが重要

以上のように、多変量解析の目的は、変量間の関係を調べ、その資料の裏側にある真理をあぶり出すことです。そこで、資料が集計されていたり、加工されていたりすると、分析ができなくなります。多変量解析の対象は採りたてのデータ、すなわち鮮度の良い生データであることが理想的なのです。

加工されていない、いわば「生」の資料を**個票**または**個票データ**（または**1次データ**）といいます。それから計算、集計されたデータを**2次データ**といいます。多変量解析の対象とする資料はこの個票データ（すなわち1次データ）なのです。

（注）一部の多変量解析はクロス集計された資料を分析対象にします。

ところで、情報の宝庫とされるインターネットを探しても、個票データ（すなわち1次データ）はなかなか見つけられません。それだけ、価値があるからです。

個票データ（1次データ）

出席番号	数学	英語	国語
1	71	100	71
2	34	57	68
3	58	87	66
4	41	60	72
5	69	81	66
6	64	100	71

2次データ

	数学	英語	国語
平均点	46.4	59.2	66.3
標準偏差	15.2	24.3	4.7

● 個票データで用いる言葉

多変量解析の具体的な内容については、後述することにして、ここではその分析対象の個票データに関する言葉を紹介しましょう。

数値データからなる個票データにおいて、資料の中の一つ一つの構成要素を**個体**（または**要素**）といいます。そして、名前や社員番号のように、各個体を識別するものを**個体名**（または**要素名**）と呼びます。

また、個票データにおいて、タイトル行にある観測項目や調査項目を**変量**と呼びます。多変量解析の「**多変量**」とは、この項目（すなわち変量）が2つ以上であることを表現しているのです。

個体名 ↓ 変量

出席番号	数学	理科	社会	英語	国語
1	71	64	83	100	71
2	34	48	67	57	68
3	58	59	78	87	66
4	41	51	70	60	72
5	69	56	74	81	66

個体

（注）本書では、項目名を**変量**と呼んでいますが、**変数**と呼ぶ文献もあります。

通常、変量は数量的な意味を持つデータ（すなわち「量的データ」）を表現するのに用いられます。後に「質的データ」について調べますが（7章）、そこでは変量に似た役割を持つものとして「カテゴリー」という名称が利用されます。「変量」と紛らわしいので注意が必要です。

1-2 分散
～分散は資料のバラツキ具合を表す

多変量解析を理解するための準備として、統計学の基本アイテムを確認することにします。

(注) 統計的な基礎知識をお持ちの読者は、本章残りの部分を読み飛ばしても問題はありません。

従来の統計学は平均値が主役でした。統計学の標準的な教科書では平均値の推定や検定に重点が置かれます。それに対して、多変量解析は平均値とは違う二者が主役となります。分散と共分散です。これら2つの量を説明できるようにモデルを構築することが、多変量解析のモデル決定の原理なのです。本節では、一方の主役の「分散」に関係する知識をまとめます。

● 資料の並の値が平均値

変量 x の平均値とは変量の値の総和をデータ数で割ったものです。利用される分野によって、平均点、平均所得、平均時刻などと名を変えますが、皆同じものです。

一般的に次のような変量 x の個票データを考えてみましょう。

番号	x
1	x_1
2	x_2
3	x_3
…	…
n	x_n
個体数	n

平均値はこの資料の標準的な値の目安を与える。俗な言い方をすれば、資料の「並みの値」を表現する。

平均値 $\bar{x}$ は式として次のように書き表されます。n は個体数として

$$\bar{x} = \frac{x_1 + x_2 + x_3 + \cdots + x_n}{n} \quad \cdots (1)$$

幾何学的に言うと、重心を与える式と一致します。

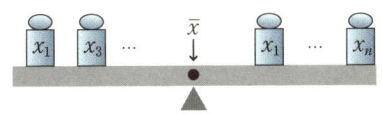

平均値$\bar{x}$は資料の重心と考えられる。

（注）本書では変量の平均値を変量の上にバーを付けて表わします。

● 個体の個性を表す偏差

変量xについて、i番目の個体の値をx_iとすると、この値x_iの偏差は次のように表わされます。

$$偏差 = x_i - \bar{x}$$

要するに、偏差とは平均値からの離れ具合を表します。

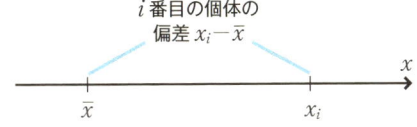

偏差$x_i - \bar{x}$は平均値からの離れ具合。資料内でのデータの個性と考えられる。

平均値は資料全体を代表する値、すなわち「標準」の値です。俗な言い方をすれば、資料における「並」の値です。したがって、その「並」の平均値からの離れ具合を表す偏差は、資料を構成する各個体の「個性」と考えられます。

● 偏差の平方和が変動

「偏差」は各個体の「個性」を表します。その個性を資料全体で加えあわせれば、その資料の持つ「個性全体」を求めることができます。俗な言い方をすれば、資料のデータの「バラツキ具合」を求めることができます。

ところで、個性を表す偏差を単純に加えあわせると、プラスとマイナスの個性が打ち消しあって、値は0になってしまいます。そこで、資料全体の個性を調べるときには、各々を2乗して加えます。これを変動といいます。また、偏差平方和とも呼びます。

一般的に、左のページに示した変量xの資料があるとしましょう。この

資料において、変量xの変動Qは次のように表されます。

$$Q = (x_1 - \overline{x})^2 + (x_2 - \overline{x})^2 + \cdots + (x_n - \overline{x})^2 \quad \cdots(2)$$

nは個体数、$\overline{x}$は平均値です。

　同じ個体数ならば、変動Qが大きいほど、資料の中のデータのバラツキが大きいことになります。変動Qが大きいほど、資料に含まれている個体は個性豊かであることを示すのです。多変量解析では、このQを資料の持つ個性の総量、すなわち「情報量」と解釈できます。

● 偏差の2乗平均が分散

　同じバラツキ具合をもつ資料でも、資料の大きさ(すなわち個体数)nが大きいほど、(2)式の変動Qの値は大きくなってしまいます。個体数nが大きいほど、その分、バラツキ(すなわち「個性」)の総量が増えてしまうからです。そこで、Qを個体数nで割ってみましょう。そうすれば、個体数nに依らない資料のバラツキの目安が求められます。

$$s^2 = \frac{(x_1 - \overline{x})^2 + (x_2 - \overline{x})^2 + \cdots + (x_n - \overline{x})^2}{n} \quad \cdots(3)$$

この値を変量xの**分散**と呼びます。通常s^2と記されます。

　既に調べた平均値と偏差という言葉を利用するなら、分散とは「偏差の2乗平均」と表現できます。

(注) 分散は英語でVarianceといいますが、その値は通常s^2と表記されます。このsは標準偏差(standard deviation)の頭文字です。この標準偏差の2乗が分散になるのです。分母を個体数nとしましたが、$n-1$とした文献もあります。結果の検定を考えない限り、統一的に利用すれば、どちらの結論も同じになります。

　(2)式の変動は資料の持つ「情報量」と考えられると述べましたが、それに比例する分散も、当然そのように解釈できます。そして、多変量解析ではこの分散が主役になります。分散を上手に説明できるように、いろいろとモデルを構築し理論を発展させるのです。

● 分散の記号

分散は通常s^2で表されますが、この記号には欠点があります。表記が複雑になる場合があるということです。例えば、変量e_xの分散を表現しようと思うと、次のように添え字が小さくなり、見にくくなってしまいます。

変量e_xの分散 $= s_{e_x}^2$

そこで、本書では次のように定義される記号Vも併用します。

変量xの分散 $= V(x)$、変量e_xの分散 $= V(e_x)$

なお、記号Vは分散の英語varianceが由来です（先の注参照）。

● 資料のバラツキを身近に表現する標準偏差

分散s^2の正の平方根sを**標準偏差**と呼びます。

$$\text{標準偏差}\, s = \sqrt{s^2} \quad \cdots (4)$$

平方根をとることで、標準偏差は単位が元の変量と同じになります。例えば、体重の資料があるとき、分散の単位は「重さの平方」になってしまい、意味がありません。ところが、その平方根である標準偏差は「重さ」の単位に戻ります。したがって、標準偏差は分散よりも「バラツキの目安」というイメージに近い値になります。

（例） 右の資料において、変量xの平均値$\bar{x}$、変動Q、分散s^2、標準偏差sを求めてみよう。

（解） まず、(1)式から変量xの平均値$\bar{x}$を求めます。

個体番号	x
1	51
2	49
3	50
4	57
5	43
平均値	50

$$\bar{x} = \frac{51+59+50+57+43}{5} = 50$$

次に、上の公式(2)～(4)から

$$Q = (51-50)^2 + (49-50)^2 + (50-50)^2 + (57-50)^2 + (43-50)^2 = 100$$

$$s^2 = V(x) = \frac{(51-50)^2+(49-50)^2+(50-50)^2+(57-50)^2+(43-50)^2}{5} = 20$$

$$s = \sqrt{s^2} = \sqrt{20} = 2\sqrt{5} = 4.472\cdots \fallingdotseq 4.5 \quad \textbf{(答)}$$

1-3 相関図
～2変量の関係をイメージ化

前節（§2）では、変量の数が1個の資料を調べました。ここでは、それが2個の場合を調べることにしましょう。このような資料が多変量解析の基本となります。

● 2変量の関係を描く相関図

情報が視覚的に理解できることは大切です。そこで、2変量の資料を視覚化してみましょう。

次の表を見てください。これは中学生10人の数学と理科のテスト結果です。このような2変量の資料を視覚化する手段が **相関図** です。**散布図** とも呼ばれます。

出席番号	数学	理科
1	71	64
2	34	48
3	58	59
4	41	51
5	69	56
6	64	65
7	16	45
8	59	59

2変量資料の例。

いま、出席番号1番のテスト結果を見てみましょう。数学71点、理科64点です。これを平面上の座標(71, 64)に点で表示してみます。

数学71点、理科64点の子供は座標（71, 64）の点で表せる。

こうして、一人の子供の成績が図示できました。以上の操作を資料全体について行ってみましょう。すると、資料が平面上にマッピングされます。これが相関図（または散布図）です。

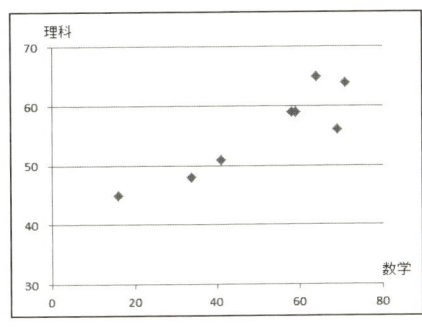

相関図。数学の成績の良いものは、総じて理科の成績も良いことがわかる。

資料を相関図に示すと、資料の特徴が見やすくなります。例えば、上の相関図を見れば「数学の成績の良いものは、総じて理科の成績も良い」ことがすぐに見て取れます。

正の相関・負の相関

2変量の資料について重要なことは、これら2変量がどのように関係しているかです。そこで、2変量 x、y の典型的な関係を、相関図から見てみましょう。

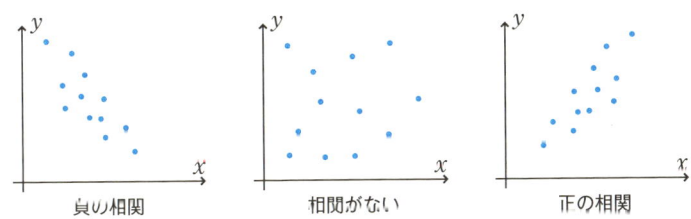

右端の図は、変量 x が増加すれば変量 y も増加する、という関係です。この関係を正の相関があるといいます。それに対して左端の図は、変量 x が増加すれば変量 y は減少します。この関係を負の相関があるといいます。

真ん中の図の場合、2変量 x、y の間には特筆すべきような関係はありません。このような場合、2変量 x、y に相関はないといいます。

1-4 共分散、相関係数 〜2変量の関係を数値化する

前の節（§2）では、多変量解析には二人の主役がいると述べました。分散と共分散です。本節では後者の共分散について調べることにします。

● 偏差の積の平均値が共分散

次の資料を見てみましょう。2変量 x、y の資料です。

個体番号	x	y
1	x_1	y_1
2	x_2	y_2
3	x_3	y_3
…	…	…
n	x_n	y_n

一般的な2変量 x、y の資料。

このとき、2変量 x、y の**共分散** s_{xy} を次のように定義します。ここで、$\bar{x}$、$\bar{y}$ は2変量 x、y の平均値、n は個体数です。

$$s_{xy} = \frac{(x_1-\bar{x})(y_1-\bar{y})+(x_2-\bar{x})(y_2-\bar{y})+\cdots+(x_n-\bar{x})(y_n-\bar{y})}{n} \quad \cdots (1)$$

● 2変量の関係を数値化する共分散

(1)式の性質について調べてみましょう。上に示した資料について、散布図を描き、$(x-\bar{x})(y-\bar{y})$ の正負を調べてみます。すると、その正負は右の図のようにまとめられます。図で、点 $G(\bar{x}, \bar{y})$ は各変量の平均値 $\bar{x}$、$\bar{y}$ を座標とする散布図の中心（重心）です。この図と、前節（§3）で調べた次の図とを重ねてみましょう。

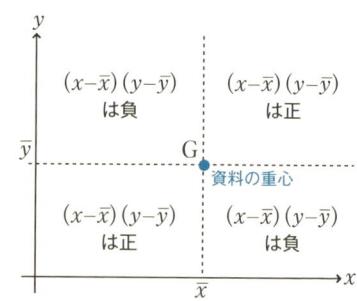

| | 負の相関 | 相関がない | 正の相関 |

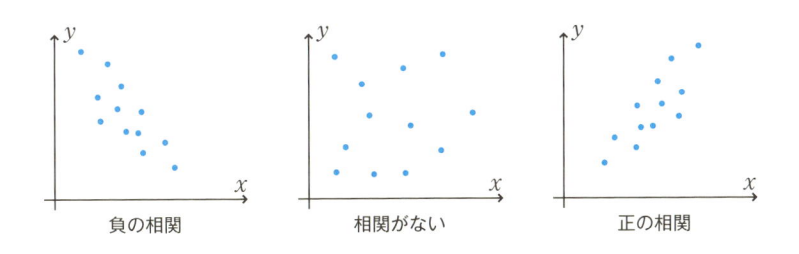

図を比較することで、次の表の結論が得られます。

正の相関	$(x-\bar{x})(y-\bar{y})$ が正となる点が多い
負の相関	$(x-\bar{x})(y-\bar{y})$ が負となる点が多い
相関がない	$(x-\bar{x})(y-\bar{y})$ の正負はいろいろ

この表と(1)式とを見比べることで、s_{xy}の値から2変量x、yの正の相関、負の相関を判断できます。

相関関係	正の相関	相関がない	負の相関
共分散の値	正	0に近い値	負

(例1) 右の資料で、数学xと理科yの共分散s_{xy}を計算してみよう。

(解) まず平均値を求めてみます。

$\bar{x} = 51.5$

$\bar{y} = 55.9$

これを(1)式に代入して、

$s_{xy} = \dfrac{1}{8}\{(71-51.5)(64-55.9)$

$+ (34-51.5)(48-55.9) + \cdots + (59-51.5)(59-55.9)\} = 111.7$ **(答)**

出席番号	数学 x	理科 y
1	71	64
2	34	48
3	58	59
4	41	51
5	69	56
6	64	65
7	16	45
8	59	59

共分散s_{xy}は正の大きな値になっています。数学xと理科yには大きな正の相関があることが想起されます。

● 共分散の記号

2変量x、yの共分散の記号として、(1)式ではs_{xy}という形を用いました。ところで、e_x、e_yなどと添え字のついた変量名を扱う際には、このような共分散の記号は不便です。次のように見にくくなるからです。

2変量e_x、e_yの共分散：$s_{e_x e_y}$

そこで、次のような記号も併用することにします。例えば、2変量xとyの共分散ならば、次のように表記します。

$Cov(x, y)$

すると、上記の2変量e_x、e_yの共分散ならば$Cov(e_x, e_y)$と簡単に書き表すことができます。

（注）記号Covは共分散の英語covarianceの最初の3文字をとったものです。

● 共分散を普遍化した相関係数

共分散はデータの単位によって数値が変わります。例えば、身長と体重の関係を調べたいとき、身長の単位をメートルからセンチメートルに変えると、大きさが100倍違ってしまいます。そこで、単位に影響されない「より客観的な」相関関係の指標が欲しくなります。それが相関係数です。

2変量xとyの相関係数r_{xy}は次のように定義されます。

$$r_{xy} = \frac{s_{xy}}{s_x s_y} \quad (s_xはxの、s_yはyの標準偏差、s_{xy}は共分散) \quad \cdots (2)$$

（注）rはrelationの頭文字です。この値はPearsonの積率相関係数ともいわれます。

(1)式のようにデータ値で(2)式を表してみましょう。

$$r_{xy} = \frac{(x_1-\overline{x})(y_1-\overline{y})+(x_2-\overline{x})(y_2-\overline{y})+\cdots+(x_n-\overline{x})(y_n-\overline{y})}{\sqrt{(x_1-\overline{x})^2+(x_2-\overline{x})^2+\cdots+(x_n-\overline{x})^2}\sqrt{(y_1-\overline{y})^2+(y_2-\overline{y})^2+\cdots+(y_n-\overline{y})^2}}$$

こう定義された相関係数r_{xy}は次の性質を持つことが証明されます。

$$-1 \leqq r_{xy} \leqq 1 \quad \cdots (3)$$

r_{xy} の値は 1 に近いほど正の相関が強く、-1 に近いほど負の相関が強いことを表します。また、0 に近いほど相関がないことを表します。

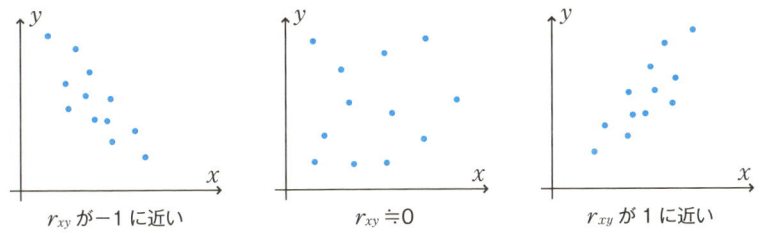

r_{xy} が -1 に近い	$r_{xy} \fallingdotseq 0$	r_{xy} が 1 に近い

（例2） 先に示した資料（下に再掲）から、数学 x と理科 y の相関係数 r_{xy} を計算してみよう。

（解） 先の**（例1）** の結果を用いて、共分散 s_{xy} は、

$$s_{xy} = 111.7$$

x、y の標準偏差 s_x、s_y を求めると（§2）、

$$s_x = 18.1、s_y = 6.8$$

これを (2) 式に代入して、

$$r_{xy} = \frac{s_{xy}}{s_x s_y} = \frac{111.7}{18.1 \times 6.8} = 0.90 \quad \textbf{(答)}$$

出席番号	数学 x	理科 y
1	71	64
2	34	48
3	58	59
4	41	51
5	69	56
6	64	65
7	16	45
8	59	59

1 に近い値になっています。数学 x と理科 y には大きな相関があることが確かめられました。

分散共分散行列と相関行列

本書では、行列の知識は前提としていません。しかし、多くの変量の共分散や相関係数を表記する場合、行列形式を用いた方が便利です。そのため、分散共分散行列と相関行列について、ここで調べることにします。

（注）行列一般の概説は付録Dに解説します。ここでは、表記上の問題だけを取り上げます。

まず「分散共分散行列」について調べます。例えば、3変量 x、y、z があるとき、それらの分散と共分散が次の値であったとしましょう。

$$s_x^2 = 3、s_y^2 = 2、s_z^2 = 4、s_{xy} = 1.5、s_{yz} = 1.3、s_{zx} = 1.7$$

さて、このような数値の羅列は見やすいものではありません。そこで、次のように並べて整理してみましょう。

$$\begin{pmatrix} 3 & 1.5 & 1.7 \\ 1.5 & 2 & 1.3 \\ 1.7 & 1.3 & 4 \end{pmatrix}$$

大変見やすくなったことがわかるでしょう。このように、分散と共分散をまとめたものを分散共分散行列といいます。

3変量の一般的な分散共分散行列は次のように表せます。

$$\begin{pmatrix} s_x^2 & s_{xy} & s_{xz} \\ s_{xy} & s_y^2 & s_{yz} \\ s_{xz} & s_{yz} & s_z^2 \end{pmatrix}$$

次に、相関行列について調べます。これも、分散共分散行列と同様、数値を羅列するのを避けるために、次のように整理します。

$$\begin{pmatrix} 1 & r_{xy} & r_{xz} \\ r_{xy} & 1 & r_{yz} \\ r_{xz} & r_{yz} & 1 \end{pmatrix}$$

相関行列は対角線上に1が並びます。右のページで調べるように、標準化された変量の分散共分散行列と一致するからです。

以上は3変量で考えましたが、変量の数が多くなればなるほど、行列で整理することが大切になります。

> **MEMO** −1≦相関係数≦1 の証明
>
> 相関係数が(3)の性質を持つ証明には、数学のベクトルの知識を利用します。一般的に、多変量解析はベクトルや行列を扱う線形代数と呼ばれる数学に理論的に依存しています。このツールを利用することで、統計量に関する様々な性質が証明されます。

1-5 変量の標準化
～データを規格化して見やすくする技法

2つの変量を比較する際に、スケールが異なっていては困ります。例えば、身長と体重のデータでは、通常3倍近くのスケールの違いがあり、単純に比較することはできません。同じ資料の中でも、「身長が172cm」と「体重が63kg」とをどう比較してよいかは不明なのです。そこで役立つのが**変量の標準化**です。

● 変量を規格化する「標準化」

変量xの標準化とは、次の式によって新たな変量zに変換することをいいます。ここでs_xは変量xの標準偏差です。

$$z = \frac{x - \bar{x}}{s_x}$$

この変換によって、新変量zは次の性質を持ちます。

$$\text{分散}\, s_z^2 = 1, \quad \text{標準偏差}\, s_z = \sqrt{s_z^2} = 1 \quad \cdots (1)$$

● 標準化された変量の共分散は相関係数と一致

さて、標準化された2つの変量x、yの相関係数r_{xy}を求めてみましょう。性質(1)を相関係数の定義式(§4の式(2))に代入して,

$$r_{xy} = \frac{s_{xy}}{s_x s_y} = \frac{s_{xy}}{1 \times 1} = s_{xy}$$

そこで、次の性質が成立します。

標準化された2変量x、yの相関係数r_{xy}と共分散s_{xy}とは一致する

本書では、4章の因子分析や5章のSEM（共分散構造分析）において、式が見やすくなるように変量を標準化して考えています。そこで、この相関係数r_{xy}と共分散s_{xy}とが一致するという性質は大変重要になります。

1-6 パス図 〜変量の関係をイメージ化

多変量解析は、複数の変量で構成される資料から、変量の関係をあぶり出す分析術です。そこで、変量の関係を図示する方法が求められます。それに応えるのが**パス図**です。

● 変量の関係を図示するパス図

パス図とは変量の関係を示す図です。直感的でわかりやすいので、多くの文献で利用されています。

例として、次の資料を見てみましょう。これは関東地方にある1都6県の「人口」、「旅券発行率」(1000人当たり)、婚姻率（1000人当たり）の地域調査資料です。

都道府県	人口	旅券発行	婚姻率
茨城県	296	26.8	5.25
栃木県	201	24.4	5.52
群馬県	201	23.5	5.14
埼玉県	711	33.0	5.68
千葉県	612	37.1	5.86
東京都	1,284	48.0	6.99
神奈川県	892	42.7	6.36
	(万人)	(件/千人)	(件/千人)

独立行政法人 統計センター
(http://www.e-stat.go.jp/)
による（2010年度用）。

この資料を見て、「人口」と「旅券発行率」という2変量が「婚姻率」という変量に影響を与えていると考えたとしましょう。この考えを示したのが次のパス図です。

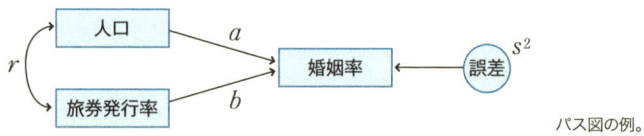

パス図の例。

このパス図を例にして、一般的なパス図の規約を説明しましょう。

パス図では、資料に現れる変量（**観測変量**といいます）は四角枠で囲みます。そして、「影響を与える」という関係は一方向矢印（**パス**といいます）で表します。その影響力は矢印に添えて書き込みます。上の図では、「人口」と「旅券発行率」という変量が「婚姻率」という変量に影響を与えているので、矢印が「婚姻率」に向けられて描かれています。

一般的に変量 x、y で示すと下図のようになります。

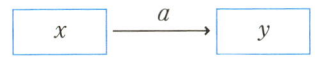

変量 x が y に影響を与えることを示す。その影響力 a を図のように示す。後に調べるが、この影響を表す数値は回帰方程式の回帰係数に一致する。

さて、先の地域調査資料において、「婚姻率」は「人口」と「旅券発行率」以外からも独自に影響を受けると思われるので、**誤差**をつける必要があるでしょう。その誤差を表す変量、すなわち**誤差変数**は円で表します。そして、その誤差変数の分散 s^2 を円の近くに書き込みます。左のページの図の右端に示した s^2 は誤差変数の分散を表しているのです。

一般的に、変量 x が y に影響し、その x で取りこぼした誤差を誤差変数 e で表したのが下図です。

（注）この誤差変数 e を因子分析（4章）では**独自因子**と呼びます。

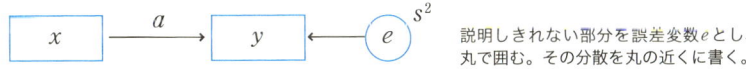

説明しきれない部分を誤差変数 e とし、丸で囲む。その分散を丸の近くに書く。

この図の関係を式で表してみましょう。これは次のように表現されます。

$$y = (ax + c) + e \quad (a、c は定数)$$

この式の定数 a は分析手法によって呼び名が変わります。回帰分析では a を「回帰係数」と呼びます。因子分析では a を「因子負荷量」と呼びます。それらについては、該当する章の解説をご覧ください。

（注）変量を標準化すると、定数 c は0になります。標準化のメリットはここにもあります。

先の地域調査資料のパス図に戻りましょう。その図において、「婚姻率」と「人口」とは相関があるはずです。そこで、それら2変量の相関を双方向矢印で結びます。すなわち、相関がある場合には、両矢印で結ぶのです。

一般的に変量x、uで示すと下図のようになります。

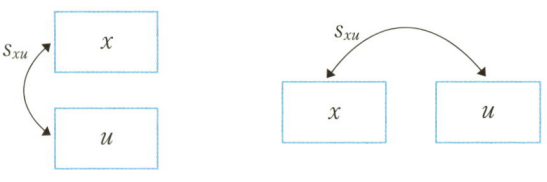

2変量u、xに相関があることを表す図。その共分散s_{xu}を図のように示す。

潜在変数を含むパス図

次の資料を見てください。ある中学生5人の5教科のテスト結果です。

| 出席番号 | 数学 | 理科 | 社会 | 英語 | 国語 |
	x	y	u	v	w
1	71	64	83	100	71
2	34	48	67	57	68
3	58	59	78	87	66
4	41	51	70	60	72
5	69	56	74	81	66

この資料を見て、「数学」(x)と「理科」(y)には「理系能力」(F)が、残りの社会(u)、英語(v)、国語(w)には「文系能力」(G)が影響する、と考えたとしましょう。それを表すパス図はどうなるのでしょうか？ その答を下図に示します。

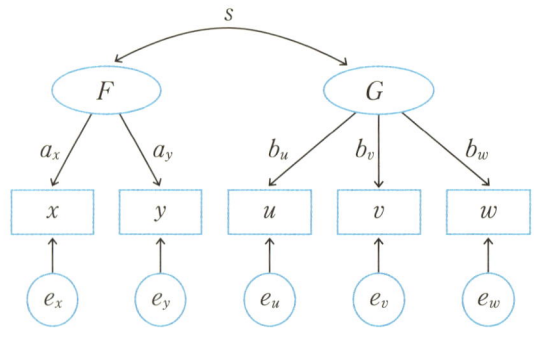

「数学」(x)と「理科」(y)には「理系能力」(F)が、残りの社会(u)、英語(v)、国語(w)には「文系能力」(G)が影響するという関係を示す。誤差変数の分散は省略してある。

以上のように、資料に直接現れている「数学」「理科」などの観測変量以外に、「理系能力」のように隠れた変数を想定することもあります。この「理系能力」のように隠れた変数を**潜在変数**といいます。この潜在変数は楕円で表されます。

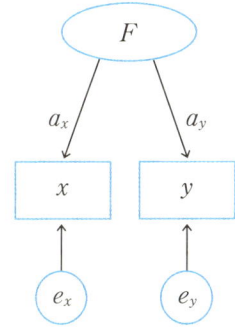

潜在変数を楕円で表し、四角で表した観測変量と区別する。

　因子分析やSEM（共分散構造分析）では、この潜在変数が主役になります。

パス図のまとめ

　パス図の概要がわかったところで、その文法をまとめて見ましょう。これくらい覚えておくと、困ることはないでしょう。

> ① 四角枠は資料に掲載されている変量（観測変量）を表す。
> ② 楕円は直接観測できない隠れた変数（潜在変数）を表す。
> ③ 一方向矢印（→）は原因と結果の関係（すなわち因果関係）を表す。この矢に添えられた数値は影響力を表す。
> ④ 両方向矢印（⟷）は相関を表す。この矢に添えられた数値は共分散を表す。
> ⑤ 円は誤差変数（独自因子）を表す。その円に添えられた数字は誤差変数の分散を表す。

1-7 ソルバーの使い方
～多変量解析のための強力な武器

　本書では、理論の解説に、パソコンを多用しています。数学という媒体を使わずに直接考え方を検証できるので、理論の本質が見やすくなるからです。

　多変量解析というと専用のソフトウェアが必要と思われる読者も多いでしょうが、多くのパソコンで利用できるマイクロソフト社Excelがあれば大丈夫です。Excelアドインの**ソルバー**を利用すれば、十分多変量解析を実行できます。ここで、その「ソルバー」の利用法を調べましょう。

● ソルバーの確認

　下図に示すように、Excelの「データ」リボンに「ソルバー」のメニューがあることを確認しましょう。

（注）「ソルバー」のメニューが無い場合にはインストール作業が必要です。

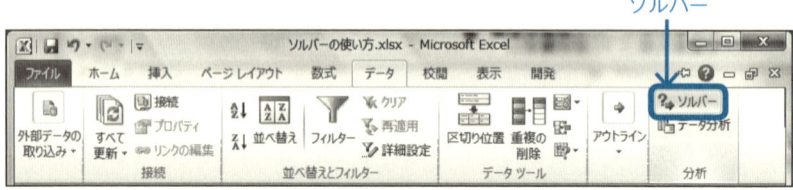

● ソルバー利用法

　例として、次の問題をソルバーで解いてみましょう。

> **(例)** 0以上の値をとる2変数x、yが条件
> $$x^2 + y^2 = 1$$
> を満たすとき、$x+y$の最大値と、そのときのx、yの値を求めよ。

　まず、つぎのようなワークシートを用意します。セルE6には目的の$x+y$の式を、セルC6には条件式の左辺x^2+y^2の式を記入します。

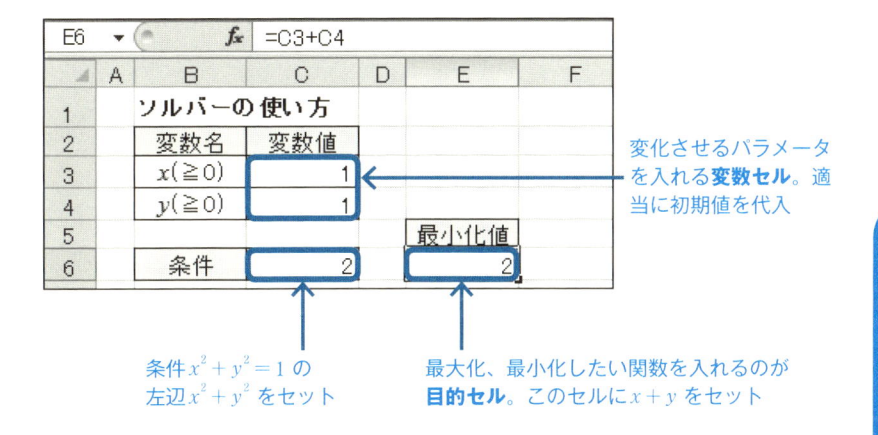

	A	B	C	D	E	F
1		ソルバーの使い方				
2		変数名	変数値			
3		$x(\geqq 0)$	1			
4		$y(\geqq 0)$	1			
5					最小化値	
6		条件	2		2	

E6セル: `=C3+C4`

- 変化させるパラメータを入れる**変数セル**。適当に初期値を代入
- 条件 $x^2 + y^2 = 1$ の左辺 $x^2 + y^2$ をセット
- 最大化、最小化したい関数を入れるのが**目的セル**。このセルに $x + y$ をセット

次に、ソルバーを呼び出し、次のように設定します。

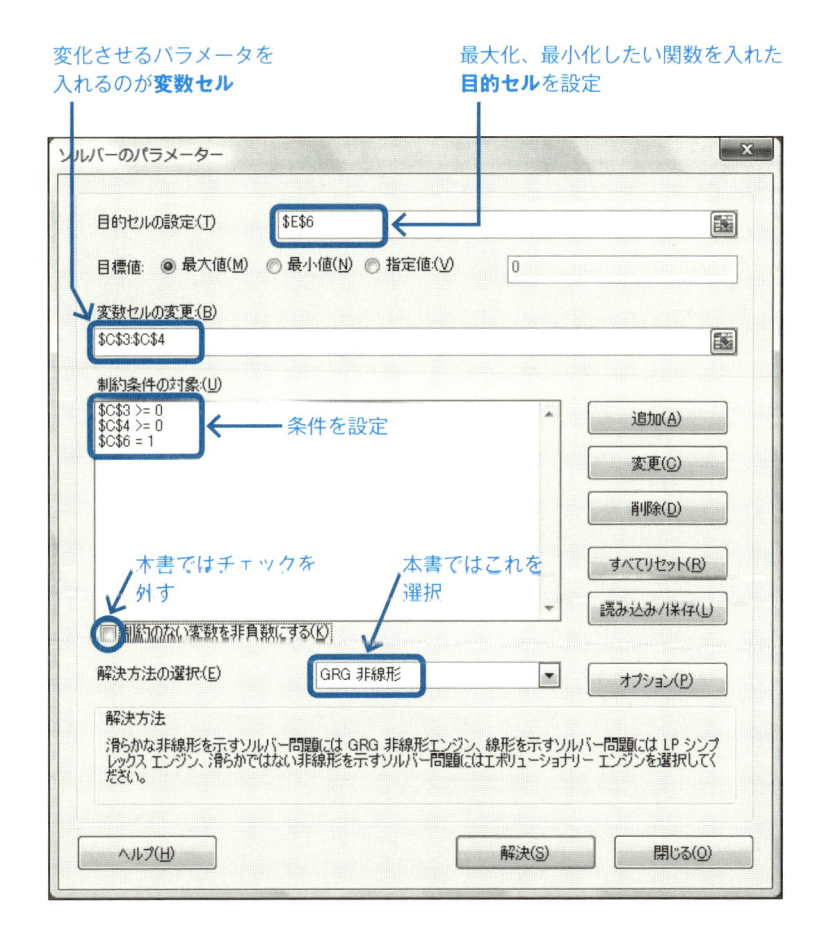

- 変化させるパラメータを入れるのが**変数セル**
- 最大化、最小化したい関数を入れた**目的セル**を設定

ソルバーのパラメーター

- 目的セルの設定(T): `$E$6`
- 目標値: ○最大値(M) ●最小値(N) ○指定値(V) 0
- 変数セルの変更(B): `$C$3:$C$4`
- 制約条件の対象(U):
  - `$C$3 >= 0`
  - `$C$4 >= 0`
  - `$C$6 = 1`

  ← 条件を設定

- □ 制約のない変数を非負数にする(K) ← 本書ではチェックを外す
- 解決方法の選択(E): `GRG 非線形` ← 本書ではこれを選択

解決方法: 滑らかな非線形を示すソルバー問題には GRG 非線形エンジン、線形を示すソルバー問題には LP シンプレックス エンジン、滑らかではない非線形を示すソルバー問題にはエボリューショナリー エンジンを選択してください。

以上の設定後、「解決」ボタンをクリックします。こうして、目標の$x+y$の最大値と、そのときのx、yの値が得られます。

	A	B	C	D	E
1		ソルバーの使い方			
2		変数名	変数値		
3		$x(\geqq 0)$	0.70707		
4		$y(\geqq 0)$	0.70707		
5					最小化値
6		条件	1		1.414214

ソルバーの算出結果。

（注）数学的解は、$x = y = 1/\sqrt{2}$（$= 0.707107\cdots$）のとき、最大値$\sqrt{2}$（$= 1.4142\cdots$）となります。

MEMO 「ソルバー」アドインのインストール

「ソルバー」はExcelの標準ツールですが、インストール作業が必要なときがあります。「ファイル」メニューの「オプション」にある「アドイン」をクリックすると下図のウィンドウが開かれるので、ここでインストールを実行します。

1-8 クロス集計表 〜2つの項目の関係を表にする方法

クロス集計表（**分割表**ともいいます）とは、二つの項目について同時に調べた結果を、表にまとめたものです。1変量の場合の度数分布表に対応するものです。

● 例から調べる $m \times n$ クロス集計表

次の表を見てください。これは血液型と性格について、ある大学生72人を対象にして調べた結果です。

	ユーモアに富む	おたく的	几帳面
A	8	3	12
AB	2	2	1
B	7	4	5
O	17	7	4

大学生72人を対象にした血液型と性格の調査結果。

このように、4行3列の表からなる集計表を4×3クロス集計表といいます。一般的に、2つの項目について調べたm行n列の集計表を、**$m \times n$ クロス集計表**といいます。

● 表側と表頭

上に例示したクロス集計表で「ユーモアに富む」など性格の項目を示した上端の行を、一般的に**表頭**といいます。また、「A」などの血液型の項目を示した左端の列を**表側**といいます。

（注）表側は row of table、表頭は column of tableの訳。

	B_1	B_2	B_3	B_4
A_1	2	7	1	8
A_2	2	8	1	8
A_3	2	8	4	5

第1章 多変量解析の準備

Reference

【参考】
個票データの開示

　多変量解析を用いて「実際の資料を例題として分析しよう」と思ったとしましょう。そのとき、その実際の資料を得ることの困難性に直面します。個票データ（1次データ）は書籍やインターネットでは通常得られないのです。

　個票データは最も情報の詰まったデータであり、その取得には労力と費用が必要です。それを無料でインターネットに開示することは通常希です。こうして、貴重な個票データは秘蔵され、多くの人の目に触れることなく、ハードディスクの奥に眠ってしまいがちなのです。

　そこで、個票データを共有できるように、東京大学などが中心になって、その収集と公開を進めています（下記ホームページ）。実際の資料を分析しようと思われた時には、一度アクセスすることをお勧めします。

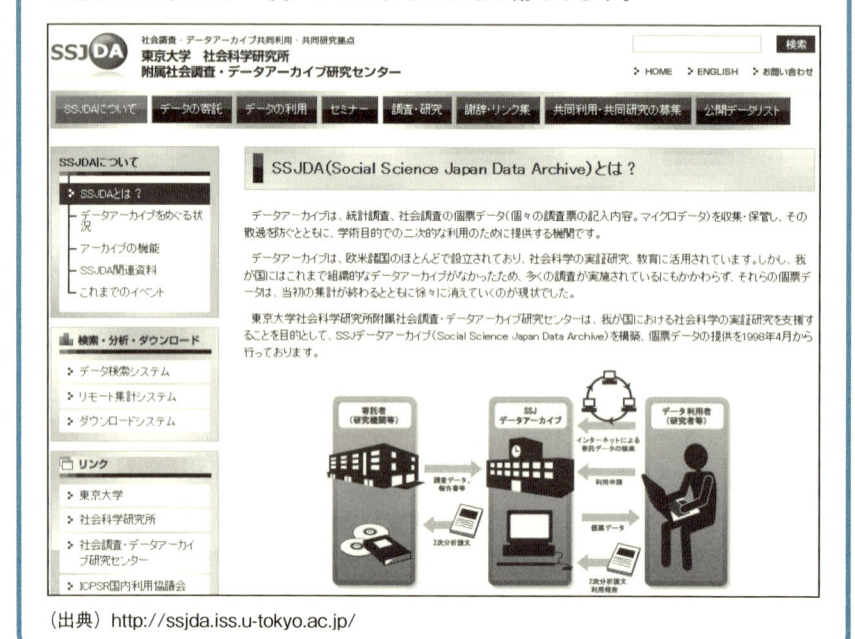

（出典）http://ssjda.iss.u-tokyo.ac.jp/

第2章
回帰分析

　回帰分析は、多変量解析の中で最もポピュラーな分析法です。目的変数を説明変数の式で説明する分析術です。また、回帰分析の考え方は多変量解析の基本になるものです。具体例を通して、この考え方を調べることにしましょう。

2-1 回帰分析の分類
～外的基準のある分析術

多変量解析の中で最もポピュラーな分析術が回帰分析です。数学的に理解しやすく、利用法も簡単だからです。本節では、いろいろある回帰分析の分類を調べます。

● 単回帰分析と重回帰分析

複数の変量からなる資料において、特定の1変量に着目し、他の変量で説明する手法を**回帰分析**といいます。

回帰分析は2つの変量からなる資料を分析対象にする**単回帰分析**と、3変量以上からなる資料を分析対象にする**重回帰分析**に分けられます。

個体名	x	y
1	x_1	y_1
2	x_2	y_2
3	x_3	y_3
…	…	…
n	x_n	y_n

単回帰分析の資料形式（2変量）

個体名	w	x	y
1	w_1	x_1	y_1
2	w_2	x_2	y_2
3	w_3	x_3	y_3
…	…	…	…
n	w_n	x_n	y_n

重回帰分析の資料形式（3変量以上）

上の表で、変量yを残りの変量で説明することを考えてみましょう。このとき、変量yを**目的変量**、それを説明する残りの変量のxやwを**説明変量**といいます。

（注）目的変量を**従属変量**、説明変量を**独立変量**ともいいます。

回帰分析は目的変量に着目して分析を進めます。このように、特別に着目する変量のことを**外的基準**と呼びます。

回帰分析において、目的変量yを他の説明変量で説明するということは、目的変量を説明変量の式で表すことを意味します。例えば、目的変量yを説明変量x、wで説明するということは、次のような式(1)でyを表現することです。この式を**回帰方程式**（略して**回帰式**）と呼びます。

（回帰方程式の例） $y = 12.3 - 0.2w + 0.3x$ … (1)

線形の回帰分析と非線形の回帰分析

目的変量を説明変量で表す式が(1)式のように1次式となるとき、その回帰分析を**線形の回帰分析**と呼びます。それに対して、目的変量を説明変量で表す式が1次式でないとき、これを**非線形の回帰分析**と呼びます。

（非線形の回帰分析の回帰方程式の例） $y = 0.2 \times 2.5^x$

後で調べるように、非線形の回帰分析では、変数変換を利用して線形の回帰分析の問題に帰着させるのが普通です。

回帰分析のイメージ化

単回帰分析の扱う資料は2変量で構成されています。そこで、回帰方程式は直線や曲線のグラフとして紙上に描くことができます。

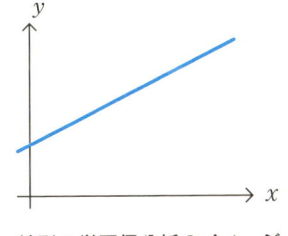

線形の単回帰分析のイメージ 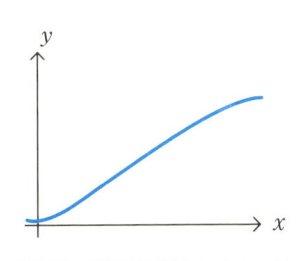　　非線形の単回帰分析のイメージ

それに対して、重回帰分析は3変量以上の回帰方程式が利用されます。それをグラフに描くことは困難です。3変量からなる資料は下図のように紙上にそのイメージを描くことができますが、それより変量数が多いと、この延長上で頭の中のイメージとして理解するしかありません。

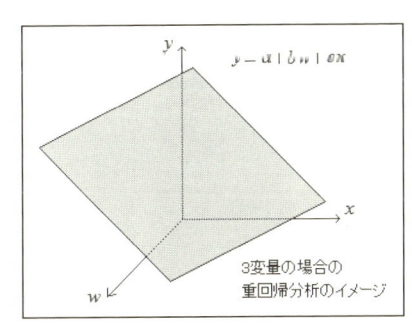

3変量の場合の重回帰分析のイメージ

3変量の重回帰分析では、その回帰方程式はこの図のように紙面に描ける場合がある。変量数がそれより大きい場合、紙面に描くことはできない。

2-2 単回帰分析とは
～相関図上の点を回帰直線で表現

次の資料は、47都道府県ごとの「婚姻率」(人口千人当たりの結婚数)と「老年人口の割合」(65歳以上の割合)を調べた資料です。**単回帰分析**はこのような2変量からなる資料を分析する分析術です。この資料を対象に、線形の単回帰分析とはどんな分析法なのかを調べることにします。

(注)ここでは線形の回帰分析を調べます。線形でない場合は§9で調べます。

都道府県	老年人口	婚姻率	都道府県	老年人口	婚姻率	都道府県	老年人口	婚姻率
北海道	23.6	5.17	石川県	22.9	5.12	岡山県	24.3	5.19
青森県	24.4	4.55	福井県	24.3	5.05	広島県	23.0	5.62
岩手県	26.3	4.66	山梨県	23.7	5.08	山口県	26.9	4.93
宮城県	21.5	5.46	長野県	25.5	5.11	徳島県	26.1	4.69
秋田県	28.4	4.00	岐阜県	22.9	5.08	香川県	24.9	5.22
山形県	26.6	4.56	静岡県	22.6	5.56	愛媛県	25.6	5.03
福島県	24.2	4.92	愛知県	19.2	6.38	高知県	27.8	4.54
茨城県	21.3	5.25	三重県	23.1	5.29	福岡県	21.4	5.83
栃木県	21.1	5.52	滋賀県	19.7	5.65	佐賀県	23.9	4.90
群馬県	22.5	5.14	京都府	22.4	5.30	長崎県	25.2	4.80
埼玉県	19.1	5.68	大阪府	21.2	5.90	熊本県	25.1	5.17
千葉県	20.1	5.86	兵庫県	22.1	5.45	大分県	25.9	5.25
東京都	20.2	6.99	奈良県	22.6	4.90	宮崎県	25.2	5.47
神奈川県	19.2	6.36	和歌山県	26.1	4.87	鹿児島県	26.0	5.05
新潟県	25.5	4.65	鳥取県	25.5	4.80	沖縄県	17.2	6.28
富山県	25.2	4.69	島根県	28.6	4.38		(%)	(件/千人)

(注)独立行政法人 統計センター (http://www.e-stat.go.jp/) による (2010年度用)。

単回帰分析は、資料の中で着目する変量(**目的変量**)を、資料の中のもう一つ別の変量(**説明変量**)の式(**回帰方程式**)で説明する分析術です。上の資料を例にして、目的変量を「婚姻率」y とし、説明変量を「老年人口の割合」x として、次の回帰方程式を求めてみましょう。

$$y = a + bx \quad (a、b は定数) \quad \cdots (1)$$

この回帰方程式(1)で、aを**切片**、bを**単回帰係数**と呼びます。略して**回帰係数**と呼ぶこともあります。

回帰方程式のイメージ

単回帰分析のイメージを作るために、先の資料から婚姻率yと老年人口の割合xとの相関図を作成してみましょう。

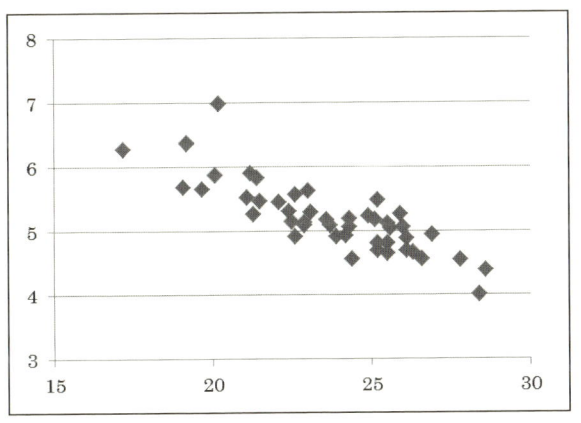

婚姻率yが縦軸、老年人口の割合xが横軸である。

地域において、「老齢人口の割合が高ければ、婚姻率は低下する」という関係が直線的に表れています。この直線的な関係を一つの直線でなぞってみましょう。

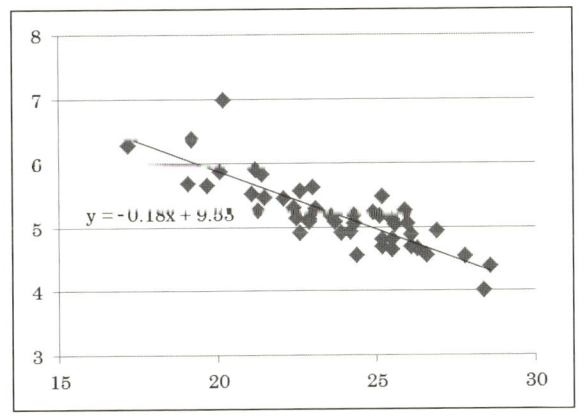

$y = -0.18x + 9.83$

回帰直線は相関図上の点列をなぞった直線である。

相関図に描いたこの直線を**回帰直線**と呼びます。求め方は後述すること

にして、この直線を表現する式を示してみます。これが(1)式を具体化した回帰方程式です。

$$y = 9.53 - 0.18x \quad \cdots (2)$$

● 回帰方程式の利用法

統計学の目標は、たくさんのデータを少ない情報にまとめ理解することです。この意味で、回帰方程式(2)はそれを具体化しています。2変量からなる47都道府県の資料をたった一つの式で表現しているからです。

たとえば、老年人口の割合が25%の県の婚姻率はどれくらい知りたいとしましょう。その際には、(2)のxに25%を代入します。

$$y = 9.53 - 0.18 \times 25 = 5.03$$

1000人に5.03件の結婚が見込まれます。

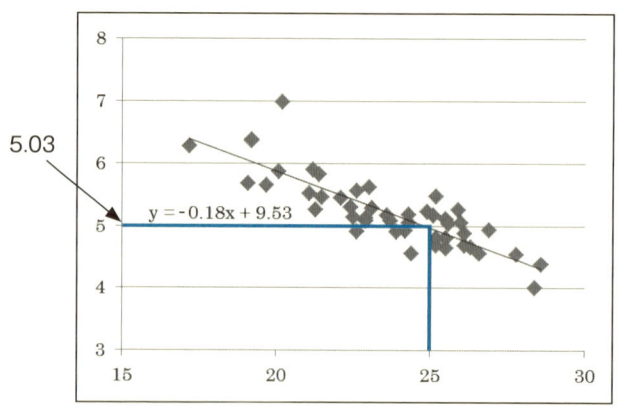

老年人口の割合が25%の県の婚姻率は5.03/1000人。

老年人口の割合の変化が結婚率にどれくらい影響しているかは、回帰方程式(2)の回帰係数−0.18を見ることで理解できます。老年人口の割合が1%増えると、1000人中の結婚件数は0.18下がることになります。この値を見て、例えば行政機関はこれからの税収の見込みや人口予測に利用できるでしょう。

このように、単回帰分析は直感的にわかりやすく、利用が簡単なので、様々な統計調査の分析に用いられています。

2-3 単回帰分析の回帰方程式の求め方
～予測値と実測値との差を最小化

前節（§2）で調べた単回帰分析の回帰方程式の求め方を調べましょう。この求め方の原理は**最小2乗法**と呼ばれますが、多くの多変量解析の分析手段として用いられる大切な技法です。

● 実測値と予測値

最小2乗法を調べる前に、2つの言葉を紹介します。**実測値**と**予測値**です。

いま、右のような2変量の資料があるとしましょう。nは個体数、x_i、y_iは各々i番目の個体の変量x、yの値です。

個体名	x	y
1	x_1	y_1
2	x_2	y_2
3	x_3	y_3
…	…	…
i	x_i	y_i
…	…	…
n	x_n	y_n

ここで、説明変量をxとし、目的変量をyとした単回帰分析を考えます。このとき、xとyを結ぶ回帰方程式は次のように表されます。

$$y = a + bx \quad (a、bは定数) \quad \cdots (1)$$

ここで注意が必要です。回帰方程式(1)から求めた変量yの値は説明変量xから求めた理論上の値です。資料の中の実際の値とは異なるのです。

(1)から求めた変量yの値は**予測値**と呼ばれます。そして、資料に掲載されている目的変量yの実際の値を**実測値**と呼びます。この2者の区別をするために、多くの文献では予測値の変量名の上に^（ハット、帽子）を付けます。すなわち、回帰方程式(1)を次のように表現するのです。

$$\hat{y} = a + bx \quad (a、bは定数) \quad \cdots (2)$$

本書も、この記法に従います。

(注) 予測値と実測値を記号上区別しない文献もあります。また、^（ハット）とは異なる記号を用いている文献もあるので注意が必要です。

実測値 y と予測値 $\hat{y}$ の違いを ε と置いてみましょう。

$$\varepsilon = y - \hat{y} \quad \cdots (3)$$

この ε は回帰方程式から得られる目的変数の理論値と実測値との誤差と考えられます。この誤差 ε を、回帰分析では残差と呼びます。

● 回帰方程式の求め方

単回帰分析における回帰方程式の求め方の原理を調べてみることにします。前ページに掲載した資料をもとに、回帰方程式(2)の中の定数 a、b を求めることが目標です。

いま、この資料の i 番目の個体について、資料の中の目的変数 y の実測値 y_i と、回帰方程式(2)から得られる予測値 $\hat{y}_i$ との残差を ε_i と記します。すなわち、

$$\varepsilon_i = y_i - \hat{y}_i = y_i - (a + bx_i) \quad \cdots (4)$$

これらの関係を一つの表にまとめると、次のようになります。

個体名	(説明変量) x	(目的変量) 実測値 y	予測値 $\hat{y}$	残差 $\varepsilon = y - \hat{y}$
1	x_1	y_1	$a + bx_1$	$y_1 - (a + bx_1)$
2	x_2	y_2	$a + bx_2$	$y_2 - (a + bx_2)$
3	x_3	y_3	$a + bx_3$	$y_3 - (a + bx_3)$
…	…	…	…	…
i	x_i	y_i	$a + bx_i$	$y_i - (a + bx_i)$
…	…	…	…	…
n	x_n	y_n	$a + bx_n$	$y_n - (a + bx_n)$

誤差、すなわち残差の総量が小さいほど、回帰方程式(2)は x、y の関係をよく表現していることになります。そこで、その残差の総量をできるだけ小さくするように定数 a、b を決定するのが理想的です。問題は、その残差の総量の定義です。

すぐに思いつくことは、残差の総量を、次のように各残差(4)の単純な和と定義することです。

$$\varepsilon_1 + \varepsilon_2 + \cdots + \varepsilon_n$$

しかし、これではダメです。プラスの誤差とマイナスの誤差が打ち消し合い、資料全体の誤差を表現しないのです。

(注) 後に証明することですが、これらの和は正確に0になります。

そこで、次のように「残差の総量」を定義します。

$$Q = \varepsilon_1^2 + \varepsilon_2^2 + \cdots + \varepsilon_n^2 \quad \cdots (5)$$

各個体についての残差 ε_i を平方し、資料全体について加え合わせた値を「残差の総量」と定義するのです。この和(5)を**残差平方和**と呼びます。本章では残差平方和を Q で表現します。

誤差の総量である残差平方和 Q が小さければ、回帰方程式(2)は資料の変量 y をよく説明していることになります。そこで、この Q をできるだけ小さくするように a、b を決定しよう、というのが回帰方程式の決定方法です。この方法が**最小2乗法**です。

実際に回帰方程式を求めてみる

数学的な扱いは後回しにして、最小2乗法のアイデアから直接パソコンで回帰方程式(2)の定数 a、b を求めてみましょう。分析の対象となる資料は前節(§2)の「婚姻率と老年人口の割合」の資料を用います。

都道府県	老年人口	婚姻率	都道府県	老年人口	婚姻率	都道府県	老年人口	婚姻率
北海道	23.6	5.17	石川県	22.9	5.12	岡山県	24.3	5.19
青森県	24.4	4.55	福井県	24.3	5.05	広島県	23.0	5.62
岩手県	26.3	4.66	山梨県	23.7	5.08	山口県	26.9	4.93
宮城県	21.5	5.46	長野県	25.5	5.11	徳島県	26.1	4.69
秋田県	20.4	4	岐阜県	22.9	5.08	香川県	24.9	5.22

(注) 資料全体は前節(§2)を参照。

次のワークシートを見てください。Excelの最小値計算アドインの「ソルバー」を利用して、(5)で定義された残差平方和 Q を最小にする定数 a、b を求めています。

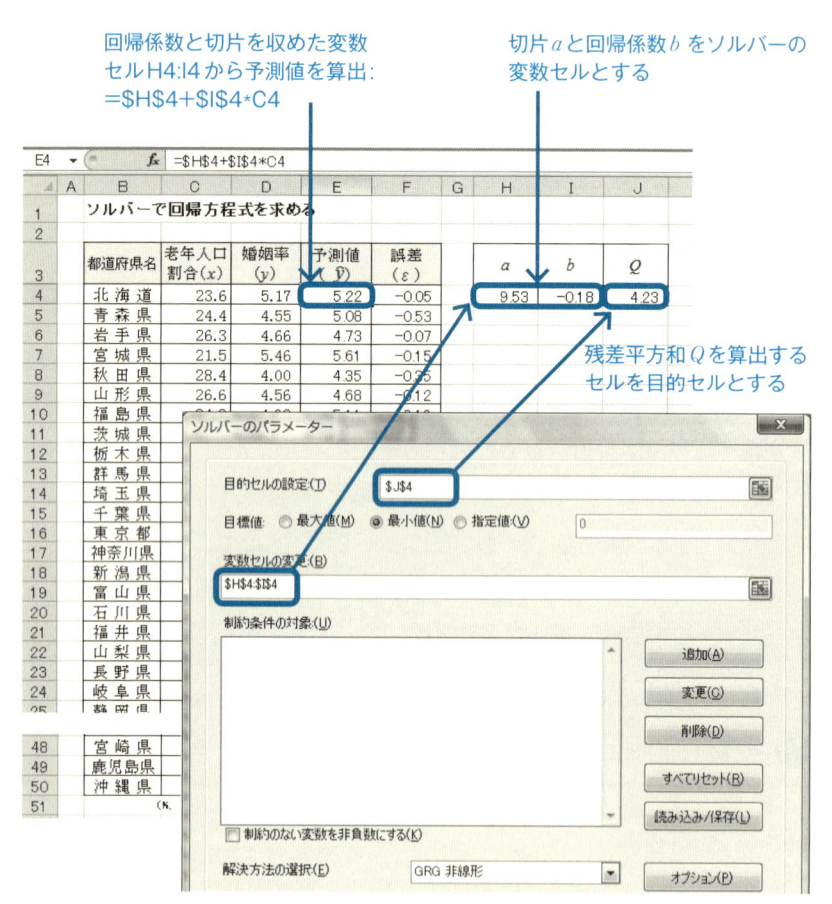

回帰係数と切片を収めた変数
セル H4:I4 から予測値を算出：
＝＄H＄4＋＄I＄4＊C4

切片 a と回帰係数 b をソルバーの変数セルとする

残差平方和 Q を算出するセルを目的セルとする

H4、I4 を変数セルとし、残差平方和 Q をセットしたセル J4 を最小化の目的セルとして、Excel のソルバーで回帰係数と切片を求める。セル J4 の残差平方和 Q の関数は
＝SUMSQ(F4:F50)

このワークシートから、次の値が得られます。

$$a = 9.53,\ b = -0.18 \quad \cdots (6)$$

前節（§2）の(2)式で示した切片と回帰係数が得られました。

（注）切片と回帰係数をソルバーで求めましたが、これは最小2乗法のアイデアを確かめるためです。通常 Excel で単回帰分析するときには、単回帰分析用に用意された関数（INTERCEPT、SLOPE など）を利用します。

2-4 単回帰分析の回帰方程式の公式 〜統計量の様々な関係

前の節（§3）では回帰方程式の求め方の原理を調べました。誤差を2乗し資料全体で加え合わせた残差平方和Qを最小にするように、回帰係数と切片を求めました。本節では、この原理から数学的に算出される単回帰方程式の公式を紹介しましょう。

回帰方程式の公式

線形の単回帰分析の公式、すなわち回帰直線の公式を示しましょう。

> 2変量x、yの資料があり、yを目的変量、xを説明変量とするとき、回帰方程式
>
> $$\hat{y} = a + bx \quad \cdots (1)$$
>
> の切片a、回帰係数bは次のように与えられる。
>
> $$b = \frac{s_{xy}}{s_x^2}, \quad \bar{y} = a + b\bar{x} \quad \cdots (2)$$
>
> ここで、$\bar{x}$、$\bar{y}$は各々2変量x、yの平均値であり、s_{xy}はそれらの共分散、s_x^2は変量xの分散である。

この公式の使い方を確かめてみましょう。

資料としては、先の「老齢人口と婚姻率」の資料（§2）を利用します。この資料において、平均値、分散、共分散は次のように求められます。

$\bar{x} = 23.62$、$\bar{y} = 5.22$、$s_x^2 = 6.79$、$s_{xy} = -1.24$

これらを(2)式に代入して、

$$b = \frac{s_{xy}}{s_x^2} = \frac{-1.24}{6.79} = -0.18$$

$$a = \bar{y} - b\bar{x} = 5.22 - (-0.18) \times 23.62 = 9.53$$

最小2乗法を用いてExcelのソルバーで求めた§3の(6)式のa、bの値と一致しています。

回帰方程式の公式の証明

公式(2)を数学的に求めるには微分法を利用します。実際、§3の(5)式で示した残差平方和Qが最小になるとき、次の関係が成立します。

$$\frac{\partial Q}{\partial a} = 0, \quad \frac{\partial Q}{\partial b} = 0 \quad \cdots (3)$$

これを計算すれば上の(2)式が得られます。

(3)式から公式(2)を導出する方法については付録Bにまとめることにします。その証明は後に述べる重回帰分析の証明に含まれ、統一的に扱えるからです。

残差平方和と残差の分散の関係

回帰方程式(1)について平均をとってみましょう。
$$\overline{\hat{y}} = a + b\overline{x}$$
これと(2)式から次の関係が得られます。

$$\overline{y} = \overline{\hat{y}} \quad \cdots (4)$$

すなわち、**実測値と予測値の平均値は等しい**のです。さらに、残差$(\varepsilon = y - \hat{y})$についても平均をとってみましょう。(4)式から、

$$\overline{\varepsilon} = \overline{y} - \overline{\hat{y}} = 0 \quad \cdots (5)$$

残差の平均値$\overline{\varepsilon}$は0になるのです。この性質を用いて、残差の分散s_ε^2について調べてみましょう。

$$s_\varepsilon^2 = \frac{1}{n}\{(\varepsilon_1 - \overline{\varepsilon})^2 + (\varepsilon_2 - \overline{\varepsilon})^2 + \cdots + (\varepsilon_n - \overline{\varepsilon})^2\}$$

$$= \frac{1}{n}\{\varepsilon_1^2 + \varepsilon_2^2 + \cdots + \varepsilon_n^2\} = \frac{Q}{n}$$

すなわち、次の公式が成立します。ここでQは残差平方和です。

$$s_\varepsilon^2 = \frac{Q}{n} \quad \cdots (6)$$

残差 ε の分散 s_ε^2 は残差平方和 Q を個体数 n で割ったものなのです。

● 目的変量の分散は予測値と残差の分散の和

目的変量 y、予測値 $\hat{y}$ の関係を調べてみましょう。計算から次の公式が確かめられます（本節末＜memo＞参照）。

$$s_y^2 = s_{\hat{y}}^2 + s_\varepsilon^2 \quad \cdots (7)$$

目的変量の分散 s_y^2 が、予測値の分散 $s_{\hat{y}}^2$ と残差平方和の分散 s_ε^2 に分割されたことを示しています。この関係を(6)式とともに図示してみましょう。

目的変量 y の分散 s_y^2	
予測値 $\hat{y}$ の分散 $s_{\hat{y}}^2$	残差平方の分散 $s_\varepsilon^2 = \dfrac{Q}{n}$

目的変量の分散は2つの分散に分割される。

こうして回帰分析の意味が見えてきます。回帰方程式は「残差平方和 Q を最小にする」という原理から求められましたが、この図から「予測値 $\hat{y}$ の分散を最大にする」とも換言できます。すなわち、回帰方程式の導出原理は「目的変量の分散を最大に説明できる式を求める」と言い換えられるのです。多変量解析では「分散が主役」と1章で言及しましたが、このことが確認できたわけです。

> **MEMO** (4)～(7)は重回帰分析でも成立
>
> 本節では、単回帰分析の場合に(4)から(7)の式を証明しました。この関係は後に調べる重回帰分析でもそのまま成立する普遍的な公式です。

多変量解析では、分散は「変量の持つ情報」と表現されることがあります。確かに、そのように解釈すると、多変量解析の分析結果がよく理解できます。本章で調べている回帰分析でも、このことが言えます。目的変量の持つ情報（＝分散）をもっともよく説明できるように回帰方程式が定められたことになるからです。

単回帰分析のパス図

単回帰分析をパス図で表現してみましょう。回帰方程式(1)の関係は次のパス図で表されます。εは残差です。ここで、1章で調べたように、**単回帰係数bはパス係数と一致します**。

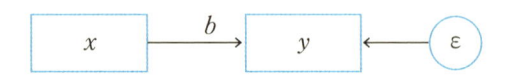

$x \xrightarrow{b} y \leftarrow \varepsilon$

さて、このパス図を用いて、単回帰係数bの意味について調べてみましょう。変量yの分散を求めると、(7)式から次の関係が得られます。

$$s_y^2 = b^2 s_x^2 + s_\varepsilon^2 \quad \cdots (8)$$

（注）証明は次ページの<MEMO>参照。

見やすくするために、変量を標準化してみましょう。このとき、各変量の分散は1です $(s_y^2 = s_x^2 = 1)$。すると、(8)式は次のようになります。

$1 = b^2 + s_\varepsilon^2$

この式から、パス係数が大きいほど、目的変量yの分散を説明変量xがよく説明することがわかります。パス係数は説明変量の目的変量への影響度を表しているのです。

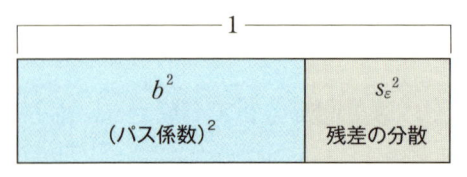

| b^2 (パス係数)^2 | s_ε^2 残差の分散 |

パス係数は変量xが変量yの分散をどれくらい説明するかの指標。

(7)、(8)式の証明

残差は次のように定義されます。

$\varepsilon = y - \hat{y}$

これを変形して、次の式が得られます。

$y = \hat{y} + \varepsilon$　…（ⅰ）

付録Aに示した分散の計算公式(3)、すなわち

$V(x+y) = V(x) + 2Cov(x, y) + V(y)$　…（ⅱ）

に（ⅰ）式を当てはめて、

$s_y^2 = V(y) = V(\hat{y} + \varepsilon) = V(\hat{y}) + 2Cov(\hat{y}, \varepsilon) + V(\varepsilon)$　…（ⅲ）

残差の分散が最小になるときは、残差の中に説明変量の情報が含まれないので、予測値と残差（すなわち誤差）とは無相関であることが必要になります。よって、次の式が成立します。

$Cov(\hat{y}, \varepsilon) = 0$

これを（ⅲ）に代入し、$V(\hat{y}) = s_{\hat{y}}^2$、$V(\varepsilon) = s_\varepsilon^2$ と表すと、本文(7)の次の公式が得られます。

$s_y^2 = s_{\hat{y}}^2 + s_\varepsilon^2$　…(7)

再び計算公式（ⅱ）に回帰方程式 $\hat{y} = a + bx$ を代入し、付録Aの分散の計算公式(2)を利用すると、

$s_{\hat{y}}^2 = V(\hat{y}) = V(a + bx) = b^2 V(x) = b^2 s_x^2$

これを(7)式に代入して、次の本文(8)式が得られます。

$s_y^2 = b^2 s_x^2 + s_\varepsilon^2$　…(8)

2-5 決定係数 〜回帰分析の精度を示す指標

前の節では、回帰方程式の求め方について調べました。ここでは、得られた回帰方程式の精度について調べてみましょう。

回帰方程式の精度

いま、2つの2変量資料A、Bがあり、その各々について相関図と回帰直線を描いたところ、下図のように表されたとします。

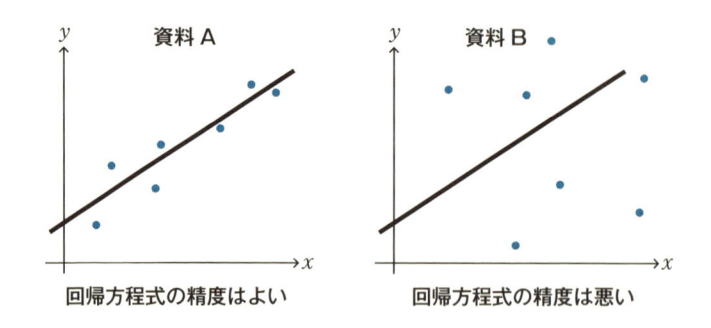

資料A　回帰方程式の精度はよい

資料B　回帰方程式の精度は悪い

左図の場合には、回帰方程式がデータの分布をよく説明していますが、右図の場合には、回帰方程式はデータの分布をほとんど説明していません。別の言い方をすれば、左のような場合には、回帰方程式の精度は良く、右の場合には悪いということになります。そこで、回帰方程式の精度を表す指標が必要になります。その指標が **決定係数** です。

回帰方程式の説明力を表す決定係数

回帰方程式の精度を表す **決定係数 R^2** は次のように定義されます。

$$R^2 = \frac{s_{\hat{y}}^2}{s_y^2} \quad \cdots (1)$$

前の節（§4）の式の(7)式で調べたように、目的変量yの分散は予測値$\hat{y}$の分散と残差εの分散に分けられます。したがって、この(1)式は、目的変量yの分散に占める予測値$\hat{y}$の分散の割合を示しています。

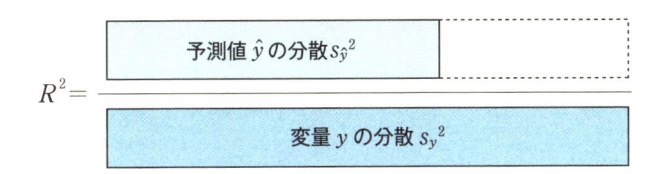

$$R^2 = \frac{\text{予測値}\hat{y}\text{の分散}s_{\hat{y}}^2}{\text{変量}y\text{の分散}s_y^2}$$

こう定義された決定係数R^2は次の性質を持つことは明らかです。
（ⅰ）$0 \leq R^2 \leq 1$

分散はその変量のバラツキ具合を示します。この図からわかるように、そのバラツキ具合のうち、どれくらいを回帰方程式が説明しているかの割合を示すのが決定係数です。そこで、次の性質が得られます。
（ⅱ）R^2が1に近いほど回帰方程式の精度は良く、0に近いほど悪い。

このように、決定係数R^2は回帰分析の精度を表す代表的な指標として利用されます。

実際に決定係数を求める

実際に決定係数を求めてみましょう。§2で調べた「婚姻率と老年人口の割合」の資料を用いてみます。

都道府県	老年人口	婚姻率	都道府県	老年人口	婚姻率	都道府県	老年人口	婚姻率
北海道	23.6	5.17	石川県	22.9	5.12	岡山県	24.3	5.19
青森県	24.4	4.55	福井県	24.3	5.05	広島県	23.0	5.62
岩手県	26.3	4.66	山梨県	23.7	5.08	山口県	26.9	4.93
宮城県	21.5	5.46	長野県	25.5	5.11	徳島県	26.1	4.69
秋田県	28.4	4	岐阜県	22.9	5.08	香川県	24.9	5.22

（注）資料の全体は前節（§2）を参照。

§4では、この資料から次の回帰方程式を求めました。

$$\hat{y} = 9.53 - 0.18x \quad \cdots (2)$$

よって、下図のワークシートのように、次の結果が算出されます。

$s_y{}^2 = 0.32$、$s_{\hat{y}}{}^2 = 0.23$

	A	B	C	D	E	F	G	H	I
1		決定係数							
2		都道府県名	老年人口割合(x)	婚姻率(y)	予測値($\hat{y}=a+bx$)		$s_y{}^2$	$s_{\hat{y}}{}^2$	R^2
3		北海道	23.6	5.17	5.22		0.32	0.23	0.72
4		青森県	24.4	4.55	5.08				
5		岩手県	26.3	4.66	4.73				
6		宮城県	21.5	5.46	5.61				
7		秋田県	28.4	4.00	4.35				
8		山形県	26.6	4.56	4.68				
9		福島県	24.2	4.92	5.11				
10		茨城県	21.3	5.25	5.64				
11		栃木県	21.1	5.52	5.68				
47		宮崎県	25.2	5.47	4.93				
48		鹿児島県	26.0	5.05	4.79				
49		沖縄県	17.2	6.28	6.39				
50			(%)	(件/千人)					

セルI3: `=H3/G3`

(1)の決定係数：
= H3/G3

(2)式から算出された予測値

目的変量の分散
(=VARP(D3:D49))
と、その予測値の分散
(=VARP(E3:E49))

（注）このワークシートでは考え方を理解するために、決定係数を定義式(1)から求めています。通常は決定係数を算出する関数RSQを用いて算出します。

以上の値を定義式(1)に代入して、決定係数の値が得られます。

$$R^2 = \frac{s_{\hat{y}}{}^2}{s_y{}^2} = 0.72$$

目的変量yの「婚姻率」の情報量のうち、72%を「老齢人口の割合」で説明できることを示しています。

● 重相関係数

目的変量yとその予測値$\hat{y}$との相関係数$r_{y\hat{y}}$を**重相関係数**といいます。この重相関係数は決定係数R^2の正の平方根と一致することが証明できます。

$$r_{y\hat{y}} = \sqrt{R^2} \quad \cdots (3)$$

　この関係から、決定係数が大きいことは目的変量yとその予測値$\hat{y}$との相関が大きいということになり、yと$\hat{y}$とがより密接であることを示します。このことからも決定係数が回帰方程式の精度を表す指標であることが確かめられます。

(注) (1)の定義と(3)式の関係式は、後に調べる重回帰分析でもそのまま成立します。

MEMO　(3)式 $r_{y\hat{y}} = \sqrt{R^2}$ の証明

　決定係数の平方根が重相関係数になることの証明は、単回帰分析のときは簡単です。実際、付録Aの分散の計算公式から、

$$V(\hat{y}) = V(a+bx) = b^2 V(x) = b^2 s_x^2 \quad \cdots (4)$$

すると、決定係数R^2は次のように変形されます。

$$R^2 = \frac{s_{\hat{y}}^2}{s_y^2} = \frac{V(a+bx)}{s_y^2} = \frac{b^2 s_x^2}{s_y^2}$$

ここで、§4の回帰係数bの公式を代入して、

$$R^2 = \left(\frac{s_{xy}}{s_x^2}\right)^2 \frac{s_x^2}{s_y^2} = \frac{s_{xy}^2}{s_x^2 s_y^2} \quad \cdots (5)$$

また、重相関係数$r_{y\hat{y}}$は付録Aの共分散の計算公式と(4)式から、

$$r_{y\hat{y}}^2 = \left(\frac{s_{y\hat{y}}}{s_y s_{\hat{y}}}\right)^2 = \frac{Cov(y,\hat{y})^2}{V(y)V(\hat{y})} = \frac{Cov(y, a+bx)^2}{s_y^2 b^2 s_x^2}$$

$$= \frac{(bCov(y,x))^2}{s_y^2 b^2 s_x^2} = \frac{b^2(s_{xy})^2}{s_y^2 b^2 s_x^2} = \frac{s_{xy}^2}{s_y^2 s_x^2} \quad \cdots (6)$$

以上(5)、(6)式から、目的の(3)式が証明されました。

2-6 重回帰分析
～1変量を複数の変量から予測する分析法

これまでの節では、線形の単回帰分析を調べました。本節はこの線形の単回帰分析を拡張した「線形の重回帰分析」を調べることにします。線形の重回帰分析も、基本的には単回帰分析と同様に理解できます。

● 重回帰分析の回帰方程式

重回帰分析は一つの変量を複数の変量の式で説明する分析法です。

具体的な資料で見てみましょう。次のページの資料は47都道府県の世帯当たりの「持ち家比率」(%)、「老年人口割合」(%)、「婚姻率」(人口1000人当たりの件数) をまとめたものです。

この資料のように、3つ以上の変量がある資料において、一つを目的変量として回帰方程式を算出し、それを用いて分析するのが重回帰分析です。

では、実際に回帰方程式を調べてみます。求め方は後回しにして、この資料の「婚姻率」を目的変量yとし、「持家比率」(w)、「老年人口割合」(x) を説明変数とする回帰方程式を先に示します。実測値yの予測値を$\hat{y}$と置いて、次のように与えられます。

$$\hat{y} = 10.576 - 0.035w - 0.129x \quad \cdots (1)$$

老年人口割合 (x) が1%上昇すると、1000人当たりの婚姻率は0.129下がり、持家比率 (w) が1%上昇すると、その婚姻率は0.035下がることを示しています。「老年人口割合」が大きければ婚姻率が低下するのは当然ですが、「持家比率」が高いと婚姻率が低下するのは、持家は既婚者を象徴するからでしょう。婚姻率の低下への影響力は、「老年人口割合」が「持ち家比率」の約4倍（≒0.129/0.035）です。「老年人口割合」が婚姻率低下へ強い影響を与えていることがわかります。

このように、回帰方程式が得られると、目的変量と説明変量の関係、そして説明変量間の力関係が明らかになります。これが回帰方程式を求める大きなねらいです。

都道府県名	持家比率(w)	老年割合(x)	婚姻率(y)	都道府県名	持家比率(w)	老年割合(x)	婚姻率(y)
北海道	56.7	23.6	5.2	滋賀県	73.0	19.7	5.7
青森県	70.9	24.4	4.6	京都府	61.0	22.4	5.3
岩手県	70.1	26.3	4.7	大阪府	51.9	21.2	5.9
宮城県	60.6	21.5	5.5	兵庫県	63.4	22.1	5.5
秋田県	77.6	28.4	4.0	奈良県	72.2	22.6	4.9
山形県	75.9	26.6	4.6	和歌山県	72.9	26.1	4.9
福島県	68.6	24.2	4.9	鳥取県	70.7	25.5	4.8
茨城県	70.1	21.3	5.3	島根県	72.9	28.6	4.4
栃木県	69.2	21.1	5.5	岡山県	66.0	24.3	5.2
群馬県	70.5	22.5	5.1	広島県	60.5	23.0	5.6
埼玉県	64.1	19.1	5.7	山口県	66.1	26.9	4.9
千葉県	64.3	20.1	5.9	徳島県	70.8	26.1	4.7
東京都	44.8	20.2	7.0	香川県	70.2	24.9	5.2
神奈川県	56.3	19.2	6.4	愛媛県	66.6	25.6	5.0
新潟県	74.9	25.5	4.7	高知県	64.7	27.8	4.5
富山県	79.6	25.2	4.7	福岡県	54.3	21.4	5.8
石川県	68.7	22.9	5.1	佐賀県	70.9	23.9	4.9
福井県	76.1	24.3	5.1	長崎県	65.0	25.2	4.8
山梨県	69.6	23.7	5.1	熊本県	63.8	25.1	5.2
長野県	72.2	25.5	5.1	大分県	63.5	25.9	5.3
岐阜県	73.4	22.9	5.1	宮崎県	67.1	25.2	5.5
静岡県	65.6	22.6	5.6	鹿児島県	67.3	26.0	5.1
愛知県	58.7	19.2	6.4	沖縄県	52.3	17.2	6.3
三重県	75.3	23.1	5.3		(%)	(%)	(件/千人)

(注) 独立行政法人 統計センター (http://www.e-stat.go.jp/) による (2010年度用)。

重回帰分析の回帰方程式の求め方

重回帰分析の回帰方程式の求め方を調べてみましょう。次のような3変量の資料を調べることにします。

個体名	w	x	y
1	w_1	x_1	y_1
2	w_2	x_2	y_2
…	…	…	…
i	w_i	x_i	y_i
…	…	…	…
n	w_n	x_n	y_n

3変量の資料を調べるが、変量数が増えても原理は2変量のときと同様。

ここで、y を目的変量、w、x を説明変量とします。すると、回帰方程式は次のように置くことができます。

$$\hat{y} = a + bw + cx \quad (a、b、c は定数) \quad \cdots (2)$$

a を**切片**、b、c を**偏回帰係数**と呼びます。

（注）単回帰分析のときには、説明変量の係数を**単回帰係数**と呼びました（§2）。

　　重回帰分析における回帰方程式の求め方は、単回帰分析のときと同様です。**最小2乗法**と呼ばれる方法で求められます。目的変量の実測値 y と、回帰方程式から得られた値（予測値）$\hat{y}$ との誤差 ε を全体として最小にするように、回帰方程式が決定されるのです。

（注）単回帰分析のときと同様、この誤差 ε を**残差**と呼びます。

　　では、回帰方程式(2)で、その概要を追ってみましょう。
　　i 番目のデータについて、y の実測値 y_i と、(2)の方程式から得られる予測値 $\hat{y}_i$ との残差を ε_i と記します。

$$\varepsilon_i = y_i - \hat{y}_i = y_i - (a + bw_i + cx_i) \quad \cdots (3)$$

　　更に、この残差 ε_i を平方し、資料全体について加え合わせたもの Q を**残差平方和**と呼びます。

$$Q = \varepsilon_1^2 + \varepsilon_2^2 + \cdots + \varepsilon_n^2 \quad \cdots (4)$$

この Q をできるだけ小さくするように定数 a、b、c を決定するというのが、回帰方程式の決定原理、すなわち最小2乗法です。

● 実際に回帰方程式を求めてみる

　　前のページの資料を対象に、最小2乗法に従って回帰方程式を決定してみましょう。数学的な解法は後回しにして、原理から直接パソコンを用いて求めることにします。§3で調べた単回帰分析と同様に、数値的に最小値を求めるのはパソコンの得意技だからです。

　　次のページに示した計算結果はExcelの「ソルバー」を利用した回帰方程式の切片と回帰係数の算出例です。結果を示してみましょう。

$a = 10.576$、$b = -0.035$、$c = -0.129$

こうして回帰方程式(1)が求められました。

(4)のQの式を設定：
=SUMSQ(G3:G49)

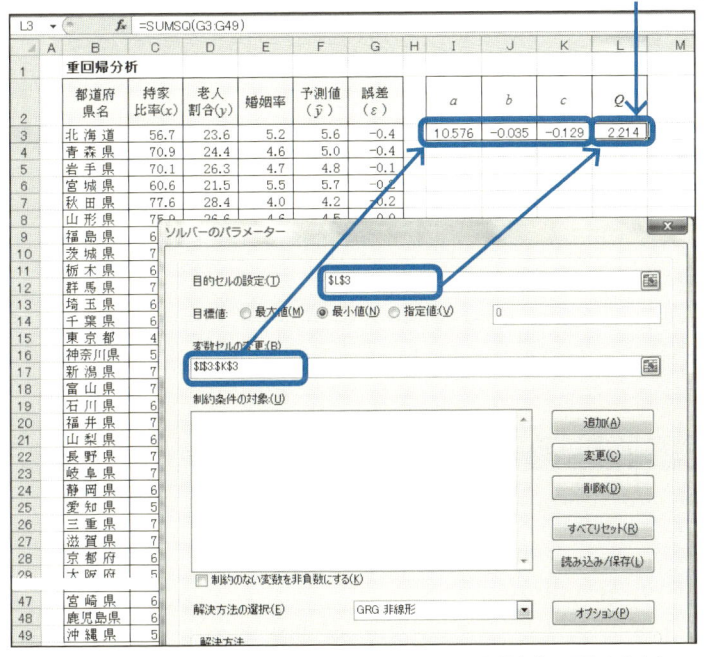

I3～K3を変数セルとし、残差平方和QをセットしたセルL3を最小化の目的セルとして、Excelのソルバーで偏回帰係数と切片を求めている。

● 重回帰分析のパス図

回帰方程式(2)に対応する重回帰分析のパス図を描いてみましょう。このとき、偏回帰係数b、cがパス係数となることに留意してください。

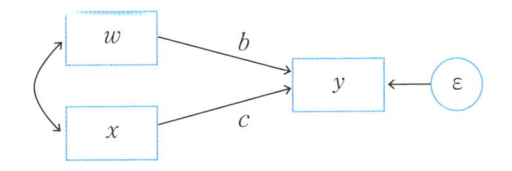

図で、εは残差を表す変数（誤差変数）です。w、xが両矢印で結ばれているのは、これら2変量に相関があるからです。

2-7 重回帰分析の回帰方程式の公式
～一般公式は行列で表現

前節（§6）では重回帰分析における回帰方程式の求め方の原理を調べました。残差平方和 Q を最小にする、という単回帰分析で調べた方法がそのまま利用されました。本節では、線形の重回帰分析における回帰方程式の公式を調べましょう。

● 最小2乗法の復習

最初に、y を目的変数、w、x を説明変数としたときの回帰方程式の求め方の復習をします。対象となる資料は下表のように表されます。

個体名	w	x	y
1	w_1	x_1	y_1
2	w_2	x_2	y_2
…	…	…	…
i	w_i	x_i	y_i
…	…	…	…
n	w_n	x_n	y_n

前節（§6）で確認したように、i 番目の個体について、w、x、y の値を各々 w_i、x_i、y_i と記す。

回帰方程式は次のように置くことができます。

$$\hat{y} = a + bw + cx \quad (a、b、c は定数) \quad \cdots(1)$$

前節（§6）と同様、b、c は偏回帰係数、a は切片です。これから残差平方和 Q を求めます。すなわち、

$$Q = \varepsilon_1^2 + \varepsilon_2^2 + \cdots + \varepsilon_n^2 \quad \cdots(2)$$

ここで、ε_i は残差で、次のように表されます。

$$\varepsilon_i = y_i - \hat{y}_i = y_i - (a + bw_i + cx_i) \quad \cdots(3)$$

この Q をできるだけ小さくするように定数 a、b、c を決定するというのが、回帰方程式の決定原理、すなわち最小2乗法です。

残差平方和を微分

微分法で有名なように、(2)式で示した残差平方和 Q を最小にする a、b、c は次の条件を満たします。

$$\frac{\partial Q}{\partial a}=0、\frac{\partial Q}{\partial b}=0、\frac{\partial Q}{\partial c}=0$$

これを計算し整理すると、次の a、b、c の方程式が得られます。

(注) この計算の詳細は長くなるので付録Bにまとめることにします。

$$\left.\begin{array}{l} s_w{}^2 b + s_{wx} c = s_{wy} \\ s_{wx} b + s_x{}^2 c = s_{xy} \end{array}\right\} \quad \cdots (4)$$

$$\bar{y} = a + b\bar{w} + c\bar{x} \quad \cdots (5)$$

これが回帰方程式(1)の偏回帰係数 b、c と切片 a を求める公式となります。この連立方程式から a、b、c を求めると回帰方程式の切片と偏回帰係数が得られます。

ちなみに、(4)の式は行列の形にまとめられます。

$$\begin{pmatrix} s_w{}^2 & s_{wx} \\ s_{wx} & s_x{}^2 \end{pmatrix} \begin{pmatrix} b \\ c \end{pmatrix} = \begin{pmatrix} s_{wy} \\ s_{xy} \end{pmatrix} \quad \cdots (6)$$

このように行列で表現すると、3変量以上に一般化するのが容易となります。

(注) (6)の左辺にある分散と共分散を成分とする行列を<u>分散共分散行列</u>といいます（1章§4）。

回帰係数を行列表現

(4)、(5)式は、説明変量が2つの場合の偏回帰係数と切片の満たす方程式です。次に、一般的な偏回帰係数と切片を求める公式を考えてみましょう。

(注) 行列に不慣れに場合には、軽く読み流してください。また、付録Dに目を通してくれれば、より理解が深まります。

目的変量を y とし、説明変量を x_1、x_2、…、x_n の n 個、それらの偏回帰係数を a_1、a_2、…、a_n とします。また、切片を a_0 とします。すると、求めたい回帰方程式は次のように置くことができます。

$$\hat{y} = a_0 + a_1 x_1 + a_2 x_2 + \cdots + a_n x_n \quad \cdots (7)$$

さて、(5)、(6)からわかるように、この一般的な場合の偏回帰係数と切片を求める方程式は次のように表現されます。

$$\begin{pmatrix} s_1^2 & s_{12} & \cdots & s_{1n} \\ s_{12} & s_2^2 & \cdots & s_{2n} \\ \cdots & \cdots & \cdots & \cdots \\ s_{1n} & s_{2n} & \cdots & s_n^2 \end{pmatrix} \begin{pmatrix} a_1 \\ a_2 \\ \cdots \\ a_n \end{pmatrix} = \begin{pmatrix} s_{1y} \\ s_{2y} \\ \cdots \\ s_{ny} \end{pmatrix} \quad \cdots (8)$$

$$\overline{y} = a_0 + a_1 \overline{x}_1 + a_2 \overline{x}_2 + \cdots + a_n \overline{x}_n \quad \cdots (9)$$

ここで、$\overline{y}$、$\overline{x}_1$、$\overline{x}_2$、…、$\overline{x}_n$は、順に目的変量y、説明変量x_1、x_2、…、x_nの平均値です。s_i^2は変量x_iの分散、s_{ij}は変量x_i、x_jの共分散の値を表します（$i, j = 1, 2, \cdots, n$）。また、s_{iy}は変量x_iと目的変量yの共分散の値を表します。

(8)式左辺にある次の行列Sは分散共分散行列です（1章§4）。

$$S = \begin{pmatrix} s_1^2 & s_{12} & \cdots & s_{1n} \\ s_{12} & s_2^2 & \cdots & s_{2n} \\ \cdots & \cdots & \cdots & \cdots \\ s_{1n} & s_{2n} & \cdots & s_n^2 \end{pmatrix}$$

このように、分散共分散行列は多変量解析の様々な分野で利用される行列です。

(8)、(9)から、説明変量がn個の場合の重回帰分析における回帰方程式(1)を求める公式が得られます。

$$\begin{pmatrix} a_1 \\ a_2 \\ \cdots \\ a_n \end{pmatrix} = \begin{pmatrix} s_1^2 & s_{12} & \cdots & s_{1n} \\ s_{12} & s_2^2 & \cdots & s_{2n} \\ \cdots & \cdots & \cdots & \cdots \\ s_{1n} & s_{2n} & \cdots & s_n^2 \end{pmatrix}^{-1} \begin{pmatrix} s_{1y} \\ s_{2y} \\ \cdots \\ s_{ny} \end{pmatrix}$$

$$a_0 = \overline{y} - a_1 \overline{x}_1 - a_2 \overline{x}_2 - \cdots - a_n \overline{x}_n$$

ここで、分散共分散行列の右肩にある「-1」は逆行列を表します。こうして、一般的な回帰方程式(7)を求める公式が得られました。

2-8 Excelを用いた回帰分析 〜LINEST関数の利用法

線形の回帰分析について調べてきました。結果として、分析の仕組みは大変簡単であることが了解されたと思います。現代はその仕組みさえ理解していれば十分でしょう。分析のための実際の計算はパソコンに任せればよいからです。ここでは、ExcelのLINEST関数を利用した実際の線形回帰分析について調べてみましょう。

● LINEST関数で線形回帰分析

§6で示した資料をここでも利用することにします。

都道府県名	持家比率(w)	老年人口割合(x)	婚姻率(y)	都道府県名	持家比率(w)	老年人口割合(x)	婚姻率(y)
北海道	56.7	23.6	5.2	滋賀県	73.0	19.7	5.7
青森県	70.9	24.4	4.6	京都府	61.0	22.4	5.3
岩手県	70.1	26.3	4.7	大阪府	51.9	21.2	5.9
宮城県	60.6	21.5	5.5	兵庫県	63.4	22.1	5.5
秋田県	77.6	28.4	4.0	奈良県	72.2	22.6	4.9
山形県	75.9	26.6	4.6	和歌山県	72.9	26.1	4.9
福島県	68.6	24.2	4.9	鳥取県	70.7	25.5	4.8

（注）全体は§6に掲載してあります。

> **MEMO　回帰分析のためのExcelの関数**
>
> 回帰分析は多変量解析の代表的なツールの一つです。そこで、汎用表計算ソフトのExcelではたくさんの回帰分析のための関数を用意してくれています。例えば、決定係数（§5）を求めるために、次のRSQ関数が用意されています。
>
> 　　RSQ(目的変数の範囲, 説明変数の範囲)
>
> しかし、このRSQ関数も含めて、多くの関数は単回帰分析にしか利用できません。本節で紹介するLINEST関数は一般的に利用できます。

§7と同様、「婚姻率」(y）を目的変量として、ExcelのLINEST関数を用いて重回帰分析を実行してみましょう。次の図は、その実行結果です。

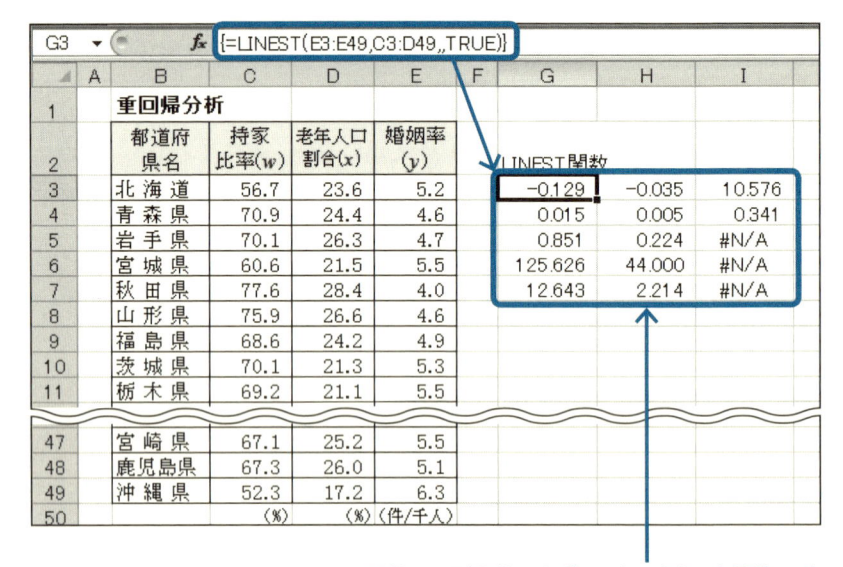

セル	G3	fx	{=LINEST(E3:E49,C3:D49,,TRUE)}					
	A	B	C	D	E	F	G	H	I
1		重回帰分析							
2		都道府県名	持家比率(w)	老年人口割合(x)	婚姻率(y)		LINEST関数		
3		北海道	56.7	23.6	5.2		−0.129	−0.035	10.576
4		青森県	70.9	24.4	4.6		0.015	0.005	0.341
5		岩手県	70.1	26.3	4.7		0.851	0.224	#N/A
6		宮城県	60.6	21.5	5.5		125.626	44.000	#N/A
7		秋田県	77.6	28.4	4.0		12.643	2.214	#N/A
8		山形県	75.9	26.6	4.6				
9		福島県	68.6	24.2	4.9				
10		茨城県	70.1	21.3	5.3				
11		栃木県	69.2	21.1	5.5				
47		宮崎県	67.1	25.2	5.5				
48		鹿児島県	67.3	26.0	5.1				
49		沖縄県	52.3	17.2	6.3				
50			(%)	(%)	(件/千人)				

LINEST関数は配列関数。まず、5行×(説明変量数＋1)列のセルを範囲指定し、LINEST 関数を入力する。それから、Ctrl キーと Shift キーを同時に押しながら Enter キーを押す。

3変量の資料についてのLINEST関数の出力形式は次の表にようになります。上のワークシートのセルG3～I7と対応させてみてください。

● LINEST関数の出力の意味

xの係数	wの係数	切片
xの係数の標準誤差	wの係数の標準誤差	切片の標準誤差
決定係数	回帰式の標準誤差	
回帰分散／残差分散	残差の自由度	
回帰式の偏差平方和	残差の平方和	

このワークシートの出力結果から、回帰方程式は次のようになることがわかります。

$$\hat{y} = 10.576 - 0.035w - 0.129x$$

これは前節（§6）の(1)式と一致します。

また、LINEST関数の出力結果から、回帰方程式の精度、すなわち決定係数がわかります。

決定係数 $R^2 = 0.851$

目的変量「婚姻率」の約85％を「持家比率」と「老齢人口割合」が説明していることを表しています。前にも調べたように、持家が多いということは既婚率が高いということであり、老人の割合が多いということは若者が少ないということなので、それら2者が婚姻率を85％の確度で押し下げていることになります。

MEMO　自由度調整済み決定係数

決定係数は回帰方程式と資料との"あてはまりの良さ"を示す値です。しかし、困ったことに、説明変数を増やすと単純に増加してゆくという性質を持っています。"役に立たない説明変数"であっても、回帰方程式に付け加えると、決定係数は大きくなり、"予測の精度"が見かけ上、上がってしまうのです。

このような決定係数の欠点を補うために、**自由度調整済み決定係数 $\hat{R}^2$** というものが定義されています。

$$\hat{R}^2 = 1 - \frac{n-1}{n-k-1}(1-R^2)$$

ここで、R^2 は§5で調べた決定係数、n は資料の大きさ（個体数）、k は説明変数の個数です。重回帰分析では、回帰方程式の精度を考えるとき、決定係数 R^2 と同様、この自由度調整済み決定係数 $\hat{R}^2$ も多く利用されます。

（注）Excelの「データ分析ツール」にある「回帰分析」を利用すると、この値も算出してくれます。ただし、そこでは「補正R2」と名付けられています。

2-9 対数線形モデルの回帰分析 〜非線形モデルへの対応法

これまでは、線形の回帰分析を調べてきました。線形の回帰分析とは、例えば、次のような1次式の回帰方程式を用いた分析法です。

(1次式の回帰方程式の例)　$\hat{y} = 10.576 - 0.035w - 0.129x$

ところで、このような線形のモデルでは説明がつかない問題にしばしば遭遇します。そこで登場するのが非線形の回帰分析です。本節では、わかりやすい**対数線形モデル**を利用して、非線形回帰分析を調べることにしましょう。結論から言うと、変数変換を行い、これまで調べて来た線形の回帰分析に帰着させます。

対数線形モデルとは

対数線形モデルは目的変数 y が説明変数 x の指数関数として説明される場合に利用される統計モデルです。すなわち、$\hat{y}$ を y の予測値とするとき、次のような関数を回帰方程式に持つ統計モデルが対数線形モデルです。

$\hat{y} = a \cdot b^x$ 　（a、b は正の定数（$b \neq 1$））　…(1)

平たく言えば、変量 y が変量 x に関してほぼ等比数列的（すなわち、ねずみ算的）に増大したり、減少したりする場合に有用なモデルです。

この関数のグラフは次のような形になります。これらは**指数曲線**と呼ばれます。

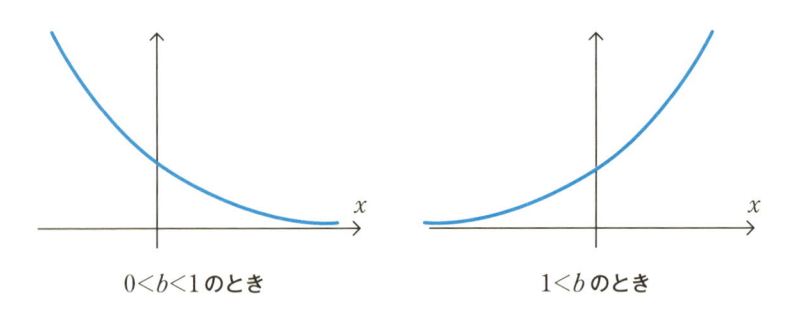

$0 < b < 1$ のとき　　　　　　　$1 < b$ のとき

相関図において、資料を表す点列がこのような指数曲線の形に添うように配置されるとき、(1)式で示した対数線形モデルが有効になります。

(注) この指数曲線のように、非線形の単回帰方程式が表す曲線を回帰曲線と呼びます。

具体例を見てみる

左下の資料は、2000年代の中国の自動車販売台数（単位は万台）です。また、横軸を「年」にした相関図をその右側に描きました。

年	販売台数
0	207
1	238
2	325
3	439
4	505
5	577
6	722
7	879
8	938
9	1364

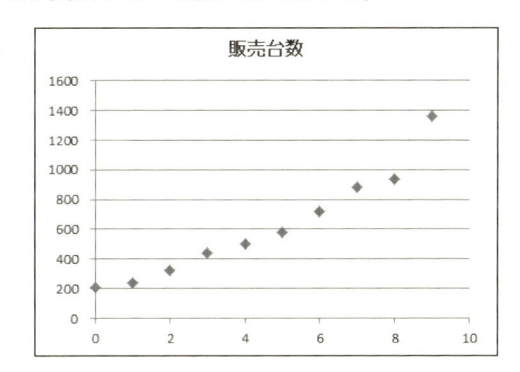

相関図上の点列は指数曲線の形をしています。(1)式を用いた非線形の回帰分析が利用できそうです。

(1)式の表す指数曲線は成長曲線と呼ばれるものの一種です。植物や動物の成長を表現するグラフの一つです。実際、中国の自動車販売台数の伸びは著しく、2009年はアメリカを抜いて世界最大の販売台数を記録しました。資料から、10年で6倍以上の伸びとなったことが見て取れます。このように、急に物事が売れたり、普及したりする現象を説明するのに、成長曲線を用いた分析が有効であることが知られています。

変数を変換して線形モデル化

回帰方程式(1)の求め方を調べてみましょう。

統計学に限らず、非線形の式は扱いが面倒です。そこで、多くの場合、変数変換を施して線形化します。回帰分析でも例外ではありません。変数を変換して、線形回帰モデルに帰着させます。

そこで、(1)式の両辺の自然対数を取ってみます。

$$\ln \hat{y} = \ln a \cdot b^x = \ln a + x \ln b$$

（注）$\ln a$ とは自然対数 $\log_e a$ を表します。e はネイピア数（$e=2.718281\cdots$）です。

更に、次の変数変換を施してみましょう。すなわち、

$$\hat{Y} = \ln \hat{y} \quad \cdots (2)$$

また、見やすいように次のように定数も変換しておきます。

$$A = \ln a, \quad B = \ln b \quad \cdots (3)$$

すると、(1)式は次のように1次式に変換されます。

$$\hat{Y} = A + Bx \quad \cdots (4)$$

これで目標達成です。線形の単回帰分析の形に帰着したからです。

では、実際の資料を例にして、(1)式を求めてみましょう。資料としては、先の「中国の自動車販売台数」を利用します。

まず、この資料に(2)式の変換を施します。

年	販売台数 y
0	207
1	238
2	325
3	439
4	505
5	577
6	722
7	879
8	938
9	1364

（2000年）　　（万台）

変数変換

年	ln 販売台数 $Y = \ln y$
0	5.333
1	5.472
2	5.784
3	6.084
4	6.225
5	6.358
6	6.582
7	6.779
8	6.844
9	7.218

（2000年）

変換後の資料（上の右の表）の相関図を描いてみましょう。次のページの右上の相関図を見てください。相関図上の点列は直線的に並んでいます。ということは、これまで調べて来た線形の単回帰分析が利用できるわけです。こうして、(2)式の変数変換で、非線形の回帰分析が、線形の回帰分析に帰着されたのです！

年	ln 販売台数 $Y = \ln y$
0	5.333
1	5.472
2	5.784
3	6.084
4	6.225
5	6.358
6	6.582
7	6.779
8	6.844
9	7.218

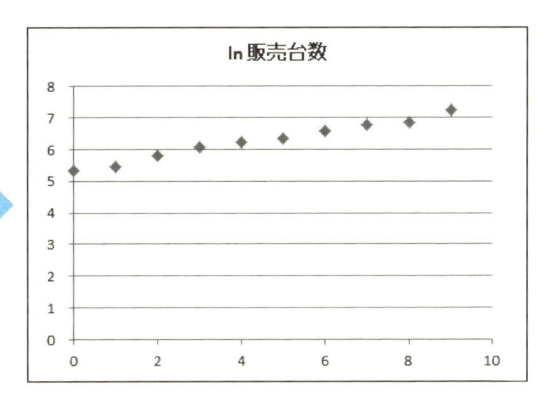

（2000年）

　線形の単回帰分析についての解説の重複は避けます。結論の回帰直線(4)の具体的式だけを以下に示しておきましょう。詳細は§3、4を参照してください。

$$\hat{Y} = 5.363 + 0.201x \quad \cdots (5)$$

すなわち、(3)で定義したA、Bは次のように得られるのです。

$A = \ln a = 5.363$、$B = \ln b = 0.201$

これからa、bを求めてみましょう。

$$a = e^A = 213.4,\ b = e^B = 1.22$$

こうして、元の非線形の回帰方程式(1)が得られました。

$$\hat{y} = 213.4 \times 1.22^x \quad \cdots (6)$$

　このグラフを、元の資料の相関図の上に描いてみましょう。それが次のページの図です。ほぼ、ピッタリ散布図の点を追尾しています。非線形の回帰方程式(6)は資料をよく説明しているのです。

　ちなみに、この(5)式で与えられた線形の回帰分析の決定係数R^2を算出してみましょう（§5）。

$$R^2 = 0.986$$

約99％と、ほぼ完全に回帰方程式(5)は販売台数の資料を説明していることがわかります。

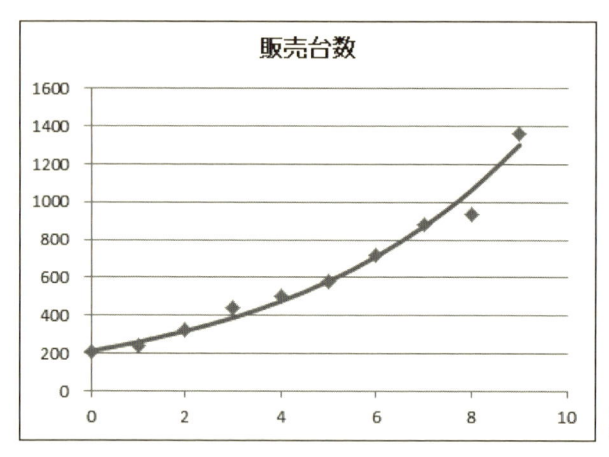

(5)の決定係数は0.989。ほぼ99%の情報を回帰方程式が表現している。

ExcelのGROWTH関数

本節で扱った回帰曲線(1)は成長曲線と呼ばれ、大変有名な関数です。そこで、Excelは実際にa、bを求めなくても予測値$\hat{y}$を算出する関数を用意しています。それがGROWTH関数です。これは配列関数であり、次のように利用します。

D3: `{=GROWTH($C$3:$C$12,$B$3:$B$12,,1)}`

中国自動車販売台数

年	販売台数	GROWTH関数
0	207	213.4
1	238	260.9
2	325	319.0
3	439	390.1
4	505	476.9
5	577	583.1
6	722	712.9
7	879	871.7
8	938	1065.8
9	1364	1303.1

GROWTH関数は予測値を自動算出。

第3章 主成分分析

複数の変量を集約した新変量を作り、それで資料を調べる技法が主成分分析です。前章の回帰分析と同様、ここでも分散が主役になります。複数の変量を集約する新変量は資料の持つ分散をできるだけ吸収するように作成されるのです。

3-1 主成分分析の考え方
～合成変量から資料を分析

　国語、数学、英語の得点からなる学校の成績を考えてみましょう。学校では、これら3教科の得点を単純に合計したものを「合計点」と呼び、その大小で子供を比較します。

（P子：国語80点、数学70点、英語90点）「私の合計点は80+70+90=240点だわ！」
（Q男）「僕の合計点は230点だ」

名前	国語	数学	英語	合計点
…	…	…	…	…
…	…	…	…	…
P子	80	70	90	240
Q男	60	90	80	230
…	…	…	…	…

　この「合計点」のように、複数の変量がある資料では、変量を合成し、新たな変量で個体を比較しあうという分析法をよく利用します。この分析法を合理的に一般化したものが主成分分析です。

● 変量の合成の原理

　上の例の「合計点」は、各変量を単純に加え合わせた合成変量です。しかし、単純に和をとる理由は希薄です。子供の学力を見るのに、英語を2倍し、数学を3倍して加えた値を「合計点」と称してもよいわけです。そこで、主成分分析は合成変量の合理的な基準を次のように設定します。

　　一つ一つの個体が最もバラバラになるような変量の和を作る

　資料を構成する個体が重なっていては、その個体の個性をつかむことができません。そこで、できるだけ個々のデータがよく見えるように変量の和を取るのです。このような新変量を作成すれば、個々の個体の特性を調べやすくなります。

データをリンゴに見立ててみましょう。すると、以上の主張は下図のようなイメージで理解できるでしょう。

元の変量　　　　　　　　　　　　　新変量
データが重なっていて個性が見えない。　データがバラバラに見え個性がわかる。

ところで、「一つ一つの個体が最もバラバラになるような変量の和」ということは、数学的には分散が最大になるような変量の和ということです。分散とは散らばりの大きさを表現する指標だからです。こうして、目標が定まりました。

分散が最大になるように新変量を合成する

これが主成分分析の基本原理です。

分散小　　　　　　　　　　　　　分散大
分散が最大になるように新変量を合成すれば、各データの個性は見えやすくなる。

ちなみに、新変量を合成するのに、「和でなく積でも良いのでは？」という考えもありえます。しかし、通常はこの考えは採用されません。そのアイデアを採用すると数学的扱いが大変困難になるからです。

● 合成変量の作り方

具体的に3変量 x、y、z の場合を調べてみましょう。各変量に重みの定数 a、b、c を掛け合わせて、次のような合成変量 p を考えます。

$$p = ax + by + cz \quad (ただし、a^2 + b^2 + c^2 = 1) \quad \cdots (1)$$

条件 $a^2 + b^2 + c^2 = 1$ は、合成変量 p が際限なく大きくなることを制限するものです。この新たな変量 p の分散が最大になるように重みの定数 a、b、c を決定します。こうすることで、各個体が最もバラバラに見える和、す

なわち個性が最も際立つ和の変量が作成できるのです。

（注）この(1)のような和を変量の**線形結合**といいます。最初に言及した総合得点は、(1)においてa＝b＝cと置いた場合です。因みに、主成分は英語でprincipal component。

主成分はデータの見方を変えただけ

　難しそうに思われたかもしれませんが、直感的には簡単な話です。(1)は見る方向を変えているだけなのです。

　下図左を見てください。x軸やy軸から見ると、4つのリンゴが固まって見えて個性はよくわかりません。ところが、新たな別の方向pからリンゴを見てみましょう。次の右側の図のように、一つ一つがバラバラに見え、よく個性がわかります。

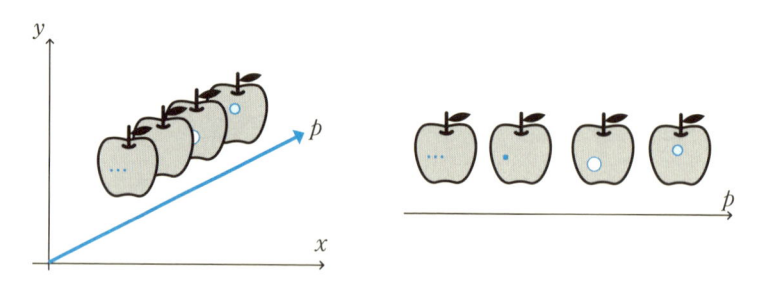

見る方向を変えると、個々の個性がよく観察できることがある。

　このような新たな変量pを合成しようとするのが、主成分分析です。実際、数学的にいうと、変量x、y、zが独立なら、式(1)は回転と反転を表します。見る向きを変えているだけなのです。変量x、y、zと異なる新たな方向を探し、それで資料を分析しようとするのが主成分分析なのです。

MEMO　　主成分分析のパス図

　3変量u、v、wから主成分pを作成してみましょう。これを表すパス図は右のように描けます。後に調べる因子分析（4章）のパス図とは矢印の向きが異なることに留意してください。

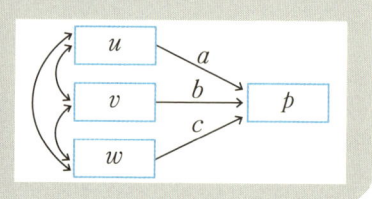

3-2 主成分の求め方 〜分散を最大にする変量を合成

　資料を構成する個体ができるだけバラバラに見えるように変量の和を作るのが、主成分分析の原理です。その合成変量で各個体を見れば、個体の個性が明確になるからです。ここでは、次の具体的な資料を利用して、実際にその合成変量（すなわち主成分）の求め方を調べることにします。この資料は20人の中学生の5教科のテスト結果です。

出席番号	数学 x	理科 y	社会 u	英語 v	国語 w
1	71	64	83	100	71
2	34	48	67	57	68
3	58	59	78	87	66
4	41	51	70	60	72
5	69	56	74	81	66
6	64	65	82	100	71
7	16	45	63	7	59
8	59	59	78	59	62
9	57	54	84	73	72
10	46	54	71	43	62
11	23	49	64	33	70
12	39	48	71	29	66
13	46	55	68	42	61
14	52	56	82	67	60
15	39	53	78	52	72
16	23	43	63	35	59
17	37	45	67	39	70
18	52	51	74	65	69
19	63	56	79	91	70
20	39	49	73	64	60

20人の中学生の5教科のテスト結果。

● 主成分は分散を最大にする変量合成

　上の資料に示すように、数学、理科、社会、英語、国語に変量名 x、y、u、v、w を与えることにします。このとき、a、b、c、d、e を定数として、次の合成変量 p を考えます。

$$p = ax + by + cu + dv + ew \quad \cdots (1)$$

ただし、$a^2 + b^2 + c^2 + d^2 + e^2 = 1 \quad \cdots (2)$

　前節（§1）でも調べたように、合成変量pが最大の分散値を持つとき、そのpを**主成分**（principal component）と呼びます。このときの定数a、b、…、eの値を**主成分負荷量**と呼びます。この主成分pを用いてデータを分析するのが主成分分析です。

　問題は、いかに主成分負荷量a、b、c、d、eの値を決定するかです。そこで、まず合成変量pの分散s_p^2を式で示してみましょう。

$$s_p^2 = \frac{1}{n}\{(p_1 - \overline{p})^2 + (p_2 - \overline{p})^2 + \cdots + (p_n - \overline{p})^2\} \quad \cdots (3)$$

ここで$\overline{p}$は合成変量(1)の平均値、nは資料の中の個体数で、いま調べている資料では20です。また、i番目の個体の変量x、y、…、wの値を順にx_i、y_i、…、w_iとして、p_iは次のように定義されます。

$$p_i = ax_i + by_i + cu_i + dv_i + ew_i \quad (i = 1, 2, \cdots, n) \quad \cdots (4)$$

　この(3)式で与えられた分散s_p^2を最大にするように定数a、b、c、d、eの値を決定すれば、目的の合成変量が得られます。

● 原理を直接用いて主成分を数値計算

　(1)〜(3)の数学的な扱いについては後に回すことにします。行列の固有値問題という厄介な数学を利用するからです（§7）。ここでは、Excelアドイン「ソルバー」を利用して、(3)式が最大になる原理を直接用いて、合成変数(1)を求めてみましょう。次ページの図はそのワークシートの例です。
　このワークシートから、次の結果が得られます。

$$a = 0.49、b = 0.17、c = 0.20、d = 0.83、e = 0.07 \quad \cdots (5)$$

実際に、合成変量(1)を書き表してみましょう。

$$p = 0.49x + 0.17y + 0.20u + 0.83v + 0.07w \quad \cdots (6)$$

これが主成分です。資料を構成する各個体の特徴を最も顕著に示すのが、この新変量 p なのです。

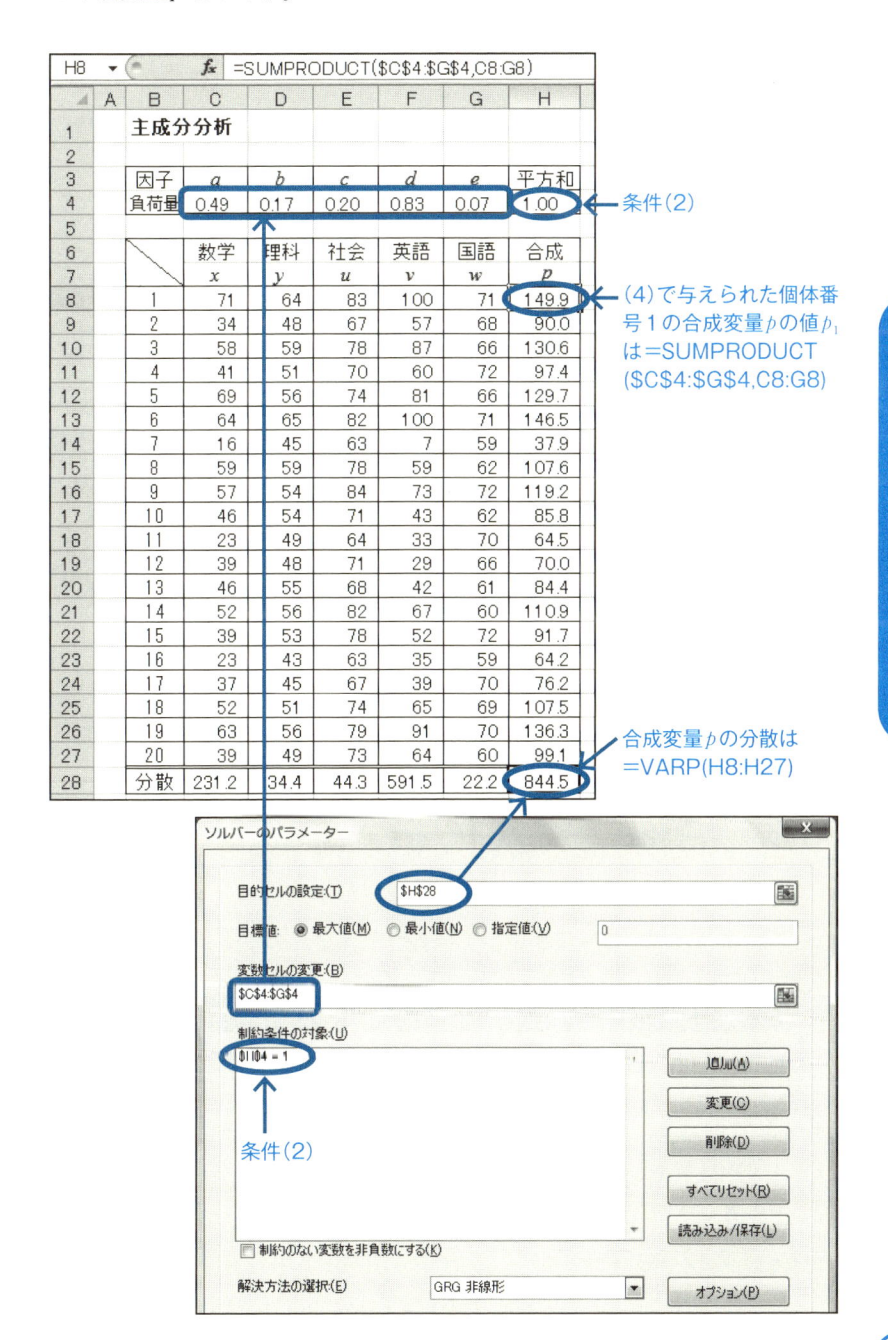

因子負荷量	a	b	c	d	e	平方和
	0.49	0.17	0.20	0.83	0.07	1.00

	数学 x	理科 y	社会 u	英語 v	国語 w	合成 p
1	71	64	83	100	71	149.9
2	34	48	67	57	68	90.0
3	58	59	78	87	66	130.6
4	41	51	70	60	72	97.4
5	69	56	74	81	66	129.7
6	64	65	82	100	71	146.5
7	16	45	63	7	59	37.9
8	59	59	78	59	62	107.6
9	57	54	84	73	72	119.2
10	46	54	71	43	62	85.8
11	23	49	64	33	70	64.5
12	39	48	71	29	66	70.0
13	46	55	68	42	61	84.4
14	52	56	82	67	60	110.9
15	39	53	78	52	72	91.7
16	23	43	63	35	59	64.2
17	37	45	67	39	70	76.2
18	52	51	74	65	69	107.5
19	63	56	79	91	70	136.3
20	39	49	73	64	60	99.1
分散	231.2	34.4	44.3	591.5	22.2	844.5

条件(2)

(4)で与えられた個体番号1の合成変量 p の値 p_1 は ＝SUMPRODUCT($C$4:$G$4,C8:G8)

合成変量 p の分散は ＝VARP(H8:H27)

ソルバーのパラメーター

目的セルの設定(T): $H$28
目標値: ● 最大値(M) ○ 最小値(N) ○ 指定値(V) 0
変数セルの変更(B): $C$4:$G$4
制約条件の対象(U):
制I4 = 1

条件(2)

□ 制約のない変数を非負数にする(K)
解決方法の選択(E): GRG 非線形

3-2 主成分の求め方 〜分散を最大にする変量を合成

主成分の解釈

上手なネーミングを主成分に施すと、資料の理解に大いに役立ちます。いま求めた主成分の式(6)を見てください。各変量の係数に着目すると、すべて正の値になっています。この新変量pは各変量の数値を総合的に加え合わせたものといえます。そこで、日常の言葉を用いるならば「総合学力」とネーミングできるでしょう。

主成分負荷量を見てください。「英語」(v) にかかる係数dが大きな値になっています。そこで、この資料を最も特徴付けているのは英語であることがわかります。英語が少し異なるだけで、主成分が大きく異なることになるからです。

各変量の分散を見ると、「英語」(v) の分散が最大です。主成分には分散が大きい変量が大きく寄与することがわかります。多変量の資料において、ある変量の分散が大きいということは、その変量が資料の中でとりわけ「目立つ」存在であることを示します。主成分はそれを反映するのです。

各個体の主成分の値が主成分得点

各個体に関して主成分pの値(4)を計算してみましょう。前ページのワークシートの最右列に記載された値です。この値を**主成分得点**といいます。主成分は資料の個性を大げさに表現したものですから、その主成分得点は各個体を際立たせた値になっているはずです。

例えば、個体番号2と10の子供のデータを見てみましょう。

出席番号	数学(x)	理科(y)	社会(u)	英語(v)	国語(w)	主成分得点	合計点
2	34	48	67	57	68	90.0	274
10	46	54	71	43	62	85.8	276

単純な合計点は10番の子の方が大きいですが、主成分得点は逆に2番の子の方が大きくなっています。それは、分散の大きい英語の得点が2番の子の方が良かったからです。「個性を際立たせる」という主成分分析の観点からすると、2番の子の方が総合学力は「上」ということになります。

3-3 寄与率 〜主成分の説明力を表現する指標

主成分は、資料における各個体の個性をできるだけ多く取り込んだ合成変量です。では、実際にどれだけデータの個性を主成分は取り込んでいるのでしょうか。それを具体的に示す指標が**寄与率**です。

● 主成分の寄与率の定義

多変量解析で主役になる量は分散です。分散は資料の特性を集積したものだからです。主成分分析も、資料に含まれる分散を最大限に取り込んだ「主成分」という新変量を用いて、データ分析を進めます。

本節では、その「主成分」がどれだけ資料の特性を説明しているかを調べることにします。そこで登場するのが「寄与率」です。資料全体の分散に占める主成分の分散の割合を示します。

いま、次のような5変量 x、y、u、v、w からなる資料を考えてみます。

個体名	x	y	u	v	w
1	x_1	y_1	u_1	v_1	w_1
2	x_2	y_2	u_2	v_2	w_2
…	…	…	…	…	…
n	x_n	y_n	u_n	v_n	w_n

この資料の持つ総分散は次のように各変量の分散の和と考えられます。

資料の全分散 $= s_x^2 + s_y^2 + s_u^2 + s_v^2 + s_w^2$

また、主成分 p の分散を s_p^2 とします。すると、次の値が資料全体に占める主成分 p の説明力と考えられます。

$$C = \frac{s_p^2}{s_x^2 + s_y^2 + s_u^2 + s_v^2 + s_w^2} \quad \cdots (1)$$

これが**寄与率**です。通常、C(Contribution の頭文字)で表現されます。

この定義から次の関係が明らかです。

$$0 \leq C \leq 1$$

寄与率Cが1に近ければ、求めた主成分は資料をよく説明する代表変量になります。0に近ければ良い代表変量ではありません。

● 実際に寄与率を算出

実際に寄与率を計算してみましょう。次のワークシートを見てください。これは前節（§2）で算出した主成分のワークシート（一部省略）から、寄与率を求めています。

	A	B	C	D	E	F	G	H	
1		主成分分析							
2									
3		因子	a	b	c	d	e	平方和	5変量の分散の和：
4		負荷量	0.49	0.17	0.20	0.83	0.07	1.00	=SUM(C28:G28)
5									
6			数学	理科	社会	英語	国語	合成	
7			x	y	u	v	w	u	
8		1	71	64	83	100	71	149.9	
9		2	34	48	67	57	68	90.0	
10		3	58	59	78	87	66	130.6	主成分pの分散：
11		4	41	51	70	60	72	97.4	=VARP(H8:H27)
12		5	69	56	74	81	66	129.7	
25		18	52	51	74	65	69	107.5	
26		19	63	56	79	91	70	136.3	
27		20	39	49	73	64	60	99.1	
28		分散	231.2	34.4	44.3	591.5	22.2	844.5	(1)式から寄与率を算出：
29									=H28/D30
30		5科目分散計		923.7			寄与率	0.91	

5変量の分散の和が923.7であり、主成分の分散が844.5なので、寄与率(1)は次のように求められます。

$$寄与率 C = \frac{844.5}{923.7} = 0.91 \quad \cdots (2)$$

資料の持つ91%の分散を主成分が表現していることがわかります。

3-4 第2主成分
～主成分の搾りカスから抽出される第2の主成分

　前の節（§3）では、資料から主成分を1つ抽出しました。§2で調べた具体的な資料では、主成分が資料の91%を説明していることも調べました（左のページの(2)式）。5変量の資料の9割を一つの変量が説明しているのですから、それで十分という考えもあります。しかし、常にそううまく行くとは限りません。そこで、主成分が取りこぼした情報をどのようにフォローするかを調べましょう。そこで「第2主成分」が登場します。

（注）本節では直感的な方法で第2主成分を導出します。行列理論を利用すると、第1主成分と統一的に議論ができます。これについては、最後の節（§7）に回します。

● 主成分の「搾りかす」から得られる第2主成分

　これまでの節で調べて来たように、主成分は分散が最大になるように決定されました。すなわち、資料に含まれる情報（すなわち分散）をできるだけ搾り取って、新たな変量を合成したのです。当然、その主成分が取りこぼした情報が、「搾りカス」の資料に残っているはずです。その「搾りカス」から新たな主成分を抽出してみましょう。それが**第2主成分**となります。このとき、最初に抽出した主成分を**第1主成分**といいます。

第1主成分を搾り取ったカスから第2主成分を搾り取る。

● 主成分の「搾りかす」の資料の算出

　資料から第1主成分を取り去り、搾りカスの資料を作ってみましょう。

これまで通り、5変量 x、y、u、v、w からなる資料を考えてみます。そして、第1主成分 p が次のように得られているとします。

$$p = ax + by + cu + dv + ew \quad \cdots (1)$$

すると、5変量 x、y、u、v、w から第1主成分 p を搾りとった後の「搾りカス」変量 x'、y'、u'、v'、w' は次のように書き表せます。

$$x' = x - ap, \quad y' = y - bp, \quad u' = u - cp, \quad v' = v - dp, \quad w' = w - ep \quad \cdots (2)$$

（注）この証明は行列の知識を用います。付録Gで示します。

具体的に見るために、前の節（§2）で作成したワークシートに、(2)の「搾りカス」変量を付加した表を付加してみましょう。

§2で算出

(2)式の「搾りカス」変量の値を算出。
セルK8 は：=C8-C\$4*\$H8
これをセルK8:O27 にコピー

	A	B	C	D	E	F	G	H	I	J	K	L	M	N	O	P
1	主成分分析															
2	第1主成分									第2主成分						
3			a	b	c	d	e	平方和			a'	b'	c'	d'	e'	平方和
4			0.49	0.17	0.20	0.83	0.07	1.00								
5																
6			数学	理科	社会	英語	国語	合成			数学	理科	社会	英語	国語	合成
7			x	y	u	v	w	p			x'	y'	u'	v'	w'	q
8		1	71	64	83	100	71	149.9		1	-2.7	38.1	53.6	-24.1	60.6	
9		2	34	48	67	57	68	90.0		2	-10.3	32.4	49.4	-17.5	61.8	
10		3	58	59	78	87	66	130.6		3	-6.2	36.4	52.4	-21.1	56.9	
11		4	41	51	70	60	72	97.4		4	-6.8	34.2	50.9	-20.6	65.2	
12		5	69	56	74	81	66	129.7		5	5.2	33.5	48.6	-26.4	57.0	
13		6	64	65	82	100	71	146.5		6	-8.0	39.6	53.3	-21.3	60.8	
14		7	16	45	63	7	59	37.9		7	-2.6	38.4	55.6	-24.4	56.4	
15		8	59	59	78	59	62	107.6		8	6.1	40.4	56.9	-30.1	54.5	
16		9	57	54	84	73	72	119.2		9	-1.6	33.4	60.6	-25.7	63.7	
17		10	46	54	71	43	62	85.8		10	3.9	39.2	54.2	-28.0	56.1	
18		11	23	49	64	33	70	64.5		11	-8.7	37.8	51.4	-20.4	65.5	
19		12	39	48	71	29	66	70.0		12	4.6	35.9	57.3	-28.9	61.1	
20		13	46	55	68	42	61	84.4		13	4.5	40.4	51.5	-27.9	55.1	
21		14	52	56	82	67	60	110.9		14	-2.5	36.8	60.3	-24.8	52.3	
22		15	39	53	78	52	72	91.7		15	-6.0	37.1	60.0	-23.9	65.6	
23		16	23	43	68	35	59	64.2		16	-8.5	31.9	50.4	-18.1	54.6	
24		17	37	45	67	39	70	76.2		17	-0.5	31.8	52.1	-24.1	64.7	
25		18	52	51	74	65	69	107.5		18	-0.8	32.4	52.9	-24.0	61.5	
26		19	63	66	79	91	70	136.3		19	-4.0	32.4	52.3	-21.9	60.5	
27		20	39	49	73	64	60	99.1		20	-9.7	31.9	53.6	-18.0	53.1	
28		分散	231.2	34.4	44.3	591.5	22.2	844.5							分散	

こうして得られた「搾りカス」変量の資料から、新たな主成分を抽出してみます。それが第2主成分になります。その求め方は、全く第1主成分

のときと同様です。まず、(2)から次のように合成変量qを作成します。

$$q = a'x' + b'y' + c'u' + d'v' + e'w' \quad \cdots (3)$$

ここで、a'、b'、c'、d'、e'、w'は定数で、次の条件を満たすとします。

$$a'^2 + b'^2 + c'^2 + d'^2 + e'^2 = 1 \quad \cdots (4)$$

(4)の条件のもとで(3)の合成変量qの分散が最大になるように、定数a'、b'、c'、d'、e'、w'を決定すれば、第2主成分が得られるわけです。

● 実際に第2主成分を抽出

実際に、いま示した資料を用いて、(3)式で示された第2主成分qを求めてみましょう。それを示したのが下図です。

「搾りカス」変量から合成変量(3)を作成

(3)の式を設定。
=SUMPRODUCT(K$4:O$4,K8:O8)
これを下に全員分コピー

(4)の条件のもとで、(3)の分散が最大になるようにする

3-4 第2主成分 ～主成分の搾りカスから抽出される第2の主成分

ここでも§2と同様、Excelアドイン「ソルバー」を利用しました。セルP28には新合成変量qの分散を求める関数がセットされていますが、それが最大になるようにセルK4：O4の定数a', b', c', d', e', w'の値を決定するのです。

計算結果から、第2主成分として次の変量qが得られます。

$$q = 0.76x' + 0.24y' + 0.20u' - 0.53v' - 0.24w' \quad \cdots (5)$$

ところで、この(5)式のx', y', …, w'に(2)式を代入してみましょう。§2の(5)式から$a = 0.49$、$b = 0.17$、$c = 0.20$、$d = 0.83$、$e = 0.07$が求められているので、x', y', …, w'は次のように与えられます。

$$x' = x - 0.49p,\ y' = y - 0.17p,\ u' = u - 0.20p,\ v' = v - 0.83p,\ w' = w - 0.07p$$

これを(5)式に代入して、

$$q = 0.76(x - 0.49p) + 0.24(y - 0.17p)$$
$$+ 0.20(u - 0.20p) - 0.53(v - 0.83p) - 0.24(w - 0.07p)$$

展開し整理すると幸運にもpが消え、次のように簡単になります。

$$q = 0.76x + 0.24y + 0.20u - 0.53v - 0.24w \quad \cdots (6)$$

(注) 小数第3位を四捨五入しています。なお、pが消えるというこの性質は「幸運」ではなく、一般的に成立することが証明できます。

こうして、第2主成分qが得られました。以上のようにすれば、第3、第4の主成分も得られることがわかります。

● 第2主成分を解釈

(6)式として求められた第2主成分qの解釈をしてみましょう。「数学(x)」「理科(y)」「社会(u)」という変量にはプラスの符号が、「英語(v)」「国語(w)」という変量にはマイナスの符号が付いています。そこで、この新たな変量qは「理系・文系の好悪」を表すと解釈できます。社会が数学と理科に含まれるのは、「社会」の理解には文系的な感性よりも理系的な推理力が要求されるからでしょうか。

(注) 次章では別の解釈を行います。解釈は一意的ではないのです。

3-5 累積寄与率
～主成分全体の説明力を示す指標

第1主成分の搾りカスから第2主成分を絞り出しました。こうやって、取りこぼした情報を再度すくい取るのです。ところで、こうしてすくい取った複数の主成分の全説明力を示す指標がほしくなります。それが**累積寄与率**です。

● 寄与率の和が累積寄与率

前節（§3）では、第1主成分 p の説明能力を示す**寄与率**を調べました。これは、次のように定義されます（5変量 x、y、u、v、w の場合）。

$$C_1 = \frac{s_p^2}{s_x^2 + s_y^2 + s_u^2 + s_v^2 + s_w^2}$$

ここで、s_p^2 は第1主成分の分散です。

（注）§3では、第1主成分の寄与率を C で表しましたが、ここでは C_1 と表します。

第2主成分 q の寄与率 C_2 も、第1主成分のときと同様に定義されます。

$$C_2 = \frac{s_q^2}{s_x^2 + s_y^2 + s_u^2 + s_v^2 + s_w^2}$$

s_q^2 は第2主成分の分散です。これが第2主成分の説明力になるわけです。

更に、第1主成分と第2主成分と合わせた寄与率を考えます。これを**累積寄与率**といいます。

$$C = C_1 + C_2 = \frac{s_p^2 + s_q^2}{s_x^2 + s_y^2 + s_u^2 + s_v^2 + s_w^2}$$

この累積寄与率 C の値は、2つの主成分の合計が資料全体の情報をどれくらい説明しているかを示す量です。この累積寄与率の値が1に近いものであれば、第2主成分までを調べれば十分でしょう。もし、1に足りなければ、更に第3主成分以降を調べることになります。

実際に累積寄与率を算出

§2で取り上げた資料について、実際に累積寄与率を調べてみましょう。前の節（§4）で算出したワークシートに寄与率の計算を付加してみましょう。

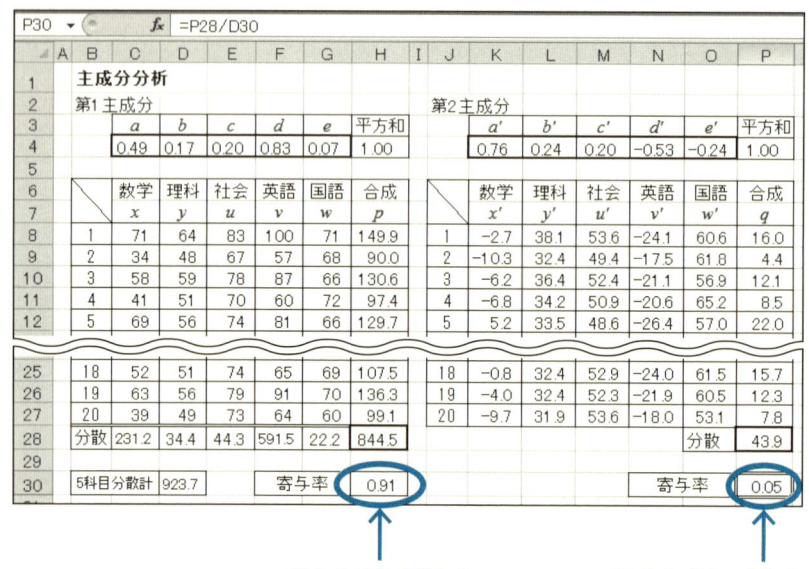

	A	B	C	D	E	F	G	H	I	J	K	L	M	N	O	P
1		主成分分析														
2		第1主成分									第2主成分					
3			a	b	c	d	e	平方和				a'	b'	c'	d'	e'	平方和
4			0.49	0.17	0.20	0.83	0.07	1.00				0.76	0.24	0.20	-0.53	-0.24	1.00
5																
6			数学	理科	社会	英語	国語	合成				数学	理科	社会	英語	国語	合成
7			x	y	u	v	w	p				x'	y'	u'	v'	w'	q
8		1	71	64	83	100	71	149.9			1	-2.7	38.1	53.6	-24.1	60.6	16.0
9		2	34	48	67	57	68	90.0			2	-10.3	32.4	49.4	-17.5	61.8	4.4
10		3	58	59	78	87	66	130.6			3	-6.2	36.4	52.4	-21.1	56.9	12.1
11		4	41	51	70	60	72	97.4			4	-6.8	34.2	50.9	-20.6	65.2	8.5
12		5	69	56	74	81	66	129.7			5	5.2	33.5	48.6	-26.4	57.0	22.0
25		18	52	51	74	65	69	107.5			18	-0.8	32.4	52.9	-24.0	61.5	15.7
26		19	63	56	79	91	70	136.3			19	-4.0	32.4	52.3	-21.9	60.5	12.3
27		20	39	49	73	64	60	99.1			20	-9.7	31.9	53.6	-18.0	53.1	7.8
28		分散	231.2	34.4	44.3	591.5	22.2	844.5								分散	43.9
29																
30		5科目分散計	923.7				寄与率	0.91							寄与率	0.05

第1主成分の寄与率 ／ 第2主成分の寄与率

このワークシートから第1と第2の主成分の寄与率 C_1、C_2 は

$$C_1 = \frac{844.5}{923.7} = 0.91, \quad C_2 = \frac{43.9}{923.7} = 0.05$$

よって、累積寄与率は、次のようになります。

$$C = C_1 + C_2 = 0.91 + 0.05 = 0.96$$

第2主成分まで考えると、96％もの説明力になるわけです。5変量 x、y、u、v、w のほとんどすべての情報が、2つの主成分 p、q で説明できることがわかりました。

（注）第3主成分以降も、これまでの考え方を延長して求めることができます。それを評価する寄与率、累積寄与率も以上と同様に算出できます。

3-6 変量プロットと主成分得点プロット ～主成分分析の結果を視覚化

「可視化」、「見える化」は現代の情報分析のキーワードです。主成分分析にもその手法が準備されています。それが「変量プロット」、「主成分プロット」です。

● 変量を主成分から評価する変量プロット

主成分が求められたとき、その結果を視覚的に表現するのが**変量プロット**です。例として、これまで調べてきた次の資料について、この変量プロットを調べてみましょう。

出席番号	数学 x	理科 y	社会 u	英語 v	国語 w
1	71	64	83	100	71
2	34	48	67	57	68
3	58	59	78	87	66
4	41	51	70	60	72
5	69	56	74	81	66
19	63	56	79	91	70
20	39	49	73	64	60

中学生20人の成績。資料全体は§2に示してある。

この資料から、第1主成分と第2主成分が次のように求められました。

$$p = 0.49x + 0.17y + 0.20u + 0.83v + 0.07w \quad \cdots (1)$$
$$q = 0.76x + 0.24y + 0.20u - 0.53v - 0.24w \quad \cdots (2)$$

(注) (1)式は§2の(6)式、(2)式は§4の(6)式として求められています。

この第1主成分、第2主成分について、例えば「数学」(x) の係数を見てください。0.49 と 0.76 です。これを次のように座標で表してみます。

　　X(0.49, 0.76)

他の変量についても、同様の処理をします。y、u、v、w の順に、

Y(0.17, 0.24)、U(0.20, 0.20)、V(0.83, −0.53)、W(0.07, −0.24)

これらの点X、Y、…、Wを、求められた座標の位置に記します。これが、変量プロットです。

（注）英語のプロット（plot）には色々な意味が有りますが、ここは「点を打つ」の意味です。

次の図は、横軸が第1主成分を、縦軸が第2主成分を表します。図から、第1主成分がすべて正の側にあることが見て取れます。§2で、「第1主成分の変量にかかる係数が正なので、第1主成分を『総合学力』と解釈できる」と述べましたが、視覚的に一目瞭然となります。

また、第2主成分で見るとX（数学）、Y（理科）、U（地理）が正の側、V（英語）、W（国語）が負の側にあるます。このことから、第2主成分が『理系・文系の好悪』を表すと考えられることも、視覚的にすぐに理解できます。

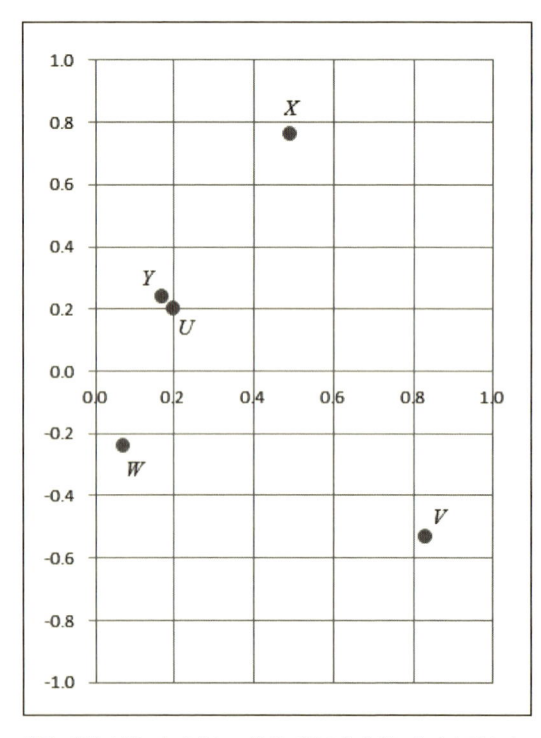

変量プロット。
横軸が第1主成分、縦軸が第2主成分。各変量がこれら主成分から見てどんな位置にあるかを示す。主成分の解釈と、それに基づいた変量の解釈を容易にする。

（注）縦軸を第1主成分に、横軸が第2主成分にとる文献もあります。

個体を主成分から評価する主成分得点プロット

各個体の特徴を主成分の観点から解釈するときに役立つのが**主成分得点プロット**です。二つの主成分を軸とする座標平面上に、各個体の主成分得点をプロットした図です。

（注）主成分プロットは**サンプルプロット**とも呼ばれます。

再び、これまで調べて来た子供20人の5教科のテスト結果について、具体的に調べてみましょう。先に示した(1)、(2)式の右辺の変量に具体的なデータ値を入れることで、主成分得点（§2）が次のように得られます。

（注）この表の値は§2、§4に載せたワークシートに計算されています。

出席番号	第1主成分 p	第2主成分 q	出席番号	第1主成分 p	第2主成分 q
1	149.9	16.0	11	64.5	7.9
2	90.0	4.4	12	70.0	24.2
3	130.6	12.1	13	84.4	24.9
4	97.4	8.5	14	110.9	19.5
5	129.7	22.0	15	91.7	13.2
6	146.5	10.8	16	64.2	7.8
7	37.9	17.7	17	76.2	15.0
8	107.6	28.5	18	107.5	15.7
9	119.2	17.2	19	136.3	12.3
10	85.8	24.5	20	99.1	7.8

ここで、例えば出席番号1番の子供を見てみましょう。

第1主成分得点＝149.9、第2主成分得点＝16.0

この子のデータを次の座標として表現します。

出席番号1番 （149.9, 16.0）

すなわち、横軸を第1主成分、縦軸を第2主成分とした座標平面上に、この出席番号1番の子のデータが点として表現されるのです。こうすることで、出席番号1番の子の特徴を図上の点として視覚的に把握できるようになります。他の子供についても、同様なことが行えます。全ての個体について以上の操作をしたのが次の図です。

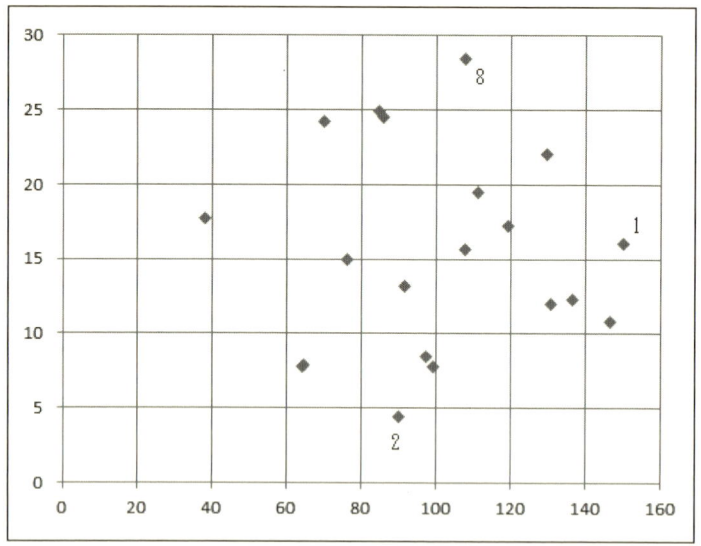

主成分得点プロット。

　図で1の番号を記した点を見てください。この点はいま例として挙げた番号1の子供を表します。先に調べたように（§2、4）、横軸は第1主成分で「総合力」を、縦軸は第2主成分で「理系・文系の好悪」を、表します。この番号1の子供は「総合力」は一番ですが、個性を表す「理系・文系の好悪」は並です。

　今度は、図で「2」と記した子供を調べてみましょう。これは資料で出席番号2の子供を表しています。総じて芳しくありませんが、個性を表す「理系・文系の好悪」も最低です。理系教科の努力が望まれます。

　最後に、図で「8」と記した子供を調べてみましょう。これは資料で出席番号8の子供を表しています。「総合力」は並みですが、「理系・文系の好悪」に特徴があります。この特徴を生かした学習指導が必要でしょう。

　以上のように、資料を主成分に縮約し、それを図示することで、個々のデータの特性が一目瞭然になります。これが多変量解析の醍醐味です。

　ちなみに、本書では第2主成分までしか調べていませんが、同じように考えて第3主成分、第4主成分、… を導き出すことができます。このときは、これらから2つずつを取り上げて、ここで調べたプロット作成を行えばよいでしょう。

3-7 主成分分析の数学的な定式化 〜ラグランジュの未定係数法

主成分を求めるのに、これまでは表計算ソフトウェアExcelを用いてきました。本節では、多くの多変量解析の文献がそうしているように、数学を用いて主成分を求めてみます。数学を用いると、理論を統一的に鳥瞰することができます。

（注）これから先の説明には解析学の知識と線形代数の知識を利用します。これらに親しみのない読者は付録C、Dを参照してください。また、本節を軽く読み流しても問題はありません。

● 主成分の求め方の復習

主成分の求め方を復習しましょう。話を具体化するために、これまでと同じく5変数x、y、u、v、wの場合を考えます。

まず、求める主成分pの形を示します。

$$p = ax + by + cu + dv + ew \quad (a、b、c、d、e は定数) \quad \cdots (1)$$

この合成変量pの係数a、b、$\cdots$、eは、このpの分散が最大になるように決められます。ここで面倒なのは、定数a、b、$\cdots$、eが次の条件(2)を満たす必要があることです。

$$a^2 + b^2 + c^2 + d^2 + e^2 = 1 \quad \cdots (2)$$

最大にしたい主成分pが有限に収まるようにするための条件です。この条件のもとで、数学的に定数a、b、$\cdots$、eはどのように決められるのでしょうか。このとき利用されるのが**ラグランジュの未定係数法**です。

（注）ラグランジュの未定係数法については付録Cに解説してあります。

● ラグランジュの未定係数法

多変量解析の多くの問題では、変数に条件が付けられた最大値（最小値）

を求めることが要求されます。それに応えるのが次にまとめる**ラグランジュの未定係数法**です。

> 変数x、y、$\cdots$、wが条件式$g(x, y, \cdots, w) = 0$を満たすとする。このとき、関数$f(x, y, \cdots, w)$が最大値（または最小値）をとるなら、
> $$\frac{\partial L}{\partial x} = 0、\frac{\partial L}{\partial y} = 0、\cdots、\frac{\partial L}{\partial w} = 0$$
> が成立する。ここで
> $$L = f(x, y, \cdots, w) - \lambda g(x, y, \cdots, w) \quad (\lambda \text{は定数})$$

では、このラグランジュの未定係数法を用いて、主成分を数学的に求めてみましょう。この方法のメリットは第1主成分、第2主成分、… が一気に得られることです。また、数学の力を借りることで、主成分の様々な性質が一般的に証明できることです。

最大値を求めたい関数は主成分の分散s_p^2です。nを個体数として、

$$s_p^2 = \frac{1}{n}\{(p_1 - \overline{p})^2 + (p_2 - \overline{p})^2 + \cdots + (p_n - \overline{p})^2\} \quad \cdots (3)$$

これはa、b、$\cdots$、eの関数です。実際、p_i $(i = 1, 2, \cdots, n)$ は次のように(1)式から求めた主成分の値（すなわち主成分得点）です。

$$p_i = ax_i + by_i + cu_i + dv_i + ew_i \quad \cdots (4)$$

また、$\overline{p}$は主成分の平均値で、次のように求められます。

$$\overline{p} = a\overline{x} + b\overline{x} + c\overline{u} + d\overline{v} + e\overline{w}$$

$\overline{x}$、$\overline{y}$、$\cdots$、$\overline{w}$は変量x、y、$\cdots$、wの平均値です。

ここで、次の関数を定義します。

$$L = \frac{1}{n}\{(p_1 - \overline{p})^2 + (p_2 - \overline{p})^2 + \cdots + (p_n - \overline{p})^2\} - \lambda(a^2 + b^2 + \cdots + e^2 - 1)$$

ラグランジュの未定係数法から、(2)の条件のもとで(3)のs_p^2が最大になるとき、a、b、$\cdots$、eについて次の関係が成立します。

$$\frac{\partial L}{\partial a} = 0、\frac{\partial L}{\partial b} = 0、\frac{\partial L}{\partial c} = 0、\frac{\partial L}{\partial d} = 0、\frac{\partial L}{\partial e} = 0 \quad \cdots (5)$$

実際に微分計算

(5)の最初の方程式に着目してみましょう。

$$\frac{\partial L}{\partial a} = \frac{2}{n}\{(p_1-\overline{p})(x_1-\overline{x})+(p_2-\overline{p})(x_2-\overline{x})+\cdots+(p_n-\overline{p})(x_n-\overline{x})\}-2\lambda a=0$$

(4)式を用いて{ }の中を展開し、分散と共分散の定義を利用すると、

$$\frac{\partial L}{\partial a} = 2\{as_x^2+bs_{xy}+cs_{xu}+ds_{xv}+es_{xw}\}-2\lambda a=0$$

整理して、

$$as_x^2+bs_{xy}+cs_{xu}+ds_{xv}+es_{xw}=\lambda a \quad \cdots (6)$$

同様な式が(5)式の各項から得られます。例えば、$\frac{\partial L}{\partial e}=0$からは

$$as_{xw}+bs_{yw}+cs_{uw}+ds_{vw}+es_w^2=\lambda e \quad \cdots (7)$$

(6)、(7)などを行列にまとめると、次のように整理されます。

$$\begin{pmatrix} s_x^2 & s_{xy} & s_{xu} & s_{xv} & s_{xw} \\ s_{xy} & s_y^2 & s_{yu} & s_{yv} & s_{yw} \\ s_{xu} & s_{yu} & s_u^2 & s_{uv} & s_{uw} \\ s_{xv} & s_{yv} & s_{uv} & s_v^2 & s_{vw} \\ s_{xw} & s_{yw} & s_{uw} & s_{vw} & s_w^2 \end{pmatrix} \begin{pmatrix} a \\ b \\ c \\ d \\ e \end{pmatrix} = \lambda \begin{pmatrix} a \\ b \\ c \\ d \\ e \end{pmatrix} \quad \cdots (8)$$

目標の式が得られました。線形代数学では、**固有値問題**と呼ばれる有名な問題に帰着したのです。

(注) 1章§1で調べたように、(8)式左辺の正方行列は**分散共分散行列**と呼ばれます。

ちなみに、実際に因子負荷量a、b、$\cdots$、eを求めるには、最初に示した(2)式の条件も同時に勘案しなければいけません。

固有値問題を解く

固有値問題(8)を満たす解($a\ b\ c\ d\ e$)を、分散共分散行列の**固有ベクトル**といいます。また、そのときのλの値を**固有値**といいます。

固有値問題(8)を数学的に一般的に解くことは困難です。そこで、付録Fに**累乗法**と呼ばれるもっとも簡単な数値解法を示しました。参考にしてください。

　さて、固有値問題(8)の解が見つけられたとしましょう。その(8)の両辺に解の行ベクトル$(a\ b\ c\ d\ e)$を掛けてみます。

$$(a\ b\ c\ d\ e)\begin{pmatrix} s_x^2 & s_{xy} & s_{xu} & s_{xv} & s_{xw} \\ s_{xy} & s_y^2 & s_{yu} & s_{yv} & s_{yw} \\ s_{xu} & s_{yu} & s_u^2 & s_{uv} & s_{uw} \\ s_{xv} & s_{yv} & s_{uv} & s_v^2 & s_{vw} \\ s_{xw} & s_{yw} & s_{uw} & s_{vw} & s_w^2 \end{pmatrix}\begin{pmatrix} a \\ b \\ c \\ d \\ e \end{pmatrix} = \lambda (a\ b\ c\ d\ e)\begin{pmatrix} a \\ b \\ c \\ d \\ e \end{pmatrix}$$

左辺を展開すると、(3)式で示された分散s_p^2であることがわかります。また、右辺の行列を展開すると条件(2)より1になります。すなわち、

$$s_p^2 = \lambda \quad \cdots (9)$$

こうして、固有値λの意味がわかりました。固有値λは主成分の分散になるのです。

● 固有値問題の解から主成分を得る

　一般的に、固有値問題(8)の解は重複を含めて5個あります。その固有値を大小順に次のように並べてみましょう。

$$\lambda_1 \geq \lambda_2 \geq \lambda_3 \geq \lambda_4 \geq \lambda_5$$

(注)　一般的にn変量のときには重複を含めてn個の解があります。理論を一般化して考えるときには、5をこのnと読み替えてください。

　これら5個の固有値に対して、固有ベクトル$(a\ b\ c\ d\ e)$の解$(a_k\ b_k\ c_k\ d_k\ e_k)$ $(k=1, 2, \cdots, 5)$ が存在します。(9)の性質から、大きい順にk番目の固有値λ_kにはk番目に大きい分散が対応するので、次の合成変量p_kは第k主成分になります。

$$p_k = a_k x + b_k y + c_k u + d_k v + e_k w$$

こうして、数学的な第k主成分の求め方がわかりました。

第4章
因子分析

　与えられた資料から、その資料を創りだした原因をあぶり出す技法が因子分析です。いろいろな因子分析の方法が工夫されていますが、ここでは基本的なものを調べます。「因子分析は難しい」といわれますが、原理は大変簡単であることを確かめましょう。なお、多くの因子分析の文献がそうであるように、変量は標準化して扱います。こうすることで、式は大変簡単になります。

4-1 データの背後を探る因子分析
~データから原因をあぶり出す手法

　数学で悪い成績をとった子供が「僕は文系タイプだから仕方がない」と言い訳することがあります。これは、学力という複雑なものを単純な「文系」「理系」という能力で説明しようとするものです。

複雑なものを単純な原因で説明するのは、統計学でも大切なこと。

　この「理系」「文系」による説明の真偽の議論は置いておくことにして、複雑なものを単純な原因で説明することは大切です。理解がしやすくなるからです。統計学の世界で、このような視点でデータを分析する手段が因子分析です。因子分析は、多変量のデータを対象にして、本質的な原因（すなわち共通因子）をあぶり出す統計学的な手法なのです。本節では、この仕組みを理解するために、単純な1因子モデルの例を調べてみます。

● 1因子モデルで仕組みを理解

　1因子モデルとは、与えられた資料を一つの原因（すなわち共通因子）で説明しようとするモデルです。簡単な計算で解が求められるので、因子分析の仕組みを理解するのに役立ちます。
　例として、次ページに掲載した都道府県別の「人口」、「旅券発行の割合」、「婚姻率」の資料を取り上げてみましょう。この3変量の資料について、1因子モデルの因子分析を実行してみます。

都道府県	人口	旅券発行	婚姻率	都道府県	人口	旅券発行	婚姻率
北海道	554	17.0	5.17	滋賀	140	32.2	5.65
青森	139	11.6	4.55	京都	263	33.6	5.30
岩手	135	12.9	4.66	大阪	881	33.0	5.90
宮城	234	19.4	5.46	兵庫	559	33.6	5.45
秋田	111	13.9	4.00	奈良	140	33.6	4.90
山形	119	16.8	4.56	和歌山	101	23.0	4.87
福島	205	18.3	4.92	鳥取	60	21.1	4.80
茨城	296	26.8	5.25	島根	72	15.7	4.38
栃木	201	24.4	5.52	岡山	195	22.9	5.19
群馬	201	23.5	5.14	広島	287	24.9	5.62
埼玉	711	33.0	5.68	山口	146	20.3	4.93
千葉	612	37.1	5.86	徳島	79	19.8	4.69
東京	1284	48.0	6.99	香川	100	21.7	5.22
神奈川	892	42.7	6.36	愛媛	144	17.5	5.03
新潟	239	19.0	4.65	高知	77	13.7	4.54
富山	110	22.7	4.69	福岡	505	28.7	5.83
石川	117	26.2	5.12	佐賀	86	20.9	4.90
福井	81	23.7	5.05	長崎	144	18.4	4.80
山梨	87	25.9	5.08	熊本	182	19.8	5.17
長野	217	24.5	5.11	大分	120	19.8	5.25
岐阜	210	28.6	5.08	宮崎	114	15.5	5.47
静岡	380	28.0	5.56	鹿児島	172	15.4	5.05
愛知	740	35.2	6.38	沖縄	138	19.8	6.28
三重	188	27.8	5.29		(万人)	(件/千人)	(件/千人)

(注)独立行政法人 統計センター(http://www.e-stat.go.jp/)による(2010年度まとめ)。

3変量「人口」、「旅券発行の割合」、「婚姻率」を順にx、y、zと置き、それを共通の原因となる変数Fで説明することを考えてみます。この変数Fを**共通因子**といいます。

各変量の持つ情報とこの共通因子との関係を図に示してみましょう。

(注)因子は英語でfactorといい、多くの文献で1つの共通因子はFと示されています。

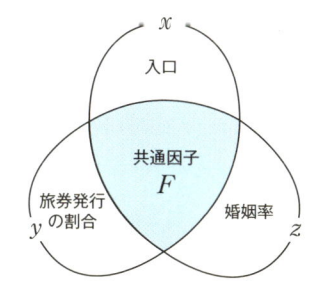

3変量x、y、zの持つ情報を共通因子Fで説明する。当然、共通因子Fで説明し切れない情報があるので、この図のように各変量には固有の「はみだし」部分がある。

4-1 データの背後を探る因子分析 〜データから原因をあぶり出す手法

●1因子モデルを式で表現

「共通因子 F でデータを説明する」といっても、いろいろな説明法があります。1因子モデルの因子分析では、次の関係式を求めることを「説明する」と捉えます。a、b、c を定数として、

$$\left.\begin{array}{l} x = aF + e_x \\ y = bF + e_y \\ z = cF + e_z \end{array}\right\} \cdots (1)$$

すなわち、資料の中の変量を原因となる共通因子 F の1次式で表すことを「データの説明」と捉えるのです。

(注) 現段階では、共通因子 F の意味については何も考えていません。また、変量は標準化されることを前提とします。

当然、各変量には共通因子 F で説明しきれない情報があるはずです。そこで、それらを変量 x、y、z に対して各々 e_x、e_y、e_z で表しています。これらを、共通因子 F に対して、独自因子と呼びます。

(注) e は「独自の」を表すドイツ語「eigen」の頭文字。また、共通因子 F が説明しきれない誤差「error」の頭文字とも考えられます。

先の図に、(1)の変量名と因子名を書き込んでみましょう。

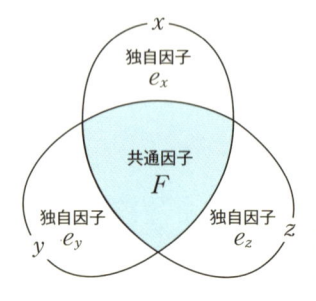

各変量は共通因子 F と、その F で説明できない部分（独自因子）e_x, e_y, e_z に分けられる、と考える。

(1)式にある共通因子 F の係数 a、b、c は因子負荷量と呼ばれます。共通因子 F が各変量へ及ぼす影響力を表します。そこで、これらの値を求めることが目標になります。

(1)式の関係を1章で調べたパス図で表現してみます（1章§6）。それを示したのが次のページの図です。

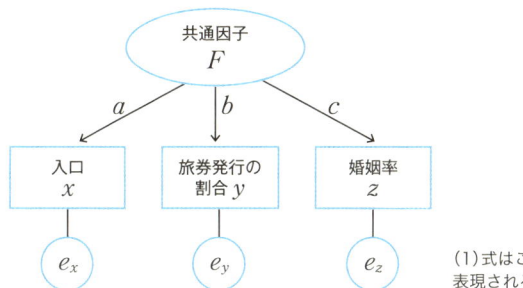

(1)式はこのパス図で表現される。

● モデルの式から分散・共分散を算出

(1)式に示された式から分散と共分散を求めてみましょう。多変量解析では分散と共分散が主役だからです。

例えば、変量xの分散s_x^2は次のように求められます。

$$s_x^2 = V(aF + e_x) = a^2 V(F) + 2aCov(F, ex) + V(e_x) \quad \cdots (2)$$

また、例えば変量x、yの共分散s_{xy}は次のように求められます。

$$\begin{aligned} s_{xy} &= Cov(aF+e_x, bF+e_y) \\ &= abCov(F,F) + aCov(F,e_y) + bCov(e_x,F) + Cov(e_x,e_y) \\ &= abV(F) + aCov(F,e_y) + bCov(e_x,F) + Cov(e_x,e_y) \quad \cdots (3) \end{aligned}$$

（注）これらの計算については、付録Aに示した分散、共分散の計算公式を利用しています。

この(2)、(3)式からわかるように、(1)式から一般的に求めた分散と共分散の式は大変複雑です。そこで、モデルに常識的な仮定をしてみましょう。そうすることで、(2)、(3)などの式が大変簡潔になります。

（注）近年はパソコンの発達のおかげで、このような仮定をしない理論が生まれています。

● 因子間の独立性を仮定

(2)、(3)式をシンプルにするため、常識的な仮定を取り込みます。それは「共通因子と独自因子、独自因子と独自因子との間には相関がない」という仮定です。3変量から抽出された共通情報である因子Fは、当然「残

りかす」の独自因子とは相関がないはずです。また、独自因子どうしも、互いに「独自」なのですから、相関はないでしょう。

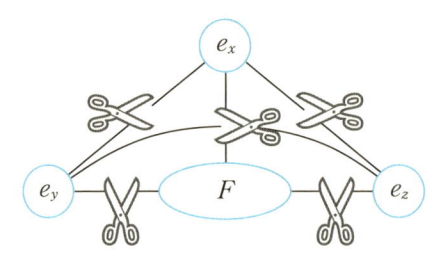

共通因子F、独自因子e_x、e_y、e_zの間には相関がない、すなわち
　　相関係数＝0
と仮定するのです。これらの仮定は、共通因子と独自因子の本来の意味から許される仮定でしょう。

このような因子間の無相関性を式で表してみます。

$$\left.\begin{array}{l}Cov(F, e_x) = Cov(F, e_y) = Cov(F, e_z) = 0 \\ Cov(e_x, e_y) = Cov(e_y, e_z) = Cov(e_z, e_x) = 0\end{array}\right\} \cdots (4)$$

この仮定(4)を(2)、(3)式に代入してみます。すると、次のように簡単になります。

$$\left.\begin{array}{l}s_x^2 = V(aF + e_x) = a^2 V(F) + V(e_x) \\ s_{xy} = ab V(F)\end{array}\right\} \cdots (5)$$

● 変量の標準化で式を簡略化

(2)(3)式をシンプルにするために、更に仮定を取り入れます。それは「変量や因子は標準化されている」という仮定です（1章§5）。こう仮定することで、式がきれいになるからです。実際、標準化されていれば、

$$s_x^2 = 1、V(F) = 1$$

すると、(5)式は次のように更に簡単になります。

$$1 = a^2 + V(e_x)、\quad s_{xy} = ab$$

これまでは変量x、yについてのみ調べて来ました、他の変量についても同様です。すべて列挙してみましょう。

$$\left.\begin{array}{l}1 = a^2 + V(e_x)、1 = b^2 + V(e_y)、1 = c^2 + V(e_z) \\ s_{xy} = ab、s_{yz} = bc、s_{zx} = ca\end{array}\right\} \cdots (6)$$

何も仮定しなかった(2)(3)式と見比べてみてください。随分とわかりやすくなりました。これなら解くことができそうです。

● 変量の標準化

いま調べたように、古典的な因子分析では、変量を標準化します。先に掲載した資料をここで標準化しておきましょう。

都道府県	人口	旅券発行	婚姻率	都道府県	人口	旅券発行	婚姻率
北海道	1.08	−0.90	−0.09	滋賀	−0.50	1.04	0.76
青森	−0.51	−1.59	−1.19	京都	−0.03	1.21	0.14
岩手	−0.52	−1.43	−1.00	大阪	2.34	1.14	1.21
宮城	−0.14	−0.60	0.43	兵庫	1.10	1.21	0.41
秋田	−0.62	−1.30	−2.17	奈良	−0.50	1.21	−0.57
山形	−0.59	−0.93	−1.17	和歌山	−0.65	−0.14	−0.62
福島	−0.26	−0.74	−0.53	鳥取	−0.81	−0.38	−0.75
茨城	0.09	0.35	0.05	島根	−0.77	−1.07	−1.49
栃木	−0.27	0.04	0.53	岡山	−0.29	−0.15	−0.05
群馬	−0.27	−0.07	−0.14	広島	0.06	0.10	0.71
埼玉	1.68	1.14	0.82	山口	−0.48	−0.48	−0.52
千葉	1.30	1.66	1.14	徳島	−0.74	−0.55	−0.94
東京	3.88	3.05	3.15	香川	−0.66	−0.30	0.00
神奈川	2.38	2.38	2.03	愛媛	−0.49	−0.84	−0.34
新潟	−0.13	−0.65	−1.01	高知	−0.75	−1.33	−1.21
富山	−0.62	−0.18	−0.94	福岡	0.89	0.59	1.08
石川	−0.59	0.27	−0.18	佐賀	−0.71	−0.41	−0.57
福井	−0.73	−0.05	−0.30	長崎	−0.49	−0.73	−0.75
山梨	−0.71	0.23	−0.25	熊本	−0.34	−0.55	−0.09
長野	−0.21	0.05	−0.20	大分	−0.58	−0.55	0.05
岐阜	−0.24	0.58	−0.25	宮崎	−0.60	−1.10	0.44
静岡	0.42	0.50	0.60	鹿児島	−0.38	−1.11	−0.30
愛知	1.79	1.42	2.06	沖縄	−0.51	−0.55	1.88
三重	−0.32	0.47	0.12				

標準化した資料を対象にするとき、分散は1に、共分散の値は相関係数に一致することに留意してください（1章§5）。

● 原理は分散・共分散を忠実に再現すること

いよいよ、因子分析の本丸に攻め入ります。ここで、因子分析の計算原

理を明確に示しておきましょう。

> 因子分析の計算の基本は、資料から得られる分散・共分散の値をできるだけ忠実に再現するように、因子分析モデル(1)の因子負荷量a、b、cを決定すること。

2章の回帰分析と3章の主成分分析では、分散をできるだけ説明するように理論を組み立てました。本章の因子分析では分散に共分散も加えて、それらをできるだけ説明するように理論を組み立てます。

因子分析は、因子モデルという筆を用いて、資料の分散・共分散を数学のカンバスに忠実に写し取ること。

では、この原理に従って(6)を解いてみましょう。

まず資料から分散・共分散の値を求めます。先の標準化された資料から、次の値が得られます（標準化されているので、分散は1です）。

$$s_{xy} = 0.756、s_{yz} = 0.760、s_{zx} = 0.770 \quad \cdots (7)$$

理論値(6)はこれら実測値に一致させたいわけです。そこで、(7)式を(6)に代入してみましょう。

$$a^2 + V(e_x) = 1、b^2 + V(e_y) = 1、c^2 + V(e_z) = 1 \quad \cdots (8)$$
$$ab = 0.756、bc = 0.760、ca = 0.770 \quad \cdots (9)$$

これが3変量1因子モデルの結論の方程式です。これらから、目標となる因子負荷量a、b、cを求めるのが、次の課題となります。

方程式を解いてみる

(9)式の3つの式を掛け合わせてみます。

$a^2b^2c^2 = 0.442$

abc は正数と仮定し、これから次の式が得られます。

$abc = 0.665$

これを(9)の各式で割って、次の解が得られます。

$a = 0.875$、$b = 0.864$、$c = 0.879$

こうして、式(1)の因子分析の基本式が解けたことになります。

$$\left. \begin{array}{l} x = 0.875F + e_x \\ y = 0.864F + e_y \\ z = 0.879F + e_z \end{array} \right\} \cdots (10)$$

（注）因子分析の問題がこのように手計算で簡単に解けるのは、1因子3変量という特殊な場合だからです。通常はパソコンを利用して解くことになります。

以上の結果をパス図に記入してみましょう。

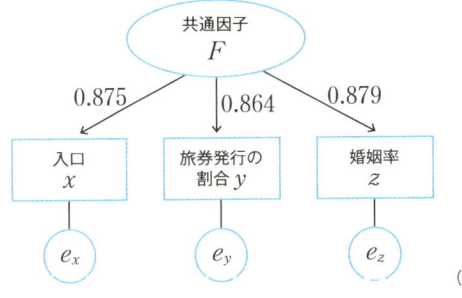

(10)の関係をパス図に示す。

因子の解釈

求めた(10)式を見てください。例えば、変量 x に着目してみます。

$x = 0.875F + e_x$

変量は標準化されているので、この式は2章で調べた単回帰分析の回帰方程式と考えられます（e_x は残差と解釈できます）。すると、因子負荷量 0.875 は回帰係数とみなすことができます。

回帰係数は説明変量 F が目的変量 x に及ぼす影響度を表します。標準化されたデータを扱っているので、回帰係数の大きさの最大値は1です。そこで、いま得られた0.875は十分その最大値1に近い値になっています。

共通因子Fは変量xに対して大きな影響力があることが想像されます。

y、zについても同様に考えられます。各々の因子負荷量（すなわち回帰係数）は0.864、0.879であり、1に近い値になっています。このことから、共通因子Fは統計資料をよく説明していることがわかります。

では、説明力を認められた共通因子Fはどのような意味を持つのでしょうか。ここには分析者の主観が入りますが、3変量「人口」、「旅券発行の割合」、「婚姻率」を共通に説明するものとして、「地域活性度」と解釈してみましょう。実際、これらの変量は地域の生活の活発性を表現しています。それらを束ねた共通因子Fは、まさに「地域活性度」と呼ぶに相応しい内容でしょう。

ワイワイ、ガヤガヤ

人口が多い

パスポートを取得

海外旅行者が多い

結婚が多い

古典的な因子分析では、分析結果を出してから、共通因子の意味を考える。今の場合は、「地域活性度」と解釈できる。

このように、古典的な因子分析では、共通因子の意味を仮定せずに、共通因子の個数だけを仮定して分析を進め、最後にその意味を考えます。このような分析法を探索的因子分析といいます。次の章（5章）では、因子の意味を最初から仮定して分析を進める確認的因子分析も調べます。

> **MEMO** 因子分析の歴史
>
> 因子分析は、イギリスのスピアマン（1863〜1945年）が最初に子供の知能の研究から開発した統計学の技法です。このように、多くの統計学的手法は生物学や教育学など、数学とは異なる分野から生まれたことは、興味深いことです。

4-2 共通性と寄与率
～共通因子の説明力を示す指標

3変量に対して1因子モデルを表す関係式は次のように示されます（§1）。

$$\left.\begin{array}{l}x = aF + e_x \\ y = bF + e_y \\ z = cF + e_z\end{array}\right\} \cdots (1)$$

ここで、共通因子Fの係数a、b、cを**因子負荷量**、e_x、e_y、e_zを共通因子Fに対する**独自因子**と呼びます。

さて、前節（§1）では、与えられた資料から、(1)式を具体化した次の式を求めました。

$$\left.\begin{array}{l}x = 0.875F + e_x \\ y = 0.864F + e_y \\ z = 0.879F + e_z\end{array}\right\} \cdots (2)$$

この関係を図示したパス図も再掲しておきます。

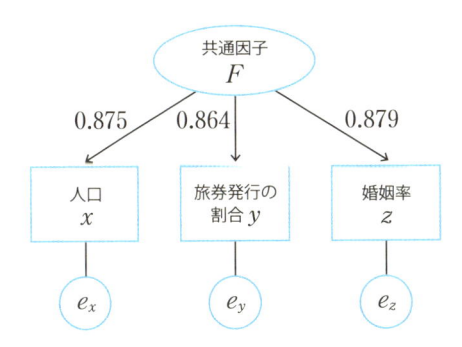

(2)の関係をパス図に示す。

本節では、この具体的な因子分析の精度を数値で表現してみましょう。

● 変量に対する共通因子の説明力が「共通性」

「人口」を表す変量xについて、その分散を調べてみましょう。§1の(6)式で見たように、この分散は次のように表されます。

$$s_x^2 = a^2 + V(e_x) = 1$$

多変量解析では、分散を最大の情報源として捉えます。分散は変量の持つ情報量と考え、分析を進めるわけです。すると、この式は変量xの持つ情報量（分散$s_x^2 = 1$）が、共通因子の影響度を表すa^2と、独自因子で説明される部分$V(e_x)$から成り立つことを示しています。

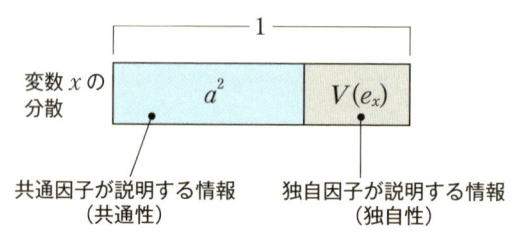

```
変数xの      [    a²    | V(eₓ) ]
分散
           共通因子が説明する情報   独自因子が説明する情報
              （共通性）              （独自性）
```

標準化された変量xの分散は1。それが、共通因子の影響度を表すa^2と、独自因子で説明される部分$V(e_x)$に分けられる。

共通因子Fで説明されるこの分散部分a^2のことを、変量xの**共通性**と呼びます。共通性に対して、独自因子の分散$V(e_x)$を**独自性**と呼びます。(2)式の場合、$a = 0.875$なので、

$$\text{変量}x\text{の共通性} \ a^2 = 0.875^2 = 0.766$$

つまり、変量xの持つ情報の約77%を共通因子が説明していることになります。前節（§1）では共通因子Fを「地域活性度」と名付けましたが、それは変量x（すなわち人口）の8割近くを説明しているのです。

他の変量についても、共通性を調べてみましょう。

$$\text{変量}y\text{（旅券発行率）の共通性} \quad b^2 = 0.864^2 = 0.746$$
$$\text{変量}z\text{（婚姻率）の共通性} \quad c^2 = 0.879^2 = 0.773$$

共通因子Fが「旅券発行率」、「婚姻率」を概ねよく説明していることがわかります。

● 資料全体に対する共通因子の説明力が「寄与率」

共通因子Fがどれくらい資料全体を説明しているかを調べてみましょう。多変量解析では、各変量についての分散の総和が、資料の持つ全分散量と考えます。いまは標準化された変量を扱っているので、全分散量は変量の個数3です。

$$\text{全分散量} = s_x^2 + s_y^2 + s_z^2 = 1 + 1 + 1 = 3$$

先の共通性の議論から分かるように、因子 F が説明する分散の総和 h^2 は、

$$h^2 = a^2 + b^2 + c^2 = 0.766 + 0.746 + 0.773 = 2.285 \quad \cdots (3)$$

これが、資料全体で共通因子 F の説明する情報量です。これを**総共通性**と呼びます。

(注) 共通性は、多くの文献において、h^2 で表されます。

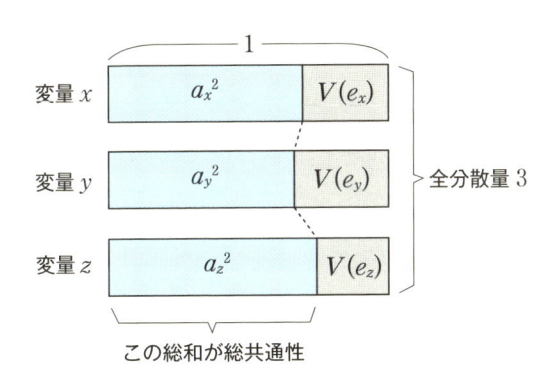

変量 x : a_x^2 | $V(e_x)$
変量 y : a_y^2 | $V(e_y)$ 全分散量 3
変量 z : a_z^2 | $V(e_z)$

この総和が総共通性

総共通性(3)を、全分散量（＝変量の個数（＝3））で割れば、総分散に占める共通因子 F の説明する分散量の割合を表すことになります。これを因子の**寄与率**といいます。これが、資料全体に対する共通因子の「説明力」になるわけです。

$$寄与率 = \frac{因子の説明する情報量}{変数の個数} = \frac{2.285}{3} = 0.762$$

(注) 主成分分析でも、これと同様に、寄与率を定義しました（3章§3）。なお、後に調べる2因子モデルでも、この寄与率のアイデアは同一です。

「地域活性度」と名付けた共通因子 F が資料情報の約76%を説明していることを示しています。共通因子 F は資料をよく説明していることが示されました。

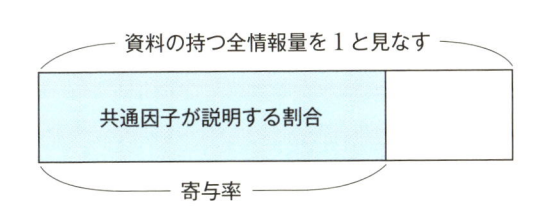

資料の持つ全情報量を1と見なす
共通因子が説明する割合
寄与率

4-3 2因子モデルの因子分析 〜因子負荷量の方程式を導出

これまでは、1因子モデルの因子分析を調べてきました。幸運にも簡単な手計算によって、3変量資料に対する1因子モデルの方程式を解くことができました。しかし、これは偶然です。それより複雑な場合には、色々と厄介な問題がつきまとい、因子分析の解法を難しくさせています。本節では、5変量資料に対して2因子モデルの因子分析の問題に取り組んでみましょう。この場合を理解すれば、一般論への拡張は容易です。

2因子モデルの関係式

次の資料を見てください。5変量 x、y、u、v、w についての資料を一般的に表現しています。ここで、資料は標準化されていることを仮定します。

個体名	x	y	u	v	w
1	x_1	y_1	u_1	v_1	w_1
2	x_2	y_2	u_2	v_2	w_2
3	x_3	y_3	u_3	v_3	w_3
…	…	…	…	…	…
n	x_n	y_n	u_n	v_n	w_n

標準化されている5変量 x、y、u、v、w の資料。

この資料に対して、2つの共通因子を用いた因子分析を行います。このとき、2つの共通因子を用いたモデルを表現する式は、1共通因子のときと同様、次のように示されます。これが **2因子モデル** です。

$$\left. \begin{array}{l} x = a_x F + b_x G + e_x、\quad y = a_y F + b_y G + e_y \\ u = a_u F + b_u G + e_u、\\ v = a_v F + b_v G + e_v、\quad w = a_w F + b_w G + e_w \end{array} \right\} \cdots (1)$$

ここで、F、G は2つの **共通因子** です。1因子モデルのときと同様、それに掛かる係数 a_x、…、a_w、b_x、…、b_w は **因子負荷量** と呼ばれます。e_x

e_y、…、e_w は共通因子で説明できない各変量の独自の部分で、**独自因子**と呼ばれます。

2因子モデルの因子負荷量の方程式

　因子分析の計算原理は、理論から得られる分散・共分散の値が資料から得られる分散、共分散の値にできるだけ一致するように、因子モデル(1)の係数（すなわち因子負荷量）a_x、…、a_w、b_x、…、b_w を決定することです。そこで、(1)式から分散、共分散の理論値を算出してみましょう。

　しかし、すでに前節（§1）で見たように、何も仮定を与えないと、(1)式から算出した分散、共分散の式は大変複雑になります。そこで、いくつかの仮定を予め設定します。

　まず、常識的な仮定として、共通因子 F、G と独自因子 e_x、e_y、…、e_w とは独立で、相関がないと考えます。定義から、共通因子と独自因子は互いに独立なはずだからです。また、独自因子どうしも互いに相関がないと考えられます。

$$\left. \begin{array}{l} Cov(F, e_x) = Cov(F, e_y) = \cdots = Cov(F, e_w) = 0 \\ Cov(G, e_x) = Cov(G, e_y) = \cdots = Cov(G, e_w) = 0 \\ Cov(e_x, e_y) = Cov(e_x, e_u) = \cdots = Cov(e_v, e_w) = 0 \end{array} \right\} \cdots (2)$$

　もう一つ重要な仮定を導入します。共通因子同士は全く異なる性質を持ち、相関はないと考えるのです。

$$Cov(F, G) = 0 \quad \cdots (3)$$

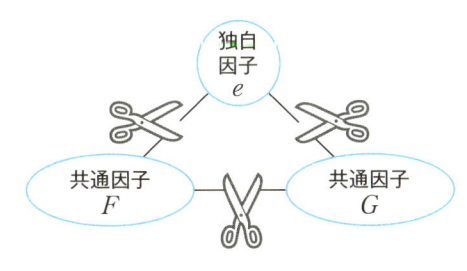

直交モデルは、独自因子と共通因子の独立とともに、因子間の独立も仮定。

仮定(3)が成り立つ因子分析モデルを**直交モデル**といいます。式は簡単になりますが、分析結果を解釈するときに注意が必要になります。2因子F、Gが互いに独立となるように意味づけねばならないのです。

　以上のモデルをパス図で表現すると、次のように表されます。独自因子、及びF、Gの間には、パスが描かれていないことに留意してください。

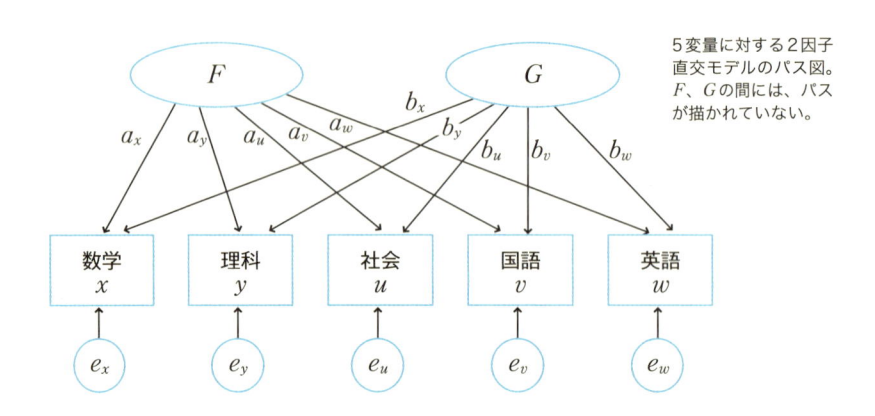

5変量に対する2因子直交モデルのパス図。F、Gの間には、パスが描かれていない。

　では、以上の仮定の下で、各変量の分散、共分散の理論値を導出してみましょう。§1の1因子モデルと同様に計算すると、次のようにまとめられます。

$$\left.\begin{array}{l} s_x^2 = a_x^2 s_F^2 + b_x^2 s_G^2 + V(e_x)、\cdots、s_w^2 = a_w^2 s_F^2 + b_w^2 s_G^2 + V(e_w) \\ s_{xy} = a_x a_y s_F^2 + b_x b_y s_G^2、\cdots、s_{vw} = a_v a_w s_F^2 + b_v b_w s_G^2 \end{array}\right\} \cdots (4)$$

ここで、s_x^2、s_y^2、$\cdots$、s_w^2は順に変量x、y、$\cdots$、wの分散、s_F^2、s_G^2は順に共通因子F、Gの分散を表しています。また、s_{xy}は2変量x、yの共分散です。s_{xu}等についても同様に解釈します。

　さて、これまで通り、変量と共通因子の標準化を仮定します。すると、

$$\left.\begin{array}{l} s_x^2 = s_y^2 = \cdots = s_v^2 = 1、s_F^2 = s_G^2 = 1、 \\ s_{xy} = r_{xy}、s_{xu} = r_{xu}、\cdots、s_{vw} = r_{vw} \end{array}\right\} \cdots (5)$$

ここで、r_{xy}、r_{xu}、$\cdots$、r_{vw}は添え字で示された変量間の相関係数です。

(注) 変量の標準化を行っているので、変量の分散は1に、共分散の値は相関係数と一致します。そこで、例えば共分散s_{xy}は相関係数r_{xy}と表示しました。

以上の仮定(5)をその上の式(4)に代入してみます。

$$\left.\begin{array}{l} 1 = a_x^2 + b_x^2 + V(e_x)、1 = a_y^2 + b_y^2 + V(e_y)、\cdots、1 = a_w^2 + b_w^2 + V(e_w) \\ r_{xy} = a_x a_y + b_x b_y、r_{xu} = a_x a_u + b_x b_u、\cdots、r_{vw} = a_v a_w + b_v b_w \end{array}\right\} \cdots (6)$$

この(6)式が2因子直交モデルの因子負荷量の方程式です。左辺は資料から与えられている値、右辺が理論式です。この(6)式の解き方については、具体例を用いて次節で詳しく調べます。

> **MEMO　因子分析の方程式は厳密には解けない!**
>
> 本節では5変量の資料を調べていますが、一つ変量を増やして6変量にして考えてみましょう。これまでの議論からわかるように、因子負荷量は $6 \times 2 = 12$ 個、独立因子は6個となり、計18個のパラメータが現れます。
>
> ところで、(4)式を拡張すればわかるように、6変量の場合の条件は21個となります。
>
> (注) 一般的に、変量 n 個の資料からは $\frac{n(n+1)}{2}$ 個の関係式が得られます。
>
> さて、方程式が一般的に解けるには、未知数の数と条件の数とが一致しなければなりません。いま調べた6変量2共通因子の問題では、条件の数の方が大きいのです。すなわち、方程式は解けないのです。
>
> しかし、「解けない」と嘆いていても、問題は解決しません。キッカリ解けなくても、全ての条件に一番よく妥協する解を求めるのです。全ての条件をほどほどに満たす「落としどころ」的な解を探すわけです。これは、素敵な男性との結婚を夢見る女性が、ほどほどの男性に妥協するのと同じ発想です。

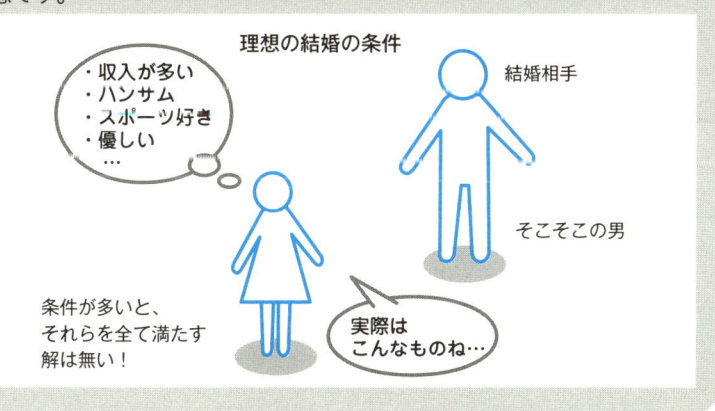

理想の結婚の条件

・収入が多い
・ハンサム
・スポーツ好き
・優しい
…

結婚相手

そこそこの男

条件が多いと、それらを全て満たす解は無い!

実際はこんなものね…

4-3 2因子モデルの因子分析 ～因子負荷量の方程式を導出

4-4 2因子直交モデルを解く
～最小2乗法で因子負荷量を決定

　前の節では、5変量の資料について、2因子直交モデルを用いた因子負荷量の方程式を一般的に導出しました。ここでは、具体的な資料をもとにして、得られた方程式を解いてみることにしましょう。

　次の資料を見てください。これは前の章で用いた20人の中学生のテスト結果です（3章§2）。前章と同様、数学、理科、社会、英語、国語の得点を変量名 x、y、u、v、w で表すことにします。

出席番号	数学 x	理科 y	社会 u	英語 v	国語 w
1	71	64	83	100	71
2	34	48	67	57	68
3	58	59	78	87	66
4	41	51	70	60	72
5	69	56	74	81	66
6	64	65	82	100	71
7	16	45	63	7	59
8	59	59	78	59	62
9	57	54	84	73	72
10	46	54	71	43	62
11	23	49	64	33	70
12	39	48	71	29	66
13	46	55	68	42	61
14	52	56	82	67	60
15	39	53	78	52	72
16	23	43	63	35	59
17	37	45	67	39	70
18	52	51	74	65	69
19	63	56	79	91	70
20	39	49	73	64	60
平均	46.40	53.00	73.45	59.20	66.30
標準偏差	15.21	5.87	6.66	24.32	4.71

3章§2で用いた20人の中学生のテスト結果。

　この資料から相関係数は次のように求められます。

		数学	理科	社会	英語	国語
		x	y	u	v	w
数学	x	1.000	0.866	0.838	0.881	0.325
理科	y	0.866	1.000	0.810	0.809	0.273
社会	u	0.838	0.810	1.000	0.811	0.357
英語	v	0.881	0.809	0.811	1.000	0.444
国語	w	0.325	0.273	0.357	0.444	1.000

5変量の相関係数の表。

(注) §1では変量を標準化した表を提示しましたが（103ページ）、今後はそれを省きます。標準化した変量では、分散が1、共分散が相関係数に一致するという性質があります（1章§5）。そこで、上の表さえ提示されれば標準化した変量の因子分析ができるからです。

●2因子直交モデルの因子負荷量の方程式

前の節で調べたように（§3の(6)式）、5変量資料に対する2因子直交モデルの因子分析では、因子負荷量の満たす方程式は次のように表されます。

$$\left.\begin{array}{l}1=a_x^2+b_x^2+V(e_x)、1=a_y^2+b_y^2+V(e_y)、\cdots、1=a_w^2+b_w^2+V(e_w)\\ r_{xy}=a_xa_y+b_xb_y、r_{xu}=a_xa_u+b_xb_u、\cdots、r_{vw}=a_va_w+b_vb_w\end{array}\right\} \cdots(1)$$

ここで、$V(e_x)$、$\cdots$、$V(e_w)$は変量x、$\cdots$、wの独自因子の分散、r_{xy}、$\cdots$、r_{vw}は添え字に付けられた変量間の相関係数です。

(注) 変量は標準化しているので、相関係数は共分散と一致しています。

では、上の表に示した相関係数の値を代入し、解くべき方程式を省略せずに示してみましょう。

$$\left.\begin{array}{l}a_x^2+b_x^2+V(e_x)=1、a_y^2+b_y^2+V(e_y)=1、a_u^2+b_u^2+V(e_u)=1\\ a_v^2+b_v^2+V(e_v)=1、a_w^2+b_w^2+V(e_w)=1\end{array}\right\} \cdots(2)$$

$$\left.\begin{array}{l}a_xa_y+b_xb_y=0.866、a_xa_u+b_xb_u=0.838、a_xa_v+b_xb_v=0.881\\ a_xa_w+b_xb_w=0.325、a_ya_u+b_yb_u=0.810、a_ya_v+b_yb_v=0.809\\ a_ya_w+b_yb_w=0.273、a_ua_v+b_ub_v=0.811、a_ua_w+b_ub_w=0.357\\ a_va_w+b_vb_w=0.444\end{array}\right\} \cdots(3)$$

これら(2)、(3)の15個の方程式を解くことが目標になります。

共通性を推定

　方程式の解き方を調べる前に「共通性」、「独自性」について調べることにします。

(注) 1因子モデルのとき（本章§1）にも調べましたが、再度確かめます。

　例として、方程式(2)の最初の式を見てみましょう。

$$（変量xの分散＝）\ 1 = a_x^2 + b_x^2 + V(e_x) \quad \cdots (4)$$

　左辺の1は標準化された変量xの持つ分散を表しています。右辺はその分散を因子負荷量と独自因子の分散で表現したものです。この分散$V(e_x)$を変量xの独自性と呼びます。2因子では説明できない変量xの分散部分を表現した量です。

　(4)の右辺から、この独自性を除いた部分を見てみましょう。

$$a_x^2 + b_x^2$$

これは共通因子で説明される部分と考えられます。そこで、変量xの共通性と呼び、h_x^2で表されます。

$$h_x^2 = a_x^2 + b_x^2 \quad \cdots (5)$$

(4)式から、共通性h_x^2と独自性$V(e_x)$とは次の関係で結ばれます。

　変量xの分散＝共通性h_x^2＋独自性$V(e_x)$

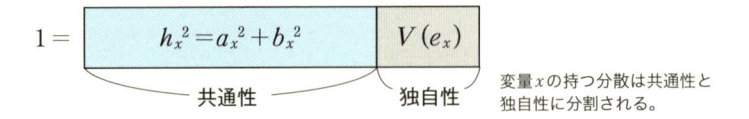

$$1 = \underbrace{\boxed{h_x^2 = a_x^2 + b_x^2}}_{共通性} \underbrace{\boxed{V(e_x)}}_{独自性}$$

変量xの持つ分散は共通性と独自性に分割される。

　以上は変量xについて調べた結論ですが、他の変量でも同一です。後で利用するので、他の変量の共通性の記号も確認しておきましょう。

$$h_y^2 = a_y^2 + b_y^2,\ h_u^2 = a_u^2 + b_u^2,\ h_v^2 = a_v^2 + b_v^2,\ h_w^2 = a_w^2 + b_w^2 \quad \cdots (6)$$

　さて、共通因子を主役にする因子分析の理論からは、独自性$V(e_x)$を求めることはできません。そこで、この部分は分析者が推定する必要があります。ところで、この(6)式のような関係があるので、独自性を推定する

ことは共通性を推定することと同一です。そこで、通常は独自性の推定操作を、「独自性の推定」とは呼ばず、共通性の推定と呼びます。

共通性推定のためのSMC法

いま、因子分析には「共通性の推定」が必要であると述べましたが、どうやって推定してよいか困惑します。そこで、便利な方法を提供しましょう。それがSMC法です。

(注) 推定にはSMC以外にも有名な方法がありますが略します。ちなみに、SMCはSquared Multiple Correlationの頭文字からとったもの。

SMC法は「重回帰分析が予測する情報の割合を共通性の推定に利用する」方法です。具体的に言うと、回帰分析で得られる決定係数の値を共通性の値として利用するのです。

決定係数R^2とは次のように定義される値です。

$$R^2 = \frac{\text{目的変量の予測値の分散}}{\text{目的変量の実測値の分散}}$$

(注) 決定係数の求め方については、2章§5、§8を参照。

決定係数R^2は目的変量の分散について、回帰方程式が説明する部分の割合を示します。共通性は共通因子で説明できる分散量を表しています。もし共通因子が真に資料の原因になっているなら、回帰分析が説明する部分の割合は、この因子によって推定される共通性とほぼ一致するでしょう。そこで、決定係数を共通性の推定値として採用するのです。これがSMC法の原理です。

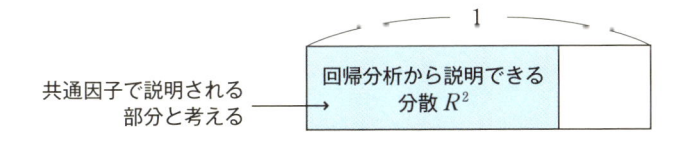

共通因子で説明される部分と考える → 回帰分析から説明できる分散 R^2 ← 1

例えば、SMC法は変量xの共通性h_x^2を次のように推定します。

$h_x^2 = x$を目的変量とした回帰分析による決定係数R_x^2

では、先の資料から変量x、y、…、wを目的変量とした決定係数を求

めてみましょう。

$R_x^2 = 0.857$、$R_y^2 = 0.780$、$R_u^2 = 0.749$、$R_v^2 = 0.820$、$R_w^2 = 0.232$

こうして、SMC法を用いて、各変量の共通性が次のように推定されました。

$$h_x^2 = 0.857、h_y^2 = 0.780、h_u^2 = 0.749、h_v^2 = 0.820、h_w^2 = 0.232 \quad \cdots (7)$$

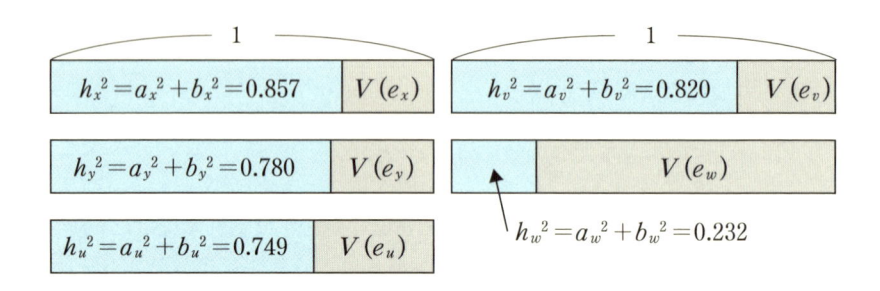

このSMC法による推定の結果(7)を共通性の推定値として採用し、(2)、(3)式を列挙してみましょう。

$$\left. \begin{array}{l} a_x^2 + b_x^2 = 0.857、a_y^2 + b_y^2 = 0.780、\cdots、a_w^2 + b_w^2 = 0.232 \\ a_x a_y + b_x b_y = 0.866、a_x a_z + b_x b_z = 0.838、\cdots、a_v a_w + b_v b_w = 0.444 \end{array} \right\} \cdots (8)$$

元の(2)、(3)式より、ずいぶん見やすくなりました。

● 因子負荷量の方程式の解き方

元の(2)、(3)式より見やすくなったとはいえ、(8)式を厳密に解くことは至難です。そこで、いろいろな近似的解法が考案されています。中でも、**主因子法**と呼ばれる方法が有名です。これは行列計算の技法を駆使して、因子負荷量 a_x、$\cdots$、a_w、b_x、$\cdots$、b_w を近似的に算出します。しかし、行列理論に不慣れな場合には、この主因子法は大変わかりにくいものです。そこで、主因子法の解説は最後の節（§7）に回すことにして、ここでは理解しやすい**最小2乗法**を用いて(8)の方程式を近似的に解いてみましょう。

最小2乗法については回帰分析でも調べました。与えられた条件式に最も適合するようにパラメータを決定する方法です。その適合の判定に利用

されるのが、誤差の平方和Qです。これを(8)式に応用すると、因子分析は分散共分散行列に理論が合うように近似するので、Qは次のように書き下せます。

$$Q = (a_x^2 + b_x^2 - 0.857)^2 + (a_y^2 + b_y^2 - 0.780)^2 + \cdots + (a_w^2 + b_w^2 - 0.232)^2$$
$$+ 2(a_x a_y + b_x b_y - 0.866)^2 + 2(a_x a_z + b_x b_z - 0.838)^2 +$$
$$\cdots + 2(a_u a_w + b_u b_w - 0.357)^2 + 2(a_v a_w + b_v b_w - 0.444)^2 \quad \cdots (9)$$

Qの各項は、方程式(8)の左辺と右辺の差を平方したものです。その差は0になるのが理想です。その理想の0にできるだけ近くなるように、すなわちQが最小になるように因子負荷量a_x、…、a_w、b_x、…、b_wを決定しようとするのです。

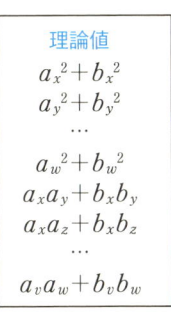

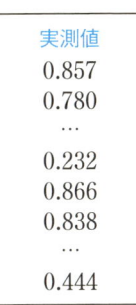

理論値	実測値
$a_x^2 + b_x^2$	0.857
$a_y^2 + b_y^2$	0.780
…	…
$a_w^2 + b_w^2$	0.232
$a_x a_y + b_x b_y$	0.866
$a_x a_z + b_x b_z$	0.838
…	…
$a_v a_w + b_v b_w$	0.444

理論値と実測値の誤差の平方和が最小になるように因子負荷量a_x、a_y、…、b_wを決定するのね

● 因子負荷量の方程式を実際に解く

(9)式で定義された誤差の平方和Qを最小にする因子負荷量a_x、…、a_w、b_x、…、b_wを実際に求めるには、パソコンの力を借りることになります。例えば、Excelのデータ分析ツール「ソルバー」を利用すればよいでしょう。次ページの図は、これを利用して、因子負荷量a_x、a_y、…、b_wを決定しています。この結果から、因子負荷量a_x、a_y、…、b_wは次のように求められます。

$$\left.\begin{array}{l} a_x = 0.906、a_y = 0.841、a_u = 0.865、a_v = 0.932、a_w = 0.449 \\ b_x = -0.271、b_y = -0.337、b_u = -0.179、b_v = -0.039、b_w = 0.246 \end{array}\right\} \cdots (10)$$

	A	B	C	D	E	F	G	H	I
1		**SMC法の推定を利用した因子分析**(最小2乗法)							
2		① 相関行列							
3			1.000	0.866	0.838	0.881	0.325		
4			0.866	1.000	0.810	0.809	0.273		
5		R=	0.838	0.810	1.000	0.811	0.357		
6			0.881	0.809	0.811	1.000	0.444		
7			0.325	0.273	0.357	0.444	1.000		
8									
9		② 共通性の推定(SMC法)						共通性の推定には	
10			数学	理科	社会	英語	国語	SMC法を利用	
11		共通性	0.857	0.780	0.749	0.820	0.232		
12									
13		③ 因子決定行列						本節末<Reference>	
14			0.857	0.866	0.838	0.881	0.325	参照	
15			0.866	0.780	0.810	0.809	0.273		
16		$R_F=$	0.838	0.810	0.749	0.811	0.357		
17			0.881	0.809	0.811	0.820	0.444		
18			0.325	0.273	0.357	0.444	0.232		
19									
20		④ 理論値							
21		因子負荷行列						Qを最小にする因子負荷量	
22		a	b					をソルバーで算出	
23		0.906	-0.271						
24		0.841	-0.337		0.906	0.841	0.865	0.932	0.449
25		0.865	-0.179		-0.271	-0.337	-0.179	-0.039	0.246
26		0.932	-0.039						
27		0.449	0.246						
28									
29			0.894	0.853	0.832	0.855	0.340		
30			0.853	0.820	0.788	0.797	0.294		
31		=	0.832	0.788	0.781	0.814	0.344	本節末<Reference>	
32			0.855	0.797	0.814	0.871	0.409	の公式(13)を利用	
33			0.340	0.294	0.344	0.409	0.262		
34									
35		⑤ 最小値計算(最小2乗法)							
36								Qを求める関数	
37			誤差Q		0.015			=SUMXMY2(C14:G18, C29:G33)	

古典的な因子分析は、データを標準化します。そこで、分散共分散行列 S は相関行列 R で表わされます。なお、SMC法のための決定係数の求め方については、2章をご覧ください。

　こうして、因子負荷量 a_x、…、a_w、b_x、…、b_w が決定されました。ここで、誤差 Q の値を見てください。ワークシートを見ると、

誤差 $Q = 0.015$ ⋯ (11)

Qは分散の誤差を寄せ集めたものですが、標準化した5変量の全分散5に比べて、十分小さいと考えられます。いま調べている因子分析のモデルは資料によくフィットしていると考えられます。

因子の意味を調べる

これまでの結果を整理してみましょう。まず、(10)式を4-3節(1)式(110ページ)に代入して、2因子モデルの関係式を明示してみます。

$$\left. \begin{array}{l} x = 0.906F - 0.271G + e_x \text{、} y = 0.841F - 0.337G + e_y \\ u = 0.865F - 0.179G + e_u \text{、} v = 0.932F - 0.039G + e_v \\ w = 0.449F + 0.246G + e_w \end{array} \right\} \cdots (12)$$

これをパス図にすると、次のようになります。

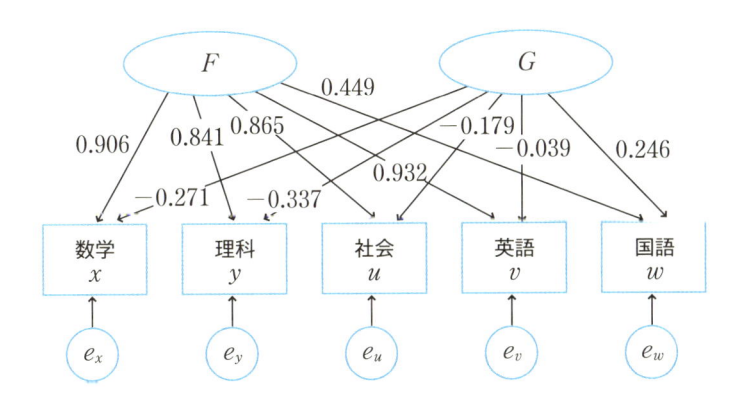

さて、共通因子F、Gの意味について考えてみましょう。これまでは、因子の意味について何も考えて来ませんでした。しかし、意味を考えようと上記の関係式(12)やパス図を見ても、共通因子F、Gの意味はいま一つピンときません。そこで、共通因子の解釈を容易にしてくれる技法が求められます。その代表的技法の一つが**バリマックス回転**です。このバリマックス回転については後の節(§6)で調べることにし、それまで共通因子F、Gの意味の解釈については保留にしておきます。

Reference

【参考】

方程式を行列表現

(注) 行列については、付録Dをご覧ください。

多くの因子分析の教科書では、因子負荷量の満たす方程式(8)を行列で表わしています。すなわち、変量の「共通性」(5)、(6)式を用いて、次のように表現しています。

$$\begin{pmatrix} h_x^2 & r_{xy} & r_{xu} & r_{xv} & r_{xw} \\ r_{xy} & h_y^2 & r_{yu} & r_{yv} & r_{yw} \\ r_{xu} & r_{yu} & h_u^2 & r_{uv} & r_{uw} \\ r_{xv} & r_{yv} & r_{uv} & h_v^2 & r_{vw} \\ r_{xw} & r_{yw} & r_{uw} & r_{vw} & h_w^2 \end{pmatrix} =$$

$$\begin{pmatrix} a_x^2+b_x^2 & a_xa_y+b_xb_y & a_xa_u+b_xb_u & a_xa_v+b_xb_v & a_xa_w+b_xb_w \\ a_xa_y+b_xb_y & a_y^2+b_y^2 & a_ya_u+b_yb_u & a_ya_v+b_yb_v & a_ya_w+b_yb_w \\ a_xa_u+b_xb_u & a_ya_u+b_yb_u & a_u^2+b_u^2 & a_ua_v+b_ub_v & a_ua_w+b_ub_w \\ a_xa_v+b_xb_v & a_ya_v+b_yb_v & a_ua_v+b_ub_v & a_v^2+b_v^2 & a_va_w+b_vb_w \\ a_xa_w+b_xb_w & a_ya_w+b_yb_w & a_ua_w+b_ub_w & a_va_w+b_vb_w & a_w^2+b_w^2 \end{pmatrix}$$

このように表現すると、整理されていて、大変見やすくなります。

さて、ここで、次の2つの行列を定義します。

$$R_F = \begin{pmatrix} h_x^2 & r_{xy} & r_{xu} & r_{xv} & r_{xw} \\ r_{xy} & h_y^2 & r_{yu} & r_{yv} & r_{yw} \\ r_{xu} & r_{yu} & h_u^2 & r_{uv} & r_{uw} \\ r_{xv} & r_{yv} & r_{uv} & h_v^2 & r_{vw} \\ r_{xw} & r_{yw} & r_{uw} & r_{vw} & h_w^2 \end{pmatrix}, \quad A = \begin{pmatrix} a_x & b_x \\ a_y & b_y \\ a_u & b_u \\ a_v & b_v \\ a_w & b_w \end{pmatrix}$$

すると、上の行列の方程式は、次のように簡潔に表現されます。

$$R_F = A^t A \quad (\text{行列}\,{}^t A\,\text{は行列}\,A\,\text{の転置行列}) \quad \cdots (13)$$

この行列 R_F を因子決定行列、A を因子負荷行列と呼びます。本節に示したExcelのワークシートでは、この式を利用して計算しています。

4-5 反復推定法
～推定値と算出値との不整合を解決

前節（§4）で調べたように、因子分析では「共通性の推定」という操作が必要です。その推定法の一つとしてSMC法を調べました。この方法は有名な推定法であり説得性もありますが、大きな欠点があります。推定した共通性の値と、得られた因子負荷量から算出される共通性の値が一致しないという矛盾です。

実際、§4の例を用いると、SMC法で推定した共通性は次のようでした。

数学x	理科y	社会u	英語v	国語w
0.857	0.780	0.749	0.820	0.232

SMC法で推定した共通性。

しかし、この推定値を前提に算出された因子負荷量から得られる共通性の値は、次のようになります。

数学x	理科y	社会u	英語v	国語w
0.894	0.820	0.781	0.871	0.262

§4の(10)式から算出した共通性の値。

2者の共通性は似ていますが、値の「ずれ」が気になります。これは、論理の欠陥と言えるでしょう。そこで、推定値と算出値が一致する方法を探してみましょう。この要請に応えるのが**反復計算法**です。

● 反復計算の原理

反復推定法は、算出した共通性の値を再び推定値として利用する方法です。これを推定値と計算値とが一致するまで繰り返します。もし、この計算のシナリオが成功するなら、推定値と算出値とが異なるという矛盾は解消します。理論としては納得のいくものになります。

では、実際に反復推定してみましょう。アルゴリズムは、以下のチャートの通りです。

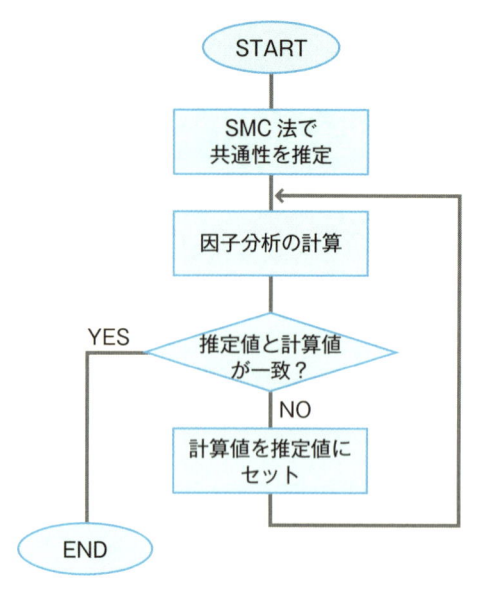

入れた量と出る量が一致するまで、操作を繰り返すのが反復推定法。なお、図では最初の推定にSMC法を利用しているが、それにこだわる必要はない。

下に示す計算結果は、反復計算を150回繰り返した計算結果です。共通性の推定値と、それから得られる共通性の算出結果は、小数第4位を四捨五入すると、一致しています。

	数学x	理科y	社会u	英語v	国語w
共通性(推定値)	0.914	0.836	0.784	0.872	0.495
共通性(算出値)	0.914	0.836	0.784	0.872	0.495

(注) 次ページに、Excelによる計算例を示しました。

計算結果を見てみる

実際の計算を見てみましょう（次ページ）。150回も手計算ができないので、実際の計算はExcelのVBAを利用します。算出された因子負荷量は次の通りです。

$$\left. \begin{array}{l} a_x = 0.890、a_y = 0.873、a_u = 0.791、a_v = 0.768、a_w = 0.096 \\ b_x = 0.349、b_y = 0.271、b_u = 0.398、b_v = 0.530、b_w = 0.697 \end{array} \right\} \cdots (1)$$

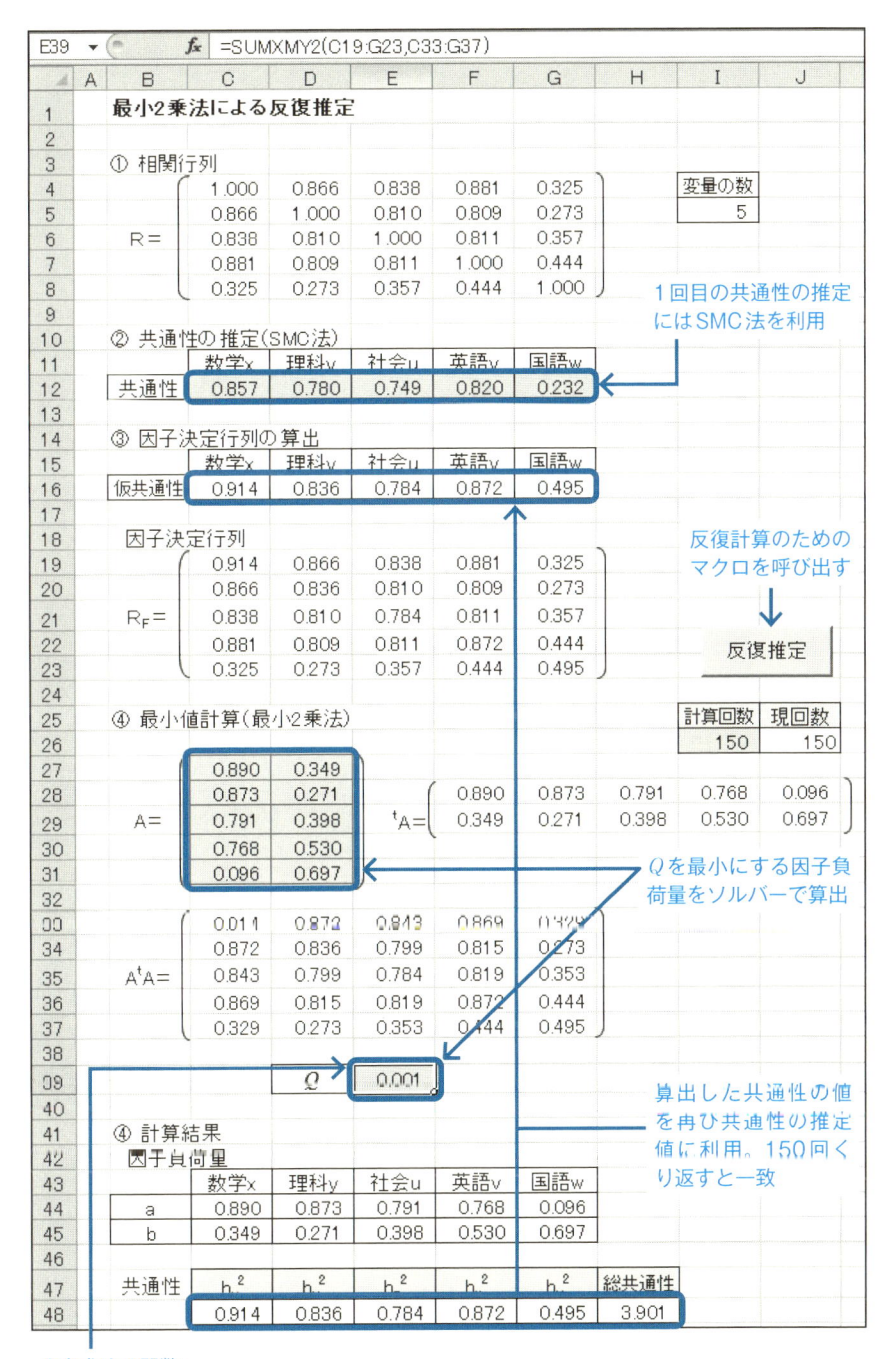

E39 fx =SUMXMY2(C19:G23,C33:G37)

最小2乗法による反復推定

① 相関行列

$$R = \begin{pmatrix} 1.000 & 0.866 & 0.838 & 0.881 & 0.325 \\ 0.866 & 1.000 & 0.810 & 0.809 & 0.273 \\ 0.838 & 0.810 & 1.000 & 0.811 & 0.357 \\ 0.881 & 0.809 & 0.811 & 1.000 & 0.444 \\ 0.325 & 0.273 & 0.357 & 0.444 & 1.000 \end{pmatrix}$$

変量の数 5

1回目の共通性の推定にはSMC法を利用

② 共通性の推定(SMC法)

	数学x	理科y	社会u	英語v	国語w
共通性	0.857	0.780	0.749	0.820	0.232

③ 因子決定行列の算出

	数学x	理科y	社会u	英語v	国語w
仮共通性	0.914	0.836	0.784	0.872	0.495

因子決定行列

$$R_F = \begin{pmatrix} 0.914 & 0.866 & 0.838 & 0.881 & 0.325 \\ 0.866 & 0.836 & 0.810 & 0.809 & 0.273 \\ 0.838 & 0.810 & 0.784 & 0.811 & 0.357 \\ 0.881 & 0.809 & 0.811 & 0.872 & 0.444 \\ 0.325 & 0.273 & 0.357 & 0.444 & 0.495 \end{pmatrix}$$

反復計算のためのマクロを呼び出す → 反復推定

④ 最小値計算(最小2乗法)

計算回数 150 / 現回数 150

$$A = \begin{pmatrix} 0.890 & 0.349 \\ 0.873 & 0.271 \\ 0.791 & 0.398 \\ 0.768 & 0.530 \\ 0.096 & 0.697 \end{pmatrix} \quad {}^tA = \begin{pmatrix} 0.890 & 0.873 & 0.791 & 0.768 & 0.096 \\ 0.349 & 0.271 & 0.398 & 0.530 & 0.697 \end{pmatrix}$$

Qを最小にする因子負荷量をソルバーで算出

$$A\,{}^tA = \begin{pmatrix} 0.911 & 0.872 & 0.843 & 0.869 & 0.329 \\ 0.872 & 0.836 & 0.799 & 0.815 & 0.273 \\ 0.843 & 0.799 & 0.784 & 0.819 & 0.353 \\ 0.869 & 0.815 & 0.819 & 0.872 & 0.444 \\ 0.329 & 0.273 & 0.353 & 0.444 & 0.495 \end{pmatrix}$$

Q 0.001

算出した共通性の値を再び共通性の推定値に利用。150回くり返すと一致

④ 計算結果

因子負荷量

	数学x	理科y	社会u	英語v	国語w
a	0.890	0.873	0.791	0.768	0.096
b	0.349	0.271	0.398	0.530	0.697

	h^2	h^2	h^2	h^2	h^2	総共通性
共通性	0.914	0.836	0.784	0.872	0.495	3.901

Qを求める関数
=SUMXMY2(C19:G23,C33:G37)

4-5 反復推定法 〜推定値と算出値との不整合を解決

これら(1)式の因子負荷量から、パス図を描いてみます。

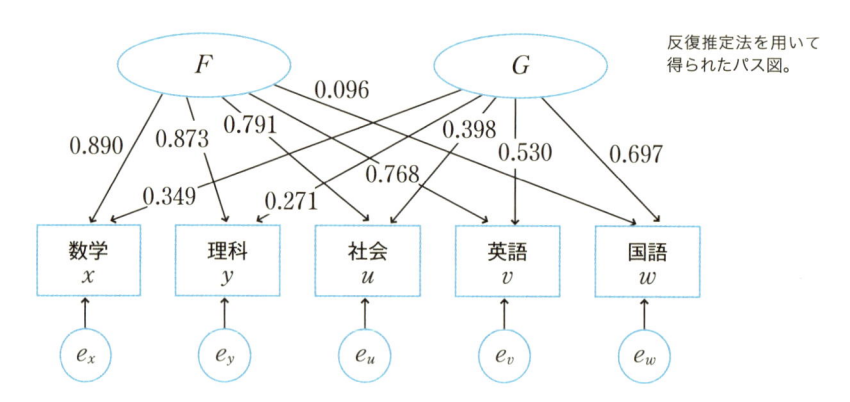

反復推定法を用いて得られたパス図。

```
          F                    G
    0.890 / 0.873  0.791  0.096  0.398  0.530  0.697
              0.349     0.271     0.768
    ┌─────┐  ┌─────┐  ┌─────┐  ┌─────┐  ┌─────┐
    │数学 │  │理科 │  │社会 │  │英語 │  │国語 │
    │ x   │  │ y   │  │ u   │  │ v   │  │ w   │
    └─────┘  └─────┘  └─────┘  └─────┘  └─────┘
       ↑        ↑        ↑        ↑        ↑
      e_x      e_y      e_u      e_v      e_w
```

さて、このとき、誤差の平方和 Q の値を見てみましょう。前ページのワークシートから、

　　反復推定法：$Q = 0.001$　　…(2)

§4で求めたSMC法を利用したときの、この Q の値は次の通りでした。

　　SMC法：$Q = 0.015$　　…(3)

Q の理想値は0です。そこで、Q の値が小さければ小さいほど、正解に近い「良い解」になるわけです。この観点で上記の(2)、(3)式を見れば、反復推定法で得られた解の方が、明らかに「良い解」になっていることがわかります。

最後に、寄与率を見てみましょう。§4でも調べましたが、寄与率とは変量の分散の総和に占める、各変量の共通性の総和の割合です。いまは標準化した5変量を扱っているので、変量の分散の総和は5です。よって、

$$寄与率 = \frac{0.914 + 0.836 + 0.784 + 0.872 + 0.495}{5} = 0.780$$

（注）分子にある共通性の総和を総共通性と呼びます。

2つの共通因子 F、G が、資料の分散（すなわち情報量）の78%を説明していることがわかります。

4-6 バリマックス回転 〜共通因子を解釈しやすくする技法

§4では因子負荷量が満たすべき方程式を求めましたが、その方程式はある特性があります。この特性のために、解が一つに定まらないという性質が出てきます。厄介にも思えますが、逆にこの性質を利用すると、共通因子が解釈しやすくなります。

因子分析の基本方程式の特徴

前節（§4）で調べた因子負荷量の方程式を再掲してみます（§4の(1)式）。

$$\left. \begin{array}{l} 1 = a_x^2 + b_x^2 + V(e_x)、1 = a_y^2 + b_y^2 + V(e_y)、\cdots、1 = a_w^2 + b_w^2 + V(e_w) \\ r_{xy} = a_x a_y + b_x b_y、r_{xu} = a_x a_u + b_x b_u、\cdots、r_{vw} = a_v a_w + b_v b_w \end{array} \right\} \cdots (1)$$

各式の右辺を見てください。数学の言葉を借りると、ベクトルの内積の形をしています。すなわち、2因子F-G空間にある5つのベクトル、

$$(a_x, b_x)、(a_y, b_y)、\cdots、(a_w, b_w) \quad \cdots (2)$$

について、自分自身を含め、内積の計算をした形になっているのです。例えば$a_x^2 + b_x^2$はベクトル(a_x, b_x)自身の内積を、$a_x a_y + b_x b_y$は2つのベクトル(a_x, b_x)、(a_y, b_y)の内積を表しています。

> **MEMO　内積**
>
> ベクトルは矢印イメージの量ですが、その内積とは2つのベクトルa、bの大きさに、その作る角θの余弦を掛けたものです。成分でいうと、2つのベクトル(x_1, y_1)、(x_2, y_2)の内積とは$x_1 x_2 + y_1 y_2$のことをいいます。内積には重要な性質があります。「回転・反転によって値が不変」という性質です。

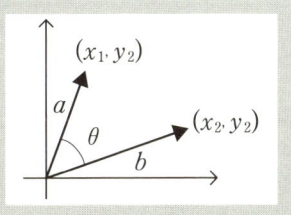

この内積には有名な性質があります。「回転や反転に対して値が不変」という性質です。5つのベクトル(2)を、原点を中心に回転したり反転したりしても、また軸について反転しても、それらの内積の値は不変なのです。

この性質から大切な性質が生まれます。(1)の解のセットが得られたとすると、そのセットに回転や反転を施した別の解のセットも再び(1)の解になる、という性質です。

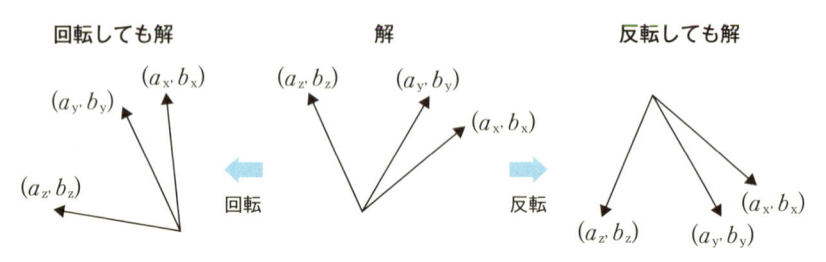

回転しても解　　　　解　　　　反転しても解
(a_y, b_y)　(a_x, b_x)　　(a_z, b_z)　(a_y, b_y)
　　　　　　　　　　　　　　　(a_x, b_x)
(a_z, b_z)
　　　　回転　　　　　　　　反転　　　　(a_z, b_z)　(a_y, b_y)　(a_x, b_x)

一つが解なら、それを回転・反転したものも解になる。

すなわち、解は一つに定まらないのです！　これが、2因子直交モデルの因子分析における**解の不定性**です。

因子負荷量の回転

回転や反転による解の不定性を逆手に取ると、共通因子の意味を分かりやすくすることが可能です。解となる因子負荷量に適当な回転や反転を施すことで、因子の解釈を容易にすることができるからです。

この特性を利用した有名な例として**バリマックス回転**（Varimax rotation）という方法があります。解となる因子負荷量のベクトル

(a_x, b_x)、(a_y, b_y)、…、(a_w, b_w)

のいずれかをできるだけ因子軸に近づけるように回転する方法です。相対的に言えば、解であることを保持しながら、一つの共通因子を観測変量にできるだけ近づけるのです。こうすることで、因子が観測変量に一致し、その因子の解釈が容易になります。

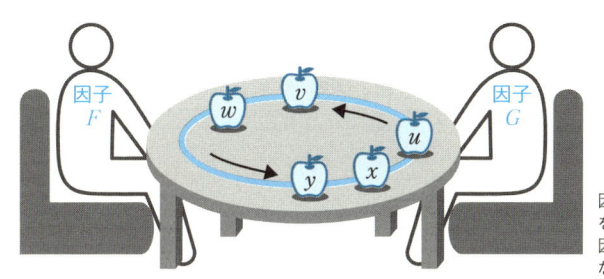

因子空間で、変量のどれかを因子に近づけると、その因子の意味が分かりやすくなる。

では、実際にバリマックス回転を実行してみましょう。

まず、§5の反復推定法で得られた結果を因子空間に表示してみます。そこでは、因子負荷量 a_x、a_y、…、a_w、b_x、…、b_w について、次の結果を得ました。

$$\left.\begin{array}{l} a_x = 0.890、a_y = 0.873、a_u = 0.791、a_v = 0.768、a_w = 0.096 \\ b_x = 0.349、b_y = 0.271、b_u = 0.398、b_v = 0.530、b_w = 0.697 \end{array}\right\} \cdots §5\,(1)\text{式}$$

これを因子空間 F-G の座標の形にまとめ、点を打ってみましょう。

$(a_x, b_x) = (0.890, 0.349)$、$(a_y, b_y) = (0.873, 0.271)$

$(a_u, b_u) = (0.791, 0.398)$、$(a_v, b_v) = (0.768, 0.530)$

$(a_w, b_w) = (0.096, 0.697)$

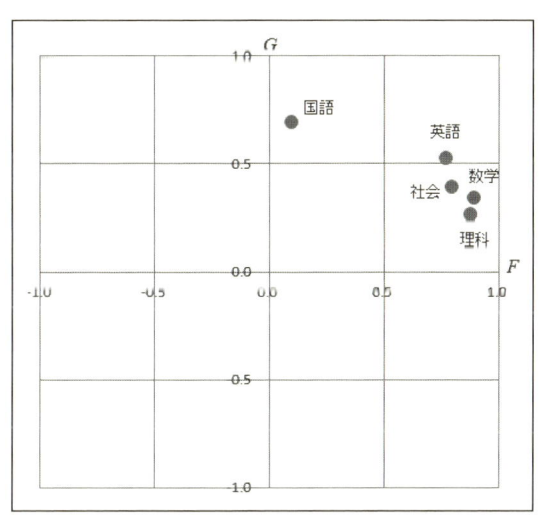

因子空間 F-G に各変量を表す点をプロット。

4-6 バリマックス回転 ～共通因子を解釈しやすくする技法

ここで、5つの変量の中で最も好悪の激しい「数学」に着目します。「数学」を表す点を、因子空間において時計回り（すなわち負の方向）に21.4°回転してみましょう。すると、数学の変量を表す点は次の図のように、因子Fの軸に一致します。

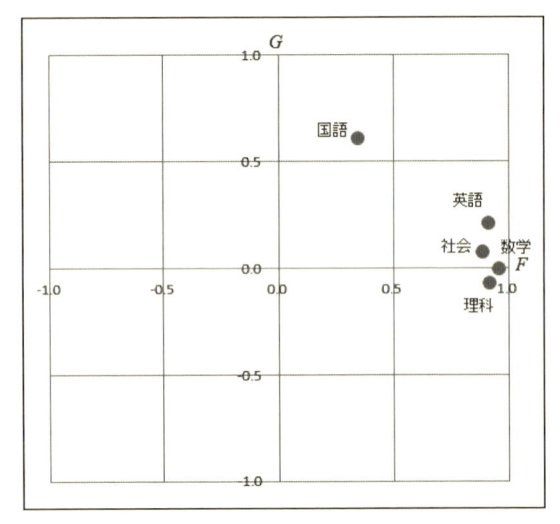

因子Fを表す横軸に数学の点を合わせる。すると、横軸が理系的な能力を表すことがわかる。

　こうすることで、共通因子Fが理系的な能力を表していることがわかります。
　ところで、回転後の横軸方向（すなわち因子Fの軸方向）には、数学以外に英語や社会も集まっています。単純に「理系的な能力」という解釈では説明できません。そこで、数学と英語を含めた「左脳的能力」と解釈した方がよいでしょう。左脳は「言語脳」とも呼ばれ、理論的な能力をつかさどることが知られているからです。
　すると、縦軸方向（すなわち因子Gの軸方向）は「右脳的能力」と解釈できます。右脳は感情をつかさどるといわれていますが、国語の得点を表す点が図に示された位置に存在するのも説明ができます。国語は左脳の能力と右脳の能力が等分に求められるからです。
　以上のように、方程式(1)の持つ数学的な特性を利用して、因子の解釈を容易にするのが回転の技法です。

回転後のまとめ

回転後の因子負荷量をまとめておきましょう。

$$\left.\begin{array}{l}a_x=0.956、a_y=0.912、a_u=0.882、a_v=0.909、a_w=0.344\\b_x=0.000、b_y=-0.067、b_u=0.081、b_v=0.213、b_w=0.614\end{array}\right\} \cdots (3)$$

「数学」を表す変量 x の因子負荷量 b_x が0になっていることを確認してください。

この(3)式を用いたパス図を示します。共通因子には、解釈後の因子名を付加しておきます。これが最小2乗法を用いて得た因子分析の最終的な結論となります。

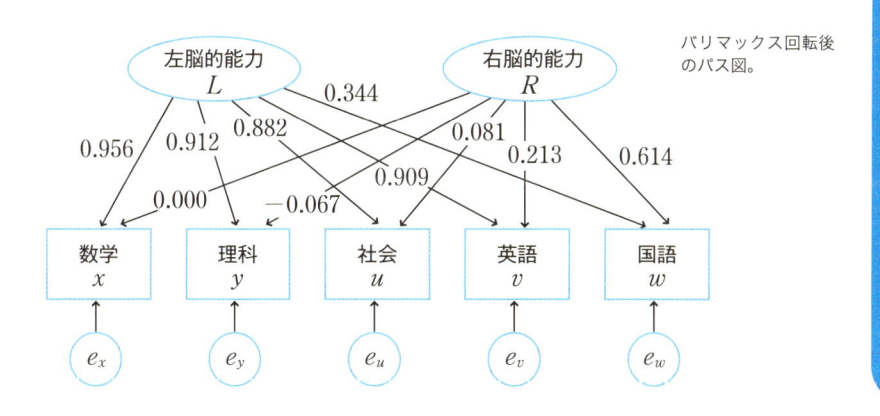

バリマックス回転後のパス図。

このパス図を見て、右脳から数学、理科、社会に引かれたパスに与えられたパス係数が大変小さいことに気付くでしょう。そこで、このパスを消したくなります。このような願望を可能にしてくれる技法、すなわちSEMを次の章で解説することにします。

> **MEMO　回転公式**
>
> 原点を中心に、点 (x, y) を θ 回転した移動後の点の座標 (x', y') は次のように求められます。
> $$x' = x\cos\theta - y\sin\theta$$
> $$y' = x\sin\theta + y\cos\theta$$

4-7 2因子直交モデルを解く(2) ～主因子法で因子負荷量を決定

　本章§4では、因子負荷量を求めるのに最小2乗法を用いました。しかし、古典的に有名な計算法は**主因子法**です。パソコンが普及していない時代、行列計算だけで解が得られるこの方法は、大変ありがたい因子分析の解法でした。本節では、その正統派の主因子法で§4の因子負荷量の方程式を解いてみましょう。

（注）行列に精通されていない場合には、本節を読み流してください。

● 因子負荷量の方程式を行列表現

　§4で調べた2因子直交モデルの因子分析の方程式を再掲しましょう。これは、ある中学生20人のデータから得られた値である。SMC法で共通性の推定を行っています（§4の(8)式）。

$$a_x^2 + b_x^2 = 0.857、a_y^2 + b_y^2 = 0.780、\cdots、a_w^2 + b_w^2 = 0.232$$

$$a_x a_y + b_x b_y = 0.866、a_x a_z + b_x b_z = 0.838、\cdots、a_v a_w + b_v b_w = 0.444$$

これらを行列を用いてコンパクトに表現してみましょう。

$$
\begin{pmatrix}
a_x^2 + b_x^2 & a_x a_y + b_x b_y & a_x a_u + b_x b_u & a_x a_v + b_x b_v & a_x a_w + b_x b_w \\
a_x a_y + b_x b_y & a_y^2 + b_y^2 & a_y a_u + b_y b_u & a_y a_v + b_y b_v & a_y a_w + b_y b_w \\
a_x a_u + b_x b_u & a_y a_u + b_y b_u & a_u^2 + b_u^2 & a_u a_v + b_u b_v & a_u a_w + b_u b_w \\
a_x a_v + b_x b_v & a_y a_v + b_y b_v & a_u a_v + b_u b_v & a_v^2 + b_v^2 & a_v a_w + b_v b_w \\
a_x a_w + b_x b_w & a_y a_w + b_y b_w & a_u a_w + b_u b_w & a_v a_w + b_v b_w & a_w^2 + b_w^2
\end{pmatrix}
$$

$$
= \begin{pmatrix}
0.857 & 0.866 & 0.838 & 0.881 & 0.325 \\
0.866 & 0.780 & 0.810 & 0.809 & 0.273 \\
0.838 & 0.810 & 0.749 & 0.811 & 0.357 \\
0.881 & 0.809 & 0.811 & 0.820 & 0.444 \\
0.325 & 0.273 & 0.357 & 0.444 & 0.232
\end{pmatrix} \quad \cdots (1)
$$

（注）§4末の＜Reference＞にも示したように、右辺の定数の行列を**因子決定行列**といいます。

主因子法による因子の抽出

主因子法を利用して、(1)から因子負荷量 a_x、a_y、…、a_w、b_x、…、b_w を決定してみましょう。

まず、(1)式右辺の行列(因子決定行列)に着目し、それを R_F と置きます。

$$R_F = \begin{pmatrix} 0.857 & 0.866 & 0.838 & 0.881 & 0.325 \\ 0.866 & 0.780 & 0.810 & 0.809 & 0.273 \\ 0.838 & 0.810 & 0.749 & 0.811 & 0.357 \\ 0.881 & 0.809 & 0.811 & 0.820 & 0.444 \\ 0.325 & 0.273 & 0.357 & 0.444 & 0.232 \end{pmatrix} \quad \cdots(2)$$

この R_F の固有値を λ_1、λ_2、…、λ_5 ($\lambda_1 \geq \lambda_2 \geq \cdots \geq \lambda_5$)、その固有ベクトルを順に w_1、w_2、…、w_5 とします。すると、行列理論から R_F は次のように展開できます。(w_1、w_2、…、w_5 は規格化されているとします。)

$$R_F = \lambda_1 w_1{}^t w_1 + \lambda_2 w_2{}^t w_2 + \lambda_3 w_3{}^t w_3 + \lambda_4 w_4{}^t w_4 + \lambda_5 w_5{}^t w_5$$

(注)固有値については付録D、E参照してください。なお、このような展開が可能なのは、(2)の因子決定行列が対称行列だからです。この展開をスペクトル分解といいます。

λ_1、λ_2 が他の固有値に比べて大きければ、最初の2項で因子決定行列 R_F を近似できるでしょう。

$$R_F \fallingdotseq \lambda_1 w_1{}^t w_1 + \lambda_2 w_2{}^t w_2$$

成分で書き下してみましょう。w_{1x}、w_{1y}、…、w_{2x}、w_{2y}、…、を固有ベクトル w_1、w_2 の成分として、

$$R_F \fallingdotseq \lambda_1 \begin{pmatrix} w_{1x} \\ w_{1y} \\ w_{1u} \\ w_{1v} \\ w_{1w} \end{pmatrix} (w_{1x} \ w_{1y} \ w_{1u} \ w_{1v} \ w_{1w}) + \lambda_2 \begin{pmatrix} w_{2x} \\ w_{2y} \\ w_{2u} \\ w_{2v} \\ w_{2w} \end{pmatrix} (w_{2x} \ w_{2y} \ w_{2u} \ w_{2v} \ w_{2w}) \quad \cdots(3)$$

次に(1)式左辺を調べてみましょう。行列の積の計算から、この左辺は次のように表現できることが簡単に確かめられます。

$$\text{左辺} = \begin{pmatrix} a_x \\ a_y \\ a_u \\ a_v \\ a_w \end{pmatrix} (a_x \quad a_y \quad a_u \quad a_v \quad a_w) + \begin{pmatrix} b_x \\ b_y \\ b_u \\ b_v \\ b_w \end{pmatrix} (b_x \quad b_y \quad b_u \quad b_v \quad b_w) \quad \cdots (4)$$

(1)式に式(3)、(4)を代入してみましょう。

$$\begin{pmatrix} a_x \\ a_y \\ a_u \\ a_v \\ a_w \end{pmatrix} (a_x \quad a_y \quad a_z \quad a_u \quad a_v) + \begin{pmatrix} b_x \\ b_y \\ b_u \\ b_v \\ b_w \end{pmatrix} (b_x \quad b_y \quad b_z \quad b_u \quad b_v)$$

$$\fallingdotseq \lambda_1 \begin{pmatrix} w_{1x} \\ w_{1y} \\ w_{1u} \\ w_{1v} \\ w_{1w} \end{pmatrix} (w_{1x} \quad w_{1y} \quad w_{1u} \quad w_{1v} \quad w_{1w}) + \lambda_2 \begin{pmatrix} w_{2x} \\ w_{2y} \\ w_{2u} \\ w_{2v} \\ w_{2w} \end{pmatrix} (w_{2x} \quad w_{2y} \quad w_{2u} \quad w_{2v} \quad w_{2w})$$

この左辺と右辺を見比べて、次のように因子負荷量が(近似として)求められます。

$$\begin{pmatrix} a_x \\ a_y \\ a_u \\ a_v \\ a_w \end{pmatrix} = \sqrt{\lambda_1} \begin{pmatrix} w_{1x} \\ w_{1y} \\ w_{1u} \\ w_{1v} \\ w_{1w} \end{pmatrix}, \quad \begin{pmatrix} b_x \\ b_y \\ b_u \\ b_v \\ b_w \end{pmatrix} = \sqrt{\lambda_1} \begin{pmatrix} w_{2x} \\ w_{2y} \\ w_{2u} \\ w_{2v} \\ w_{2w} \end{pmatrix} \quad \cdots (5)$$

こうして、因子負荷量が決定されました。

以上が主因子法の仕組みです。因子決定行列の固有値を大きいほうから2個取り出し、それに対する固有ベクトルから因子を取り出す方法が、2因子の主因子法なのです。

固有値問題を解く

では、実際に(2)式の因子決定行列 R_F から、固有値と固有ベクトルを求めてみましょう。

$$\lambda_1 = 3.463,\ w_1 = \begin{pmatrix} 0.505 \\ 0.478 \\ 0.475 \\ 0.496 \\ 0.212 \end{pmatrix},\ \lambda_2 = 0.164,\ w_2 = \begin{pmatrix} -0.237 \\ -0.426 \\ -0.032 \\ 0.339 \\ 0.804 \end{pmatrix}$$

(注) 固有値問題の解法については、付録Fを参照してください。

これを(5)に代入して、因子負荷量が求められます。

$$\begin{pmatrix} a_x \\ a_y \\ a_z \\ a_u \\ a_v \end{pmatrix} = \sqrt{3.463} \begin{pmatrix} 0.505 \\ 0.478 \\ 0.475 \\ 0.496 \\ 0.212 \end{pmatrix} = \begin{pmatrix} 0.941 \\ 0.889 \\ 0.883 \\ 0.923 \\ 0.394 \end{pmatrix},\ \begin{pmatrix} b_x \\ b_y \\ b_z \\ b_u \\ b_v \end{pmatrix} = \sqrt{0.164} \begin{pmatrix} -0.237 \\ -0.426 \\ -0.032 \\ 0.339 \\ 0.804 \end{pmatrix} = \begin{pmatrix} -0.096 \\ -0.172 \\ -0.013 \\ 0.137 \\ 0.326 \end{pmatrix}$$

こうして、因子負荷量の値が求められます。

$$\left. \begin{array}{l} a_x = 0.941,\ a_y = 0.889,\ a_u = 0.883,\ a_v = 0.923,\ a_w = 0.394 \\ b_x = -0.096,\ b_y = -0.172,\ b_u = -0.013,\ b_v = 0.137,\ b_w = 0.326 \end{array} \right\} \cdots (6)$$

最小2乗法と比較

参考として、§4で求めた最小2乗法で求めた因子負荷量の値(119ページ)を掲載してみます。

$$\left. \begin{array}{l} a_x = 0.906,\ a_y = 0.841,\ a_u = 0.865,\ a_v = 0.932,\ a_w = 0.449 \\ b_x = -0.271,\ b_y = -0.337,\ b_u = -0.179,\ b_v = -0.039,\ b_w = 0.246 \end{array} \right\} \cdots (7)$$

(6)、(7)の2つの解は大きく異なるように見えます。しかし、方程式(1)

の解としては似ているのです。その理由は§6で調べた回転の不定性があるためです。以下に(6)、(7)の解を図示してみましょう（図の描き方は§6参照）。(6)の解を示した図を、原点を中心に時計方向に10°近く回転すると、(7)の解を示した図にほぼ一致します。当然ですが、主因子法と最小2乗法の解とは、かけ離れた解を生成するわけではないのです。

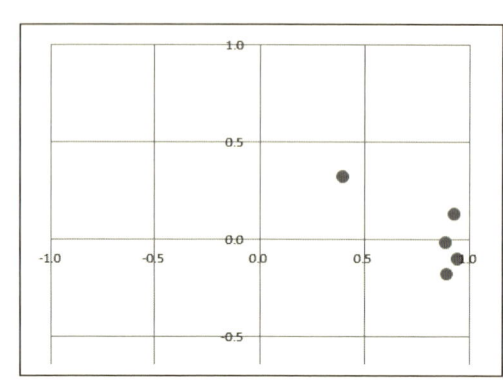

〔主因子法による解〕
主因子法により求めた(6)式の解。原点を中心に時計方向に約10°回転すると、下の図にほぼ一致。

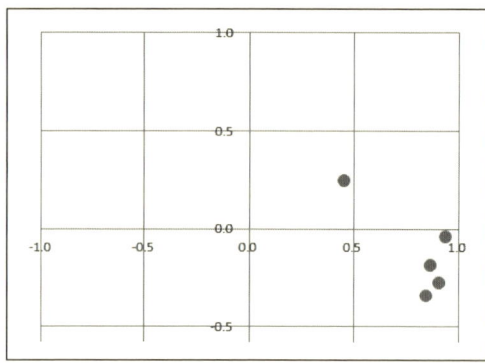

〔最小2乗法による解〕
最小2乗法により求めた(7)式の解。

MEMO　固有値問題

正方行列Aとベクトルu、定数λがあり、次の関係を満たすとします。
$Au = \lambda u$

行列Aにたいして、このような関係を満たす定数λ、ベクトルuを求める問題が固有値問題です（3章§7、付録E）。λを固有値、uを固有ベクトルと呼びます。

統計学や自然科学で実用上役に立つのは、多くの場合、正方行列Aが対称行列のときです。本書では、この場合について、累乗法という技法を用いて固有値、固有ベクトルを算出しています（付録F）。

第5章
SEM

因子分析を発展させた多変量解析の技法がSEMです。構造方程式モデル(structural equation models)の略称です。統計モデルをまず作成し、その構造定数を資料に合わせて決定するという方法をとる分析法です。近年、様々な、方法が考案されていますが、本章は共分散構造分析といわれるSEMの最も基本となる分析法を調べることにします。なお、式を簡単にするために、本章でも変量はすべて標準化して扱います。このような解を標準化解と呼びます。

5-1 古典的因子分析とSEM
～SEMは変量間の構造を予め仮定

古典的な因子分析を発展させた多変量解析の技法が **SEM** です。**構造方程式モデル**(structural equation models)の略称です。古典的な因子分析とSEMとの違いを調べてみましょう。

古典的因子分析の復習

前の章では、次のような中学生のテスト結果を用いながら、因子分析の技法を調べました。本章でも、この資料を利用することにします。

出席番号	数学 x	理科 y	社会 u	英語 v	国語 w
1	71	64	83	100	71
2	34	48	67	57	68
3	58	59	78	87	66
4	41	51	70	60	72
19	63	56	79	91	70
20	39	49	73	64	60

分析資料の一部。全体は4章§4(114ページ)に掲載。なお、本章でも、変量は標準化して分析します。

さて、前章で調べた古典的な因子分析では、この資料から2つの共通因子を抽出しました。その手順を復習してみましょう。

まず、そこでは因子の個数を仮定し、予め固定したデータの構造を用いて分析を進めたことに留意してください。次に、その構造を決めるパラメータ(因子負荷量と呼びました)を、資料から得られる分散・共分散にフィットするように決定しました。そして最後に、抽出した因子の意味を決定したのです。この「最後に」が古典的因子分析の特徴が最もよく表れています。分析前には因子の意味が不明だったのです。この意味で、前章で調べた因子分析を **探索的因子分析** と呼びます。

古典的因子分析を発展させたSEM

「探索的因子分析」とは逆に、2つの共通因子に「左脳的能力」、「右脳的能力」という意味を最初から与えて因子分析を始めたならどうでしょうか。すると、分析者の考えをデータ構造に反映させることができます。

いま取り上げた例でいうと、「右脳的能力は数学、理科、社会にはあまり影響しない」と考えたとしましょう。もし、このような主観が許されるなら、分析前のパス図は次のように描かれます。

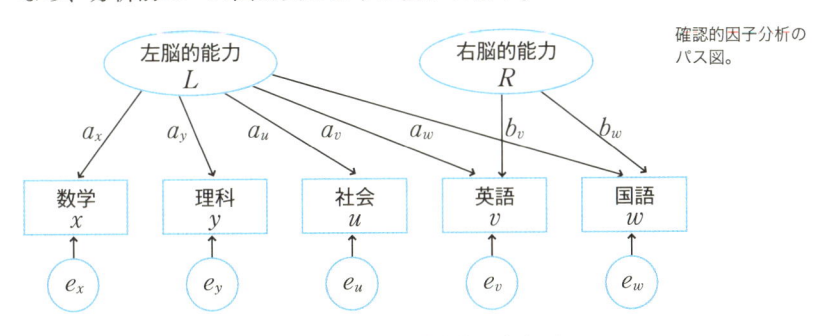

確認的因子分析のパス図。

共通因子 左脳的能力 L、右脳的能力 R から、数学 x、理科 y、社会 u、英語 v、国語 w へパス係数 $a_x, a_y, a_u, a_v, a_w, b_v, b_w$ が引かれ、各観測変数には誤差変数 e_x, e_y, e_u, e_v, e_w がある。

（注）SEMでは、独自因子 $e_x, e_y, \cdots, e_w$ を**誤差変数**と呼びます。

「右脳的能力」を表す共通因子からは「英語」と「国語」だけにパスが引かれています。このようにすることで、よりシンプルな因子分析が可能になります。このアイデアは、統計学の目標である「データを簡潔に理解する」ことに合致しています。

このように、あらかじめ因子やデータの構造に意味を与えてデータ分析を行うのが **SEM**(structural equation models)です。分析者の主観で共通因子に意味を与え、自由なデータ構造を思い描いて統計分析が行えます。この自由性がSEMの素晴らしい特長となります。

（注）特に、上記のようなパス図で分析するSEMを確認的因子分析と呼びます（次節参照）。

さて、コンピュータの発展に伴い、SEMとして様々な分析法が開発されています。本書はその中で最も基本となる共分散構造分析と呼ばれる解析術を調べることにします。この分析法は分散と、共分散に焦点を合わせてパス係数を求める分析術です。

（注）本章でも行列の本格的な知識は仮定しませんが、表記の上で行列の形を利用しています。行列について全く知識を持ち合わせていない場合は、まず付録D、Eに目を通してください。

5-1 古典的因子分析とSEM ～SEMは変量間の構造を予め仮定

5-2 確認的因子分析
～因子の意味を予め仮定する分析術

前節（§1）では古典的な因子分析を発展させたのがSEMであることを調べました。従来の因子分析がモデルを固定していたのに対して、SEMは自由にモデルを構築できることを確認しました。さて、そこでは例として、前章で取り上げた次の資料を取り上げました。

出席番号	数学 x	理科 y	社会 u	英語 v	国語 w
1	71	64	83	100	71
2	34	48	67	57	68
3	58	59	78	87	66
4	41	51	70	60	72
19	63	56	79	91	70
20	39	49	73	64	60

分析資料の一部。全体は4章§4（114ページ）に掲載。なお、変量は標準化して分析します。

そして、この資料から、確認的因子分析の一つの例として次のパス図を提案しました。本節では、このパス図を用いて、因子分析を進めることにしましょう。このように、古典的因子分析のパス図をアレンジして進めるSEM的因子分析を**確認的因子分析**と呼びます。

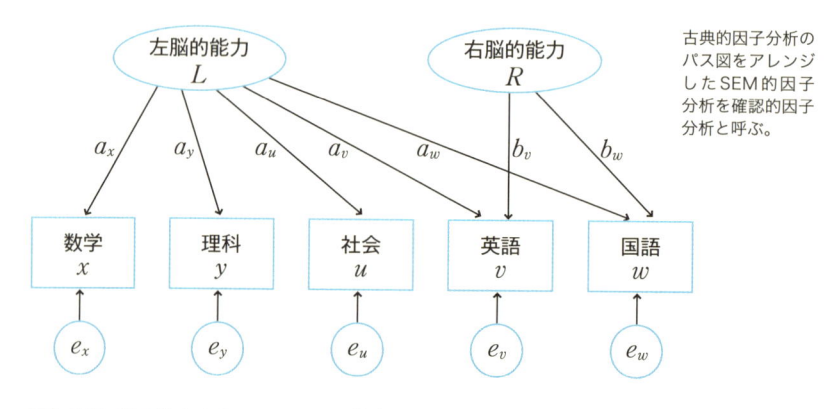

古典的因子分析のパス図をアレンジしたSEM的因子分析を確認的因子分析と呼ぶ。

（注）前節でも示したように、SEMでは独自因子 e_x, e_y, …, e_w を**誤差変数**と呼びます。

● 確認的因子分析の関係式

いま示したパス図を関係式で表してみましょう。

$$\left. \begin{array}{l} x = a_x L + e_x、y = a_y L + e_y、u = a_u L + e_u \\ v = a_v L + b_v R + e_v、w = a_w L + b_w R + e_w \end{array} \right\} \cdots (1)$$

ここで、L、R は順に「左脳的能力」、「右脳的能力」の因子を表現します。
(注) 4章§3の関係式(1)の b_x、b_y、b_u を0にセットしても、この式が得られます。

なお、因子分析では共通因子に掛かる係数 a_x、$\cdots$、a_w、b_v、b_w を因子負荷量と呼びましたが、SEMではパス係数と呼びます。また、誤差変数 e_x、$\cdots$、e_w の分散 $V(e_x)$、$\cdots$、$V(e_w)$ を含めて、一般的にパラメータと呼びます。

● パラメータの決定原理は因子分析と同様

SEMにおいて、パラメータの決定原理は旧来の因子分析と変わりありません。資料から得られる分散と共分散の値と、モデルから得られた分散と共分散の値とができるだけ一致するように、パラメータを決定するのです。

先の(1)式で具体的に見てみましょう。結果の式を簡単にするために変量は標準化して考えます。

まず、(1)の関係式を分散と共分散の定義式に代入し、計算した結果を分散共分散行列 Σ としてまとめてみましょう。

(注) いまは変量を標準化することを前提しているので、分散共分散行列は相関行列 R に一致します。このとき得られる解を標準化解といいます。ちなみに、一般的なSEMでは変量の標準化は前提とされません。

$$\Sigma = \begin{pmatrix} a_x^2 + V(e_x) & a_x a_y & a_x a_u & a_x a_v & a_x a_w \\ a_x a_y & a_y^2 + V(e_y) & a_y a_u & a_y a_v & a_y a_w \\ a_x a_u & a_y a_u & a_u^2 + V(e_u) & a_u a_v & a_u a_w \\ a_x a_v & a_y a_v & a_u a_v & a_v^2 + b_v^2 + V(e_v) & a_v a_w + b_v b_w \\ a_x a_w & a_y a_w & a_u a_w & a_v a_w + b_v b_w & a_w^2 + b_w^2 + V(e_w) \end{pmatrix}$$

$\cdots (2)$

（注）SEMでは、モデルから導かれた理論上の分散、共分散をまとめた行列を大文字のギリシャ文字で表すのが一般的です。ここでは、その習慣に従いΣ（シグマ）と置きました。

次に、実際の資料から分散、共分散も求めます。これまでと同じ資料を分析するので、前章のものをそのまま利用します（4章§4）。

$$S = \begin{pmatrix} 1.000 & 0.866 & 0.838 & 0.881 & 0.325 \\ 0.866 & 1.000 & 0.810 & 0.809 & 0.273 \\ 0.838 & 0.810 & 1.000 & 0.811 & 0.357 \\ 0.881 & 0.809 & 0.811 & 1.000 & 0.444 \\ 0.325 & 0.273 & 0.357 & 0.444 & 1.000 \end{pmatrix} \quad \cdots (3)$$

（注）SEMでは、資料から得られる分散、共分散の実測値を大文字のローマ字で表すのが一般的です。ここでは、その習慣に従いSと置きました。

理論値と実測値の誤差が適合度関数

因子分析のときと同様、上記の二つの行列(2)と(3)が一致するように、因子負荷量a_x, …, a_w, b_v, b_wを決定してみましょう。ここでは、決定原理としてわかりやすい最小2乗法を利用してみます。

最小2乗法に従って、上の2つの行列(2)、(3)の誤差を「同じ位置にある成分の差の平方和」Qと解釈し、次のように定義します。

$$\begin{aligned} Q &= (a_x^2 + V(e_x) - 1)^2 + (a_y^2 + V(e_y) - 1)^2 + (a_u^2 + V(e_u) - 1)^2 \\ &+ (a_v^2 + b_v^2 + V(e_v) - 1)^2 + (a_w^2 + b_w^2 + V(e_w) - 1)^2 \\ &+ 2(a_x a_y - 0.866)^2 + 2(a_x a_u - 0.838)^2 + \cdots + 2(a_v a_w + b_v b_w - 0.444)^2 \quad \cdots (4) \end{aligned}$$

SEMでは実測値と理論値の差異を表す式を**適合度関数**と呼びます。上の式Qは、最小2乗法における「適合度関数」となります。この関数値が最小になるパラメータa_x, …, a_w, b_v, b_wを探せば、パス図で示されたモデルが最小2乗法で確定するわけです。

計算の実行

実際に適合度関数(4)が最小になるパラメータ a_x、…、a_w、b_v、b_w を求めてみましょう。ここでも Excel アドインの「ソルバー」を利用することにします。下図は、その実行結果のワークシートです。

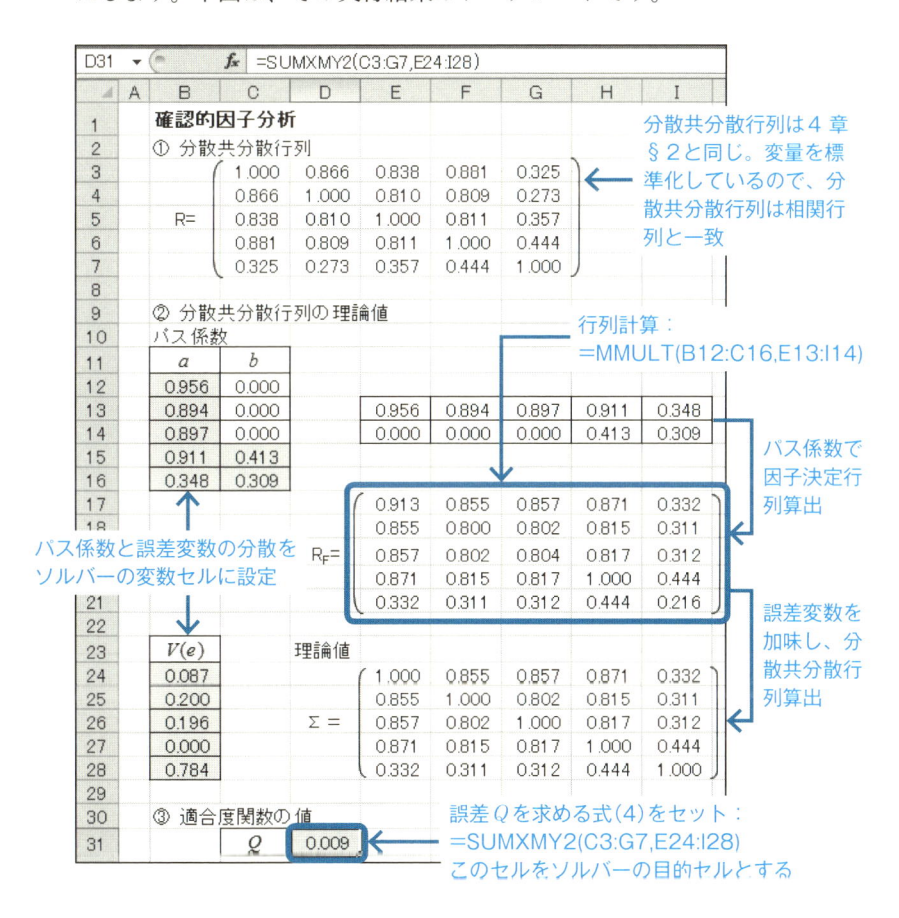

D31セル: `=SUMXMY2(C3:G7,E24:I28)`

確認的因子分析

① 分散共分散行列

$$R = \begin{pmatrix} 1.000 & 0.866 & 0.838 & 0.881 & 0.325 \\ 0.866 & 1.000 & 0.810 & 0.809 & 0.273 \\ 0.838 & 0.810 & 1.000 & 0.811 & 0.357 \\ 0.881 & 0.809 & 0.811 & 1.000 & 0.444 \\ 0.325 & 0.273 & 0.357 & 0.444 & 1.000 \end{pmatrix}$$

（分散共分散行列は4章§2と同じ。変量を標準化しているので、分散共分散行列は相関行列と一致）

② 分散共分散行列の理論値

パス係数

a	b
0.956	0.000
0.894	0.000
0.897	0.000
0.911	0.413
0.348	0.309

（パス係数と誤差変数の分散をソルバーの変数セルに設定）

行列計算：`=MMULT(B12:C16,E13:I14)`

| 0.956 | 0.894 | 0.897 | 0.911 | 0.348 |
| 0.000 | 0.000 | 0.000 | 0.413 | 0.309 |

$$R_F = \begin{pmatrix} 0.913 & 0.855 & 0.857 & 0.871 & 0.332 \\ 0.855 & 0.800 & 0.802 & 0.815 & 0.311 \\ 0.857 & 0.802 & 0.804 & 0.817 & 0.312 \\ 0.871 & 0.815 & 0.817 & 1.000 & 0.444 \\ 0.332 & 0.311 & 0.312 & 0.444 & 0.216 \end{pmatrix}$$

（パス係数で因子決定行列算出）

$V(e)$

| 0.087 |
| 0.200 |
| 0.196 |
| 0.000 |
| 0.784 |

理論値

$$\Sigma = \begin{pmatrix} 1.000 & 0.855 & 0.857 & 0.871 & 0.332 \\ 0.855 & 1.000 & 0.802 & 0.815 & 0.311 \\ 0.857 & 0.802 & 1.000 & 0.817 & 0.312 \\ 0.871 & 0.815 & 0.817 & 1.000 & 0.444 \\ 0.332 & 0.311 & 0.312 & 0.444 & 1.000 \end{pmatrix}$$

（誤差変数を加味し、分散共分散行列算出）

③ 適合度関数の値

Q = 0.009

誤差 Q を求める式(4)をセット：`=SUMXMY2(C3:G7,E24:I28)` このセルをソルバーの目的セルとする

（注）4章で作成した因子分析のワークシートをそのまま利用しています。ただし、モデルの仮定から因子負荷量 b_x、b_y、b_u の値を0に固定しています。なお、ここでも変量を標準化しているので、分散共分散行列は相関行列と一致。

このワークシートから、次の結果が得られます。

$a_x = 0.956$、$a_y = 0.894$、$a_u = 0.897$、$a_v = 0.911$、$a_w = 0.348$

$b_v = 0.413$、$b_w = 0.309$

$V(e_x) = 0.087$、$V(e_y) = 0.200$、$V(e_u) = 0.196$、$V(e_v) = 0.000$、$V(e_w) = 0.784$

結果を見てみる

このExcelワークシートからわかるように、適合度関数が0.009です。前章で調べた古典的因子分析では、その値が0.001でした（4章§5）。多少、理論と実際の誤差が大きくなっていますが、それはモデルを簡略化したことから生まれます。複雑なモデルを作ればそれだけ資料にフィットするのは当然です。

寄与率を調べてみましょう。変量は標準化されているので、

$$寄与率 = \frac{共通因子の説明する分散}{総分散} = \frac{総共通性}{5} = 0.747$$

（注）総共通性はパス係数の平方和に一致します（4章§2、§5）。

最小2乗法を利用して反復推定法で求めた探索的因子分析のモデルの場合、寄与率は0.780でした（4章§5）。3%ほど、説明力が低下していますが、その理由は上で調べたように、モデルの簡略化のためです。

結果から得られたパラメータを示したパス図を最後に示しておきます。

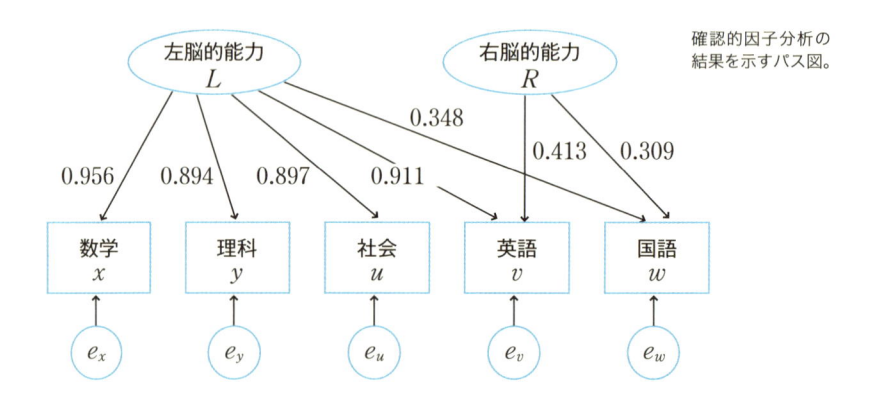

確認的因子分析の結果を示すパス図。

左脳的能力 L → 数学 x : 0.956
左脳的能力 L → 理科 y : 0.894
左脳的能力 L → 社会 u : 0.897
左脳的能力 L → 英語 v : 0.911
左脳的能力 L → 国語 w : 0.348
右脳的能力 R → 英語 v : 0.413
右脳的能力 R → 国語 w : 0.309

誤差項: e_x, e_y, e_u, e_v, e_w

MEMO　観測変数と潜在変数

因子分析では、資料の特徴の原因となる変数を「共通因子」と呼びました。1章§6でも調べましたが、SEMでは、そのように隠れた変数を潜在変数と呼びます。また、資料に表れている変数を観測変数と呼びます。

5-3 非直交モデルの因子分析 ～因子間の相関がある因子分析

前節（§2）では、確認的因子分析の例を用いて、SEMの手法を解説しました。本節でも、有名な例題を通してSEMの手法を確認します。その新たな例題としては非直交モデル（斜交モデルともいいます）の因子分析を取り上げます。

ここでも、これまで調べてきたデータを調べることにしましょう。

出席番号	数学	理科	社会	英語	国語
	x	y	u	v	w
1	71	64	83	100	71
2	34	48	67	57	68
3	58	59	78	87	66
4	41	51	70	60	72
19	63	56	79	91	70
20	39	49	73	64	60

分析資料の一部。全体は4章§4（114ページ）に掲載。なお、本章では変量は標準化して分析します。

● 非直交モデルとは

前章の因子分析では、共通因子同士の相関は無い（すなわち相関係数は0）として議論しました。しかし、相関がある場合も調べなければ、どちらが良いモデル化は比較できません。そこで、次のパス図のように、共通因子どうしの相関があるモデルを考えることにします。これが**非直交モデル**の因子分析です。

> **MEMO　因子が直交とは？**
>
> 「因子が直交」という表現は数学から来た言葉です。2つの因子をベクトルと考えると、その相関係数はベクトルの内積で表現できます。数学では内積が0の場合を「直交」と表現します。そこで、相関がないときを「直交」と表現するのです。

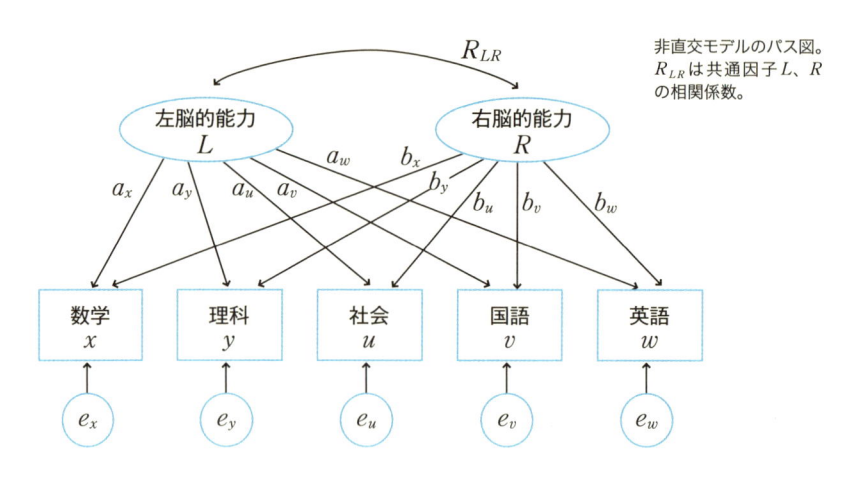

非直交モデルのパス図。
R_{LR} は共通因子 L、R の相関係数。

ここで、L、R は順に「左脳的能力」因子、「右脳的能力」因子を表します。

● 非直交モデルを式で表すと

このパス図を式で表してみましょう。各変量の記号の意味はこれまでと同様です。

$$\left.\begin{array}{l} x = a_x L + b_x R + e_x,\ y = a_y L + b_y R + e_y,\ u = a_u L + b_u R + e_u, \\ v = a_v L + b_v R + e_v,\ w = a_w L + b_w R + e_w \end{array}\right\} \cdots (1)$$

4章で調べた古典的な因子分析との違いは、この(1)式から分散と共分散を算出するときに現れます。4章§3では次の仮定を設けました。

$$\left.\begin{array}{l} Cov(L, e_x) = Cov(L, e_y) = \cdots = Cov(L, e_w) = 0 \\ Cov(R, e_x) = Cov(R, e_y) = \cdots = Cov(R, e_w) = 0 \\ Cov(e_x, e_y) = Cov(e_x, e_u) = \cdots = Cov(e_v, e_w) = 0 \end{array}\right\} \cdots (2)$$

$$Cov(L, R) = 0 \quad \cdots (3)$$

この最後の仮定(3)が取り払われるのです。したがって、分散、共分散を計算した結果の式は大変複雑になります。これまで同様、共通因子の分散は1（すなわち、$s_L^2 = s_R^2 = 1$）として、次のように書き下せます。

（注）計算法は付録Aを参照してください。

$$\left.\begin{array}{l} s_x^2 = a_x^2 + b_x^2 + 2a_x b_x R_{LR} + V(e_x)、\cdots、s_w^2 = a_w^2 + b_w^2 + 2a_w b_w R_{LR} + V(e_y) \\ s_{xy} = a_x a_y + b_x b_y + (a_x b_y + a_y b_x) R_{LR}、s_{xu} = a_x a_u + b_x b_u + (a_x b_u + a_u b_x) R_{LR}、 \\ \cdots\cdots \\ s_{uv} = a_u a_v + b_u b_v + (a_u b_v + a_v b_u) R_{LR}、\cdots、s_{vw} = a_v a_w + b_v b_w + (a_v b_w + a_w b_v) R_{LR} \end{array}\right\} \cdots (4)$$

ここで、R_{LR} は共通因子 L、R の相関係数です。

(注) これまで同様、変量は標準化されていると仮定します。したがって、分散は1に、共分散は相関係数に一致します。

● 非直交モデルの方程式を解く

(4)を解いてみましょう。まず、対象となる資料から分散、共分散を求めます。これを見やすいように行列にまとめます(4章§4)。

$$\begin{pmatrix} 1.000 & 0.866 & 0.838 & 0.881 & 0.325 \\ 0.866 & 1.000 & 0.810 & 0.809 & 0.273 \\ 0.838 & 0.810 & 1.000 & 0.811 & 0.357 \\ 0.881 & 0.809 & 0.811 & 1.000 & 0.444 \\ 0.325 & 0.273 & 0.357 & 0.444 & 1.000 \end{pmatrix}$$

資料から得られる分散共分散行列。標準化を仮定するので、相関行列と一致。

各パラメータ(a_x、…、a_w、b_x、…、b_w)の求め方はこれまで同様です。分散、共分散の理論式(4)と、上記の行列にまとめた分散、共分散の実測値とが一致するように決定されます。ここでも、この一致の基準として、最小2乗法を用いることにします。2つの行列の同じ位置にある成分の差の平方和が最小になるパラメータを求めるのです。このとき、理論値と実測値の違いを与える「適合度関数」は、次のように記述されます。

$$Q = \{a_x^2 + b_x^2 + 2a_x b_x R_{LR} + V(e_x) - 1\}^2 + \cdots + \{a_w^2 + b_w^2 + 2a_w b_w R_{LR} + V(e_y) - 1\}^2$$
$$+ 2\{a_x a_y + b_x b_y + (a_x b_y + a_y b_x) R_{LR} - 0.866\}^2 + 2\{a_x a_u + b_x b_u + (a_x b_u + a_u b_x) R_{LR} - 0.838\}^2$$
$$+ \cdots + 2\{a_v a_w + b_v b_w + (a_v b_w + a_w b_v) R_{LR} - 0.444\}^2 \quad \cdots (5)$$

これまで同様、Excelアドインの「ソルバー」で、この適合度関数 Q を最小にするパラメータを求めてみましょう。

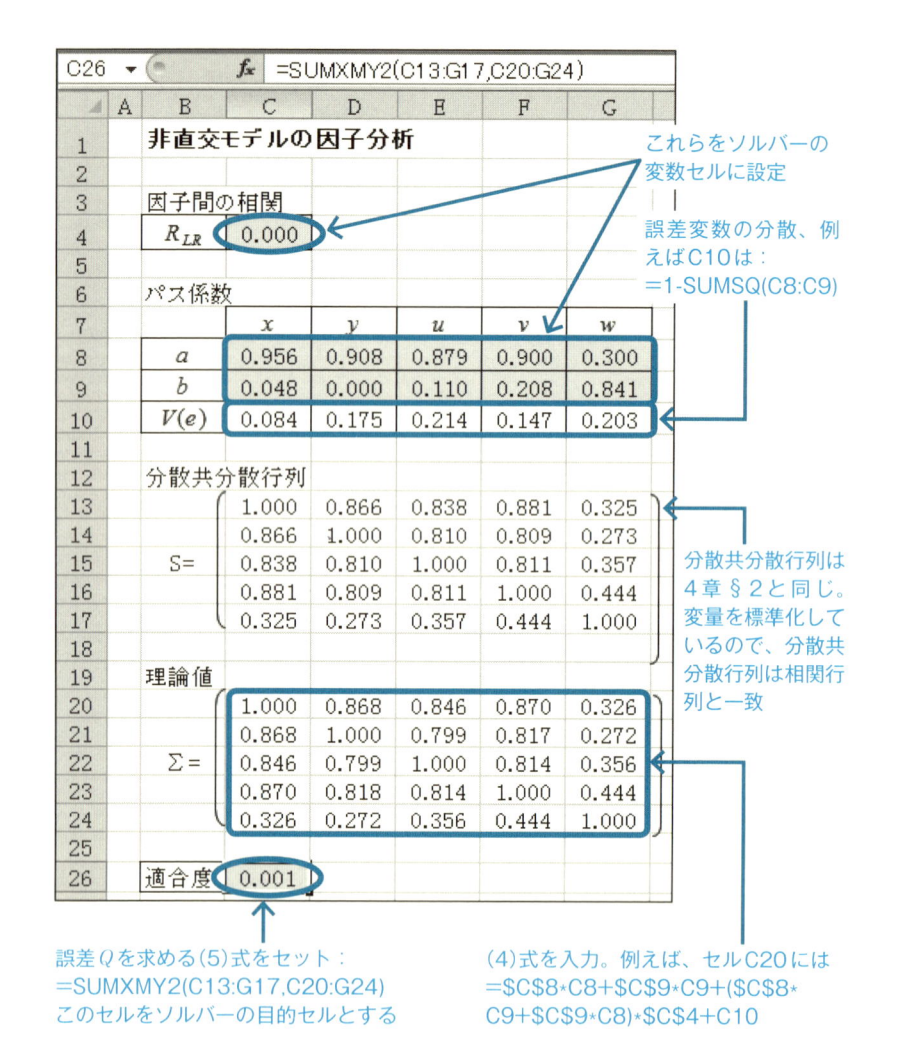

C26	▼	f_x	=SUMXMY2(C13:G17,C20:G24)			
	A	B	C	D	E	F	G

```
 1  非直交モデルの因子分析
 2
 3      因子間の相関
 4        R_LR    0.000
 5
 6      パス係数
 7                  x       y       u       v       w
 8          a     0.956   0.908   0.879   0.900   0.300
 9          b     0.048   0.000   0.110   0.208   0.841
10        V(e)    0.084   0.175   0.214   0.147   0.203
11
12      分散共分散行列
13               ⎛ 1.000   0.866   0.838   0.881   0.325 ⎞
14                 0.866   1.000   0.810   0.809   0.273
15          S =    0.838   0.810   1.000   0.811   0.357
16                 0.881   0.809   0.811   1.000   0.444
17               ⎝ 0.325   0.273   0.357   0.444   1.000 ⎠
18
19      理論値
20               ⎛ 1.000   0.868   0.846   0.870   0.326 ⎞
21                 0.868   1.000   0.799   0.817   0.272
22          Σ =    0.846   0.799   1.000   0.814   0.356
23                 0.870   0.818   0.814   1.000   0.444
24               ⎝ 0.326   0.272   0.356   0.444   1.000 ⎠
25
26      適合度   0.001
```

これらをソルバーの変数セルに設定

誤差変数の分散、例えばC10は：
=1-SUMSQ(C8:C9)

分散共分散行列は4章§2と同じ。変量を標準化しているので、分散共分散行列は相関行列と一致

誤差Qを求める(5)式をセット：
=SUMXMY2(C13:G17,C20:G24)
このセルをソルバーの目的セルとする

(4)式を入力。例えば、セルC20には
=$C$8*C8+$C$9*C9+($C$8*C9+$C$9*C8)*$C$4+C10

（注）共通性の推定を省きました。代わって、変量の分散（いまは標準化しているので1）から共通性（すなわち因子で説明する分散の部分）を引いた値を誤差変数の分散としました。

このワークシートから、パラメータの値は以下の通りです。

　　$R_{LR} = 0.000$

　　$a_x = 0.956$、$a_y = 0.908$、$a_u = 0.879$、$a_v = 0.900$、$a_w = 0.300$

　　$b_x = 0.048$、$b_y = 0.000$、$b_u = 0.110$、$b_v = 0.208$、$b_w = 0.841$

共通因子L、Rの相関係数R_{LR}は0であることが確かめられました。こうして、4章で調べた直交モデル（4章§4）がこの資料では有効であることが確認できたのです。

5-4 潜在変数に構造を仮定できるSEM 〜SEMらしい問題に挑戦

SEMの基本的な例題を§2、3で調べました。ここでは、もう少し複雑なSEMらしい分析モデルを調べてみましょう。すなわち、因子にも構造を与えるのです。

資料としては、前章から利用している中学生20人の5科目の得点を取り上げることにします（4章§4）。

出席番号	数学 x	理科 y	社会 u	英語 v	国語 w
1	71	64	83	100	71
2	34	48	67	57	68
3	58	59	78	87	66
4	41	51	70	60	72
19	63	56	79	91	70
20	39	49	73	64	60

資料の一部。全体は4章§4（114ページ）に掲載。なお、本章では変量は標準化して分析。

SEMらしい分析モデルとして次のパス図の構造を仮定してみましょう。

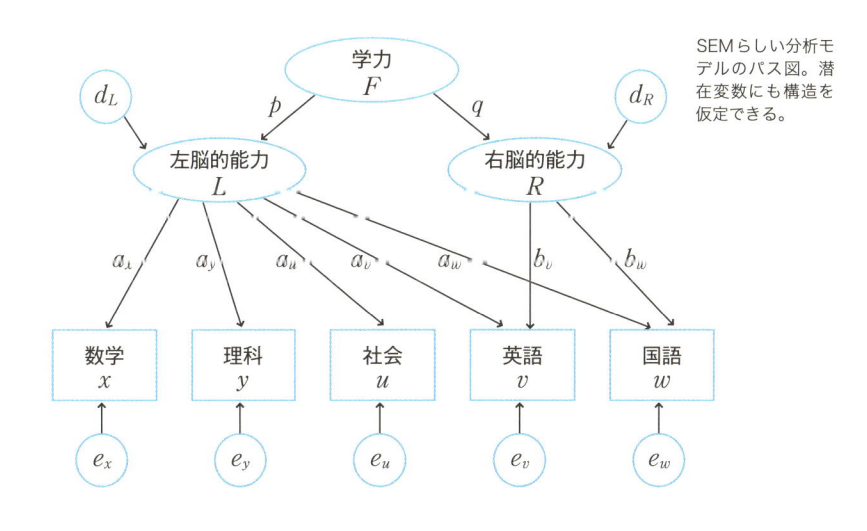

SEMらしい分析モデルのパス図。潜在変数にも構造を仮定できる。

5科目のデータは左脳的能力Lと右脳的能力Rによって規定されることをこれまで通り仮定しますが、それら2つの能力は子供の「学力」Fという一つの共通因子に支配されていると考えるのです。前にも示したように、このように、SEMでは分析者が自由にモデルを構築することができるというメリットがあります。

（注）自由に分析モデルを構築することと、そのモデルが資料に合致していることは、当然異なります。適合度関数や寄与率を用いて検証が必要です。

● モデルを式で表すと

先に示したパス図を式で表してみましょう。因子と変量を結ぶ関係式は、前の節（§2）と同じですが、共通因子には新たな関係式が付け加えられます。Fをパス図に示した「学力」因子として、

$$\left.\begin{array}{l} L = pF + d_L、\ R = qF + d_R \\ x = a_x L + e_x、\ y = a_y L + e_y、\ u = a_u L + e_u、 \\ v = a_v L + b_v R + e_v、\ w = a_w L + b_w R + e_w \end{array}\right\} \cdots (1)$$

ここで、新たにパス係数p、qと独自因子d_L、d_Rが付加されていることに留意してください。

この(1)の関係式を用いて、分散、共分散を算出します。それには、これまでと同様、誤差変数同士や誤差変数と共通因子との無相関を仮定します。

$$\left.\begin{array}{l} Cov(F, d_L) = Cov(F, d_R) = 0 \\ Cov(L, e_x) = Cov(L, e_y) = \cdots = Cov(L, e_w) = 0 \\ Cov(R, e_x) = Cov(R, e_y) = \cdots = Cov(R, e_w) = 0 \\ Cov(e_x, e_y) = Cov(e_x, e_u) = \cdots = Cov(e_v, e_w) = 0、\ Cov(d_L, d_R) = 0 \end{array}\right\} \cdots (2)$$

これら(2)式の条件を取り入れることで、(1)から分散、共分散の式は次のように書き下せます。また、これまで同様、共通因子の分散は1（$s_F^2 = s_L^2 = s_R^2 = 1$）としてあります。

（注）ここでも変量は標準化されていると仮定します。したがって、共分散と相関係数は同一の値になります。計算法については、付録Aを参照してください。

$$
\left.\begin{array}{l}
R_{LR} = pq \\
s_x^2 = a_x^2(p^2 + V(d_L)) + V(e_x) \\
\cdots \\
s_w^2 = a_w^2(p^2 + V(d_L)) + b_w^2(q^2 + V(d_R)) + 2a_w b_w R_{LR} + V(e_w) \\
s_{xy} = a_x a_y(p^2 + V(d_L)) + (a_x b_y + a_y b_x)R_{LR} 、\\
\cdots\cdots \\
s_{vw} = a_v a_w(p^2 + V(d_L)) + b_v b_w(q^2 + V(d_R)) + (a_v b_w + a_w b_v)R_{LR}
\end{array}\right\} \cdots (3)
$$

ここで、R_{LR} は共通因子 L（左脳的能力）、R（右脳的能力）の相関係数です。

● モデルの方程式を解く

(3)式を解く原理は、これまでと同じです。資料から得られる分散、共分散の値と(3)式で予測される理論値との誤差を最小にするように決定します。資料から得られる分散、共分散の値を分散共分散行列としてまとめておきます。

$$
\begin{pmatrix}
1.000 & 0.866 & 0.838 & 0.881 & 0.325 \\
0.866 & 1.000 & 0.810 & 0.809 & 0.273 \\
0.838 & 0.810 & 1.000 & 0.811 & 0.357 \\
0.881 & 0.809 & 0.811 & 1.000 & 0.444 \\
0.325 & 0.273 & 0.357 & 0.444 & 1.000
\end{pmatrix}
$$

資料から得られる分散、共分散の値。4章§4と同一。

ここでも、理論と実測値の誤差の最小化に「最小2乗法」を利用することにします。すなわち、理論値(3)と上の行列にまとめられた実測値との誤差を表す「適合度関数」を、次のように記述します。

$$
\begin{aligned}
Q = & \{a_x^2(p^2 + V(d_L)) + V(e_x) - 1\}^2 + \\
& \cdots + \{a_w^2(p^2 + V(d_L)) + b_w^2(q^2 + V(d_R)) + 2a_w b_w R_{LR} + V(e_w) - 1\}^2 \\
& + 2\{a_x a_y(p^2 + V(d_L)) + (a_x b_y + a_y b_x)R_{LR} - 0.866\}^2 + \\
& \cdots + 2\{a_v a_w(p^2 + V(d_L)) + b_v b_w(q^2 + V(d_R)) + (a_v b_w + a_w b_v)R_{LR} - 0.444\}^2 \quad \cdots(4)
\end{aligned}
$$

この適合度関数(4)の最小化には、これまで同様、Excelのソルバーを利用することにします。次のワークシートはその結果を示しています。

	A	B	C	D	E	F	G	H	I
1		SEMの典型例題を最小2乗法で解く							
2		① 分散共分散行列							
3			1.000	0.866	0.838	0.881	0.325		
4			0.866	1.000	0.810	0.809	0.273		
5		$S=$	0.838	0.810	1.000	0.811	0.357		
6			0.881	0.809	0.811	1.000	0.444		
7			0.325	0.273	0.357	0.444	1.000		
8									
9		② Σ作成							
10			F	$V(d)$			L	R	$V(e)$
11		L	0.571	0.674		x	0.957	0.000	0.085
12		R	0.014	0.994		y	0.894	0.000	0.200
13						u	0.897	0.000	0.196
14						v	0.910	0.135	0.153
15						w	0.342	0.940	0.000
16									
17			1.000	0.855	0.857	0.871	0.334		
18			0.855	1.000	0.801	0.814	0.312		
19		$\Sigma=$	0.857	0.801	1.000	0.817	0.313		
20			0.870	0.814	0.817	1.001	0.444		
21			0.327	0.312	0.313	0.444	1.000		
22									
23		③ 適合度関数							
24			Q	0.009					

これらをソルバーの変数セルに設定

誤差を表す Q を求める式(4)をセット: =SUMXMY2(C3:G7,C17:G21) このセルをソルバーの目的セルとする

(3)式を入力。例えば、セルC17には =$G$11*G11*($C$11^2+$D$11)+$H$11*H11*($C$12^2+$D$12)+($G$11*H11*+$H$11*G11)*$C$11*$C$12+I11

● 結果を見てみる

適合度 Q の値を見てみましょう

$Q = 0.009$

前節（§2）の確認的因子モデルと同じ値になっています。モデルとしての適合度は、本節のモデルも確認的因子分析のモデルも対等ということになります。対等ならばシンプルの方が良いでしょうが、本節で示したパス図的な解釈も可能であることを了解してください。

5-5 SEMのモデルを検定
～SEMと最尤推定法とのコラボレーション

因子分析、そしてそれを発展させたSEMでは、資料から得られる分散と共分散の値に、モデルから得られる分散と共分散を一致させるように、パラメータを決定します。

ところで、これまでは一致のさせ方として**最小2乗法**を多用してきました。しかし、SEMの世界において、この最小2乗法は主流ではありません。それに代わって**最尤推定法**が活躍します。データの分布に多変量正規分布を仮定し、最尤推定法でパラメータを決定するのです。こうすることで、結果の検定ができるようになります。

(注1) 最尤推定法については、付録Iを参照してください。
(注2) 多変量正規分布については、付録Hを参照してください。

なお、以下の記述では行列の知識が多用されます。不慣れな場合は軽く読み流してください。理論の意図するところは伝わるはずです。

(注) 行列については、付録Dをご覧下さい。

● SEMの尤度関数

SEMで分析するデータは、通常正規分布を仮定します。統計学でよく知られているように、正規分布は多くの場合に適用できるからです。多変量の場合の正規分布に相当するのが多変量正規分布です。この分布 f は次のように与えられます。

$$f = \left(\frac{1}{\sqrt{2\pi}}\right)^N \frac{1}{\sqrt{|\Sigma|}} e^{-\frac{1}{2}D^2} \quad \cdots (1)$$

ここで、N は変数の個数です。自然対数の底(ネイピア数)e の肩に乗っている D は次のように与えられます。

$$D^2 = {}^t X \Sigma^{-1} X \quad \cdots (2)$$

Σ はSEMより算出された分散共分散行列の理論値で、$|\Sigma|$、Σ^{-1} は順に

その行列の行列式、逆行列です。また、Xは偏差を成分とする列ベクトルで、${}^tX$はそのベクトルXの行ベクトルです。

(注)D^2は後に調べるマハラノビスの距離(6章§6)を与えます。

例えば、2変量x、yの場合について調べてみましょう。このとき、Σ、Xは次のように表されます。

$$\Sigma = \begin{pmatrix} \sigma_x^2 & \sigma_{xy} \\ \sigma_{xy} & \sigma_y^2 \end{pmatrix}, \quad X = \begin{pmatrix} x-\mu_x \\ y-\mu_y \end{pmatrix}$$

ここで、行列Σの成分σ_x^2、σ_y^2、σ_{xy}はSEMで算出した分散、共分散の理論値です。また、μ_x、μ_yは変量x、yの平均値です。

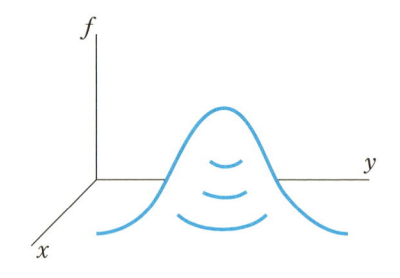

2変量x、yの多変量正規分布(1)のイメージ。盛り上がった山のような形と捉えられる。ちなみに、Σが決定されていないので、山の具体的な形や位置はまだ不明。

さて、ここで資料がn個の個体から構成されているとすると、この資料が実現する確率は次のように(1)の積の形で表現できます。

$$\begin{aligned} L &= f_1 f_2 \cdots f_n \\ &= \left(\frac{1}{\sqrt{2\pi}}\right)^N \frac{1}{\sqrt{|\Sigma|}} e^{-\frac{1}{2}D_1^2} \left(\frac{1}{\sqrt{2\pi}}\right)^N \frac{1}{\sqrt{|\Sigma|}} e^{-\frac{1}{2}D_2^2} \cdots \left(\frac{1}{\sqrt{2\pi}}\right)^N \frac{1}{\sqrt{|\Sigma|}} e^{-\frac{1}{2}D_n^2} \\ &= \left(\frac{1}{\sqrt{2\pi}}\right)^{Nn} \left(\frac{1}{\sqrt{|\Sigma|}}\right)^n e^{-\frac{1}{2}(D_1^2 + D_2^2 + \cdots + D_n^2)} \quad \cdots (3) \end{aligned}$$

この(3)がパラメータを決めるための確率密度関数、すなわち尤度関数になります。ここで、例えばD_1^2とは、個体番号1のデータ値を変量の値にした(2)式の値です。

最尤推定法の適合度関数

最尤推定法では、尤度関数(3)の最大値を実現するようにパラメータを

決定します。しかし、モデルとの適合度を考えるときに、最小値問題に変換した方が分かり易くなります。すなわち、モデルと実際とがピッタリ適合したときに関数が0になるような最小値問題に変換するわけです。それには、(3)の対数をとり、適当な定数を加えてからマイナスの数を掛けます。すると、(3)の最大値問題は、次のf_{ML}の最小値問題に変換されます。

$$f_{ML} = \mathrm{tr}(\Sigma^{-1}S) - \ln|\Sigma^{-1}S| - N \quad \cdots (4)$$

（注）この変形の詳細については、付録Jを参照してください。｜｜記号は行列式を表します。

ここで、Sは資料から得られた分散共分散行列、trは**トレース**（trace）といって、行列の対角成分の和を求める記号です。lnは自然対数を底とする対数関数です。この(4)をSEMでは、多変量正規分布を用いた最尤推定法の**適合度関数**と呼びます。（Nは変量数です。）

(4)式のf_{ML}が、最小2乗法の誤差Qに代替する関数になります。(4)式が最小になるように、統計モデルに含まれるパラメータを決定するのが、標準的なSEMなのです。

● 確認的因子分析モデルを最尤推定法で分析

実際の資料を分析してみましょう。例として、今まで調べてきた中学生の5科目のテスト結果を対象にします。

出席番号	数学 x	理科 y	社会 u	英語 v	国語 w
1	71	64	83	100	71
2	34	48	67	57	68
3	58	59	78	87	66
4	41	51	70	60	72
19	63	56	79	91	70
20	39	49	73	64	60

資料の一部。全体は4章§4（114ページ）に掲載。なお、変量は標準化して分析。

データ構造のモデルとしては、本章§1で調べた「確認的因子分析」のモデルを用いることにします。

例として確認的因子分析のモデルを用いる。

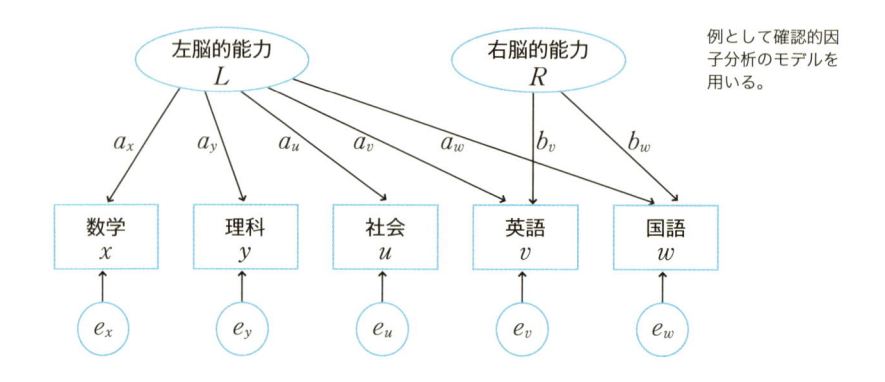

確認的因子分析モデルの確認

§2で調べたように、因子と変量の関係は次の式で与えられます。

$$\left. \begin{array}{l} x = a_x L + e_x、y = a_y L + e_y、u = a_u L + e_u、\\ v = a_v L + b_v R + e_v、w = a_w L + b_w R + e_w \end{array} \right\} \quad \cdots (5)$$

この(5)式のモデルから得られた理論的な分散共分散行列は次の通りです。

$$\Sigma = \begin{pmatrix} a_x^2 + V(e_x) & a_x a_y & a_x a_u & a_x a_v & a_x a_w \\ a_x a_y & a_y^2 + V(e_y) & a_y a_u & a_y a_v & a_y a_w \\ a_x a_u & a_y a_u & a_u^2 + V(e_u) & a_u a_v & a_u a_w \\ a_x a_v & a_y a_v & a_u a_v & a_v^2 + b_v^2 + V(e_v) & a_v a_w + b_v b_w \\ a_x a_w & a_y a_w & a_u a_w & a_v a_w + b_v b_w & a_w^2 + b_w^2 + V(e_w) \end{pmatrix}$$

$\cdots (6)$

また、実測値の分散共分散の行列は次の通りです（本章§2、4章§4）。

$$S = \begin{pmatrix} 1.000 & 0.866 & 0.838 & 0.881 & 0.325 \\ 0.866 & 1.000 & 0.810 & 0.809 & 0.273 \\ 0.838 & 0.810 & 1.000 & 0.811 & 0.357 \\ 0.881 & 0.809 & 0.811 & 1.000 & 0.444 \\ 0.325 & 0.273 & 0.357 & 0.444 & 1.000 \end{pmatrix} \quad \cdots (7)$$

最尤推定法を実行

以上で準備ができました。理論から得られた(2)の分散共分散行列Σと、実測値の分散共分散行列Sとが合致するようにパス係数a_x、a_y、…、a_w、b_v、b_wを決定します。これまでと異なる点は、適合度関数として最小2乗法の関数を使わず、(4)式を利用することです。

$$f_{ML} = \text{tr}(\Sigma^{-1}S) - \log|\Sigma^{-1}S| - N \quad \cdots (4) \text{(再掲)}$$

ここで、Σ、Sは上記(6)、(7)で与えられる行列であり、Nは資料に含まれる変量の数で、いまは値5をとります。

ところで、この(4)式の最小値を紙と鉛筆で探すのは至難の業です。実際、SEMはパソコンの発達に負うところが大きい分析術です。ここでもExcelの分析ツール「ソルバー」を利用して、適合度関数f_{ML}を最小にするパス係数a_x、a_y、…、a_w、b_v、b_wを確定しましょう。次のワークシートは、ソルバーで求めた結果です。

> **MEMO　識別問題**
>
> 実際の分散共分散行列と、モデルから求めた分散共分散行列とを一致させるという方針で、理論に含まれるパラメータ（母数）を決定するのが、SEMの考え方です。大変分かり易いアイデアですが、実際に計算を開始するとパス係数の値が確定しないことがあります。これを**識別できない**といいます。このように、仮定した統計モデルのパラメータが確定されるかどうかの問題を**識別問題**といいます。
>
> 識別できない場合の一つとして、資料から得られる情報よりもパラメータの数（すなわち、パス係数や求めたい分散の数）が多い場合があります。分散共分散行列から得られる情報の個数は$\dfrac{n(n+1)}{2}$（nは観測変量の個数）ですから、決定したいパラメータの個数は、この情報数以下でなければなりません。

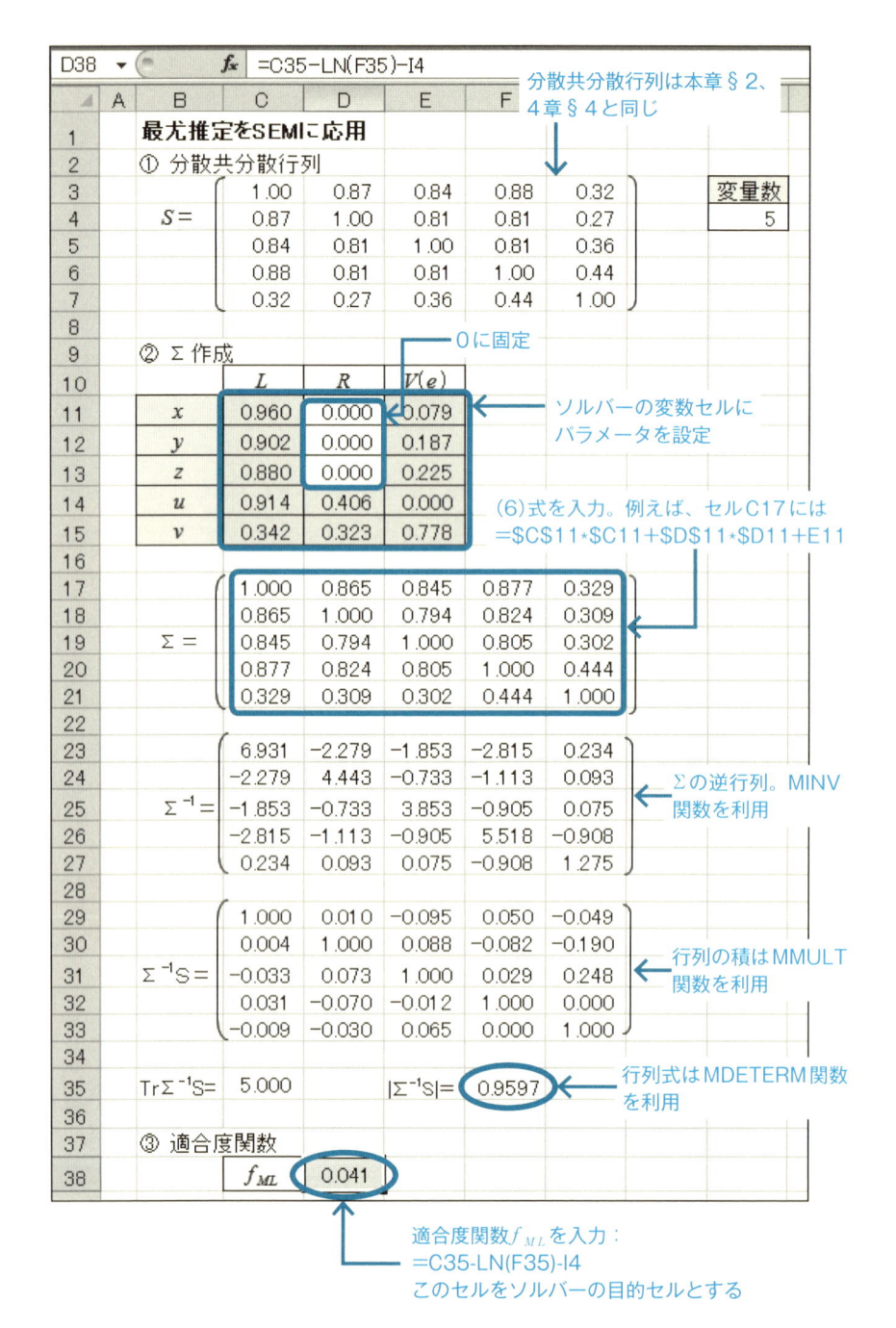

	A	B	C	D	E	F
			fx	=C35-LN(F35)-I4		
1		**最尤推定をSEMに応用**				
2		① 分散共分散行列				
3			1.00	0.87	0.84	0.88	0.32	変量数
4		$S=$	0.87	1.00	0.81	0.81	0.27	5
5			0.84	0.81	1.00	0.81	0.36	
6			0.88	0.81	0.81	1.00	0.44	
7			0.32	0.27	0.36	0.44	1.00	
8							
9		② Σ 作成				
10			L	R	$V(e)$	
11		x	0.960	0.000	0.079	
12		y	0.902	0.000	0.187	
13		z	0.880	0.000	0.225	
14		u	0.914	0.406	0.000	
15		v	0.342	0.323	0.778	
16						
17			1.000	0.865	0.845	0.877	0.329
18			0.865	1.000	0.794	0.824	0.309
19		$\Sigma=$	0.845	0.794	1.000	0.805	0.302
20			0.877	0.824	0.805	1.000	0.444
21			0.329	0.309	0.302	0.444	1.000
22							
23			6.931	−2.279	−1.853	−2.815	0.234
24			−2.279	4.443	−0.733	−1.113	0.093
25		$\Sigma^{-1}=$	−1.853	−0.733	3.853	−0.905	0.075
26			−2.815	−1.113	−0.905	5.518	−0.908
27			0.234	0.093	0.075	−0.908	1.275
28							
29			1.000	0.010	−0.095	0.050	−0.049
30			0.004	1.000	0.088	−0.082	−0.190
31		$\Sigma^{-1}S=$	−0.033	0.073	1.000	0.029	0.248
32			0.031	−0.070	−0.012	1.000	0.000
33			−0.009	−0.030	0.065	0.000	1.000
34							
35		$\text{Tr}\Sigma^{-1}S=$	5.000		$|\Sigma^{-1}S|=$	0.9597
36							
37		③ 適合度関数				
38			f_{ML}	0.041			

分散共分散行列は本章§2、4章§4と同じ

0に固定

ソルバーの変数セルにパラメータを設定

(6)式を入力。例えば、セルC17には
=$C$11*$C11+$D$11*$D11+E11

Σの逆行列。MINV関数を利用

行列の積はMMULT関数を利用

行列式はMDETERM関数を利用

適合度関数 f_{ML} を入力:
=C35-LN(F35)-I4
このセルをソルバーの目的セルとする

(注) 変量は標準化して考えているので、分散共分散行列は相関行列に読み替えています。このような解を**標準化解**と呼びます。

結果を見てみる

ワークシートの計算結果から、パス係数は次のように決定されました。

$a_x = 0.960$、$a_y = 0.902$、$a_u = 0.880$、$a_v = 0.914$、$a_w = 0.342$

$b_v = 0.406$、$b_w = 0.323$

結果をパス図に示します（誤差変数の分散も記入しておきます）。

本節の結論。

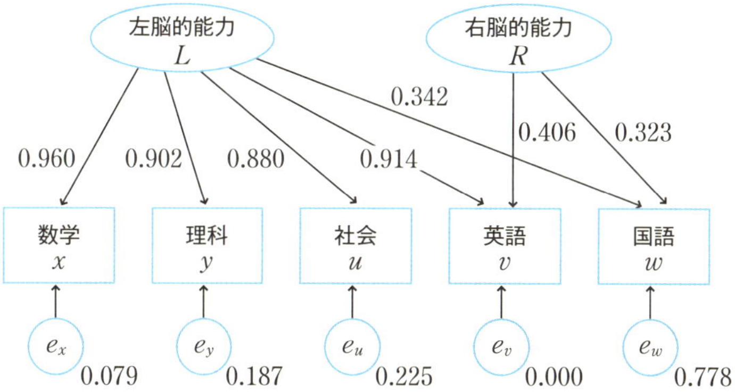

左脳的能力
L
右脳的能力
R
0.342
0.406
0.323
0.960
0.902
0.880
0.914
数学
x
理科
y
社会
u
英語
v
国語
w
e_x
0.079
e_y
0.187
e_u
0.225
e_v
0.000
e_w
0.778

§2で調べた最小2乗法の結果と比較してみてください。

§1の結果の確認。

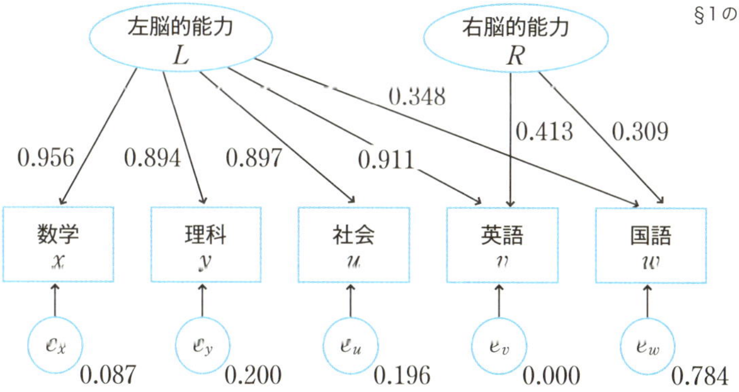

左脳的能力
L
右脳的能力
R
0.348
0.413
0.309
0.956
0.894
0.897
0.911
数学
x
理科
y
社会
u
英語
v
国語
w
e_x
0.087
e_y
0.200
e_u
0.196
e_v
0.000
e_w
0.784

ほぼ、同じ値になっています。このように、多変量正規分布を用いた最尤推定法の結果と、最小2乗法による結果とは、大きな違いは生じないのが普通です。

適合度関数と検定

多変量正規分布を用いて最尤推定法でモデルを決定するメリットは、最初に述べたように、検定が行えることです。すなわち、次の帰無仮説を検定できるのです。

H_0：パス図で示したモデルは正しい

この検定を行うのに利用されるのが次の定理です。f_{ML}を適合度関数の値、Nを変量数、nを資料の個体数、pをモデルに含まれるパラメータの個数とするとき、

> $(n-1)f_{ML}$は自由度$\frac{1}{2}N(N+1)-p$のχ^2分布に従う

いま調べている例を考えてみましょう。

先に示したワークシートから、適合度関数f_{ML}の値は0.041になっています。また、変量数Nは5、パラメータ数pは12なので、χ^2分布の自由度は次のようになります。

$$自由度\frac{1}{2}N(N+1)-p = \frac{1}{2} \times 5 \times 6 - 12 = 3$$

自由度3のχ^2分布の上側5%点は、次のように求められます。

上側5%点＝7.815

（注）χ^2分布の上側5%点の求め方については、次ページの<MEMO>を参照してください。

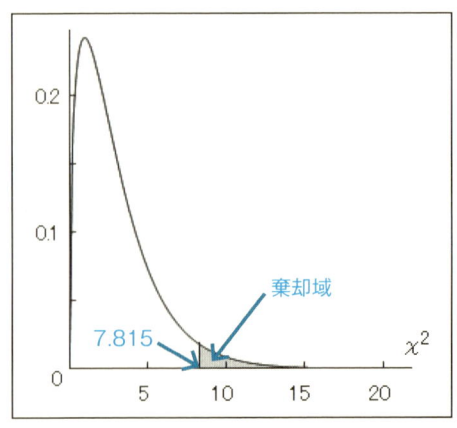

$(n-1)f_{ML}$は棄却域に入っていない。

よって、次の不等式が成立します。

$(n-1)f_{ML} = (20-1) \times 0.041 = 0.782 \leq 7.815$ （上側5%点）

$(n-1)f_{ML}$はχ^2分布の棄却域に入っていないことがわかりました！　こうして、帰無仮説H_0は棄却できないことがわかります。パス図で示したモデルが正しいことが確かめられました。

● SEMの検定の特徴

通常の検定では、帰無仮説H_0は棄却されることを前提とします。そして、次の対立仮説H_1が採択されることが期待されるのです。

H_1：パス図で示した関係モデルは誤りである

しかし、上の例からわかるように、SEMの場合には、帰無仮説H_0が棄却されては困ります。せっかく作ったモデルなのですから、棄却されないことが期待されるのです。したがって、SEMで行うχ^2検定は、通常の統計学で行う検定とは考え方が逆になっていることになります。

> **MEMO** χ^2分布の上側5%点の求め方
>
> χ^2分布の上側5%の値は、χ^2分布表を利用して求められます。また、マイクロソフト社のExcelを利用しても、簡単に求められます。CHIINVという関数が用意されているからです。下図は、その使用例です。
>
> | | A | B | C | D |
> |---|---|---|---|---|
> | 1 | | χ^2分布の上側5%点 | | |
> | 2 | | | | |
> | 3 | | 自由度 | n | 上側5%点 |
> | 4 | | 3 | 5% | 7.815 |
>
> D4: =CHIINV(C4,B4)　　上側5%の値はCHIINV関数を利用。

（注）Excel2007ユーザとの互換性を考えてCHIINV関数を利用しましたが、Excel2010ユーザはCHISQ.INV関数を用いるとよいでしょう。

Reference

【参 考】

AMOSを試してみよう

　本書では、数値的な解をExcelで求めました。そこでは、パス図に描いたモデルから分散共分散の理論式を求め、Excelのワークシートのセルにその関数式を入力しました。汎用ソフトのExcelを用いたのですから、その程度の煩わしさは仕方のないことでしょう。また、SEMの仕組みがよく見えたと思います。

　ところで、本書が解説したSEMには専用のソフトがいくつか作成されています。それらの多くはモデルを定義するだけで、結果を算出してくれます。特にAMOSという専用ソフトはモデルをパス図の形で入力できます。すなわち、パス図を描くだけで、SEMが実行されるのです。

　AMOSには、学生版（Student Version）として、「お試し版」（無料）が用意されています（下記ホームページ）。多少制限が付けられていますが、共分散構造分析に親しむには十分です。試してみてください。

（注）英語版の提供です。IBM社の出している製品版には日本語版があります。

http://www.amosdevelopment.com/download/index.htm

第6章
判別分析

グループ（すなわち群）に分けられた資料があるとします。その分かれ方を調べると、資料に隠れた貴重な情報が得られることがあります。その隠れた情報の抽出術を調べましょう。それが判別分析です。

6-1 判別分析とは
～データの群分けを最適に判断する技法

　資料の中の各個体がいくつかのグループに分けられているとき、その分類の基準をあぶり出すのが判別分析です。その基準を見ることで、変量の特徴やデータの性質が見えてきます。

　グループの分類として、たとえば、スーパーで売られている鶏卵の大小の判別を考えてみましょう。この判別は簡単です。重さだけを量ればよいからです（下表参照）。

分類	基準
L	64グラム以上、70グラム未満であるもの
M	58グラム以上、64グラム未満であるもの
MS	52グラム以上、58グラム未満であるもの
S	46グラム以上、52グラム未満であるもの

（注）農林水産省の「鶏卵の取引規格」による。

　このように、分類のための変量が一つの場合の判別は、大変容易です。基準が明確に示せるからです。

　では、鶏卵の判別に重さ以外の要素を加えたらどうでしょうか？　例えば「高さ」を加わえて、「スリム卵」と「メタボ卵」とに分類する問題に変えてみましょう。すると、分類の問題は急に難しくなります。

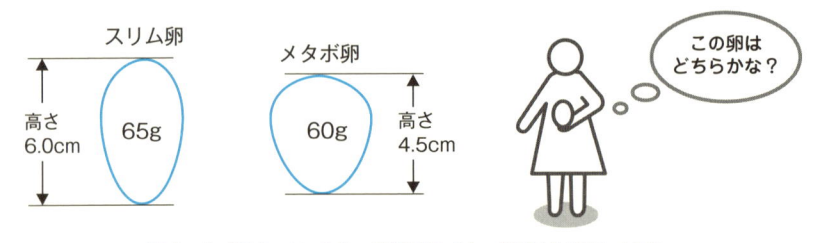

「重さ」と「高さ」という2つの情報が入ると、判別は急に難しくなる。

問題が難しくなるのは、卵の持つデータが「重さ」、「高さ」という多変量データになるからです。1変量のときと異なり、簡単には区別の基準が示せません。多変量データを持つ個体の分類基準はどれに重きを置くかによって無限に異なるからです。1変量のデータの分類が単純であるここととは対照的です。このとき活躍するのが**判別分析**です。与えられた資料を基に、区切り方の最適な基準を明確に提示します。また、その基準を調べることで、変量の関係が見えてきます。

2つの代表的な判別分析法

現在、いろいろな種類の判別分析が活用されています。これら多くの判別分析の基本になるのが次の2つの分析術です。

(1) 線形判別関数を用いた判別分析
(2) マハラノビスの距離を用いた判別分析

本章ではこれら2つの基本技法を調べることにします。これら2つを理解していれば、他への応用は容易でしょう。

MEMO　メタボ判別とBMI指数

本文では「卵の肥満度」に言及しましたが、人間の肥満度を示す指標として有名なものがBMI指数です。これは次のように定義されます。

BMI指数＝体重（kg）÷（身長(m)）^{2}

例えば体重が65kgで身長170cmの場合、次の値になります。

BMI指数＝ 65 ÷ 1.7^2 ≒ 22.5

通常、BMI指数が25以上を肥満と判定します。

さて、ここで注意すべきことは「身長」と「体重」という2変量をBMI指数という1変量に変換していることです。すなわち情報の縮約化を行っているのです。本節で調べる判別分析も、考え方はこれに似ています。異なる点は、BMI指数が経験的な情報の縮約化なのに対して、判別分析は数学的な情報の縮約化であることです。

6-2 相関比
～2群の離れ具合を表現する相関比

判別分析の基本技法の一つに「線形判別式を用いた判別分析」があります。その分析の要となるのが**相関比**です。2変量の相関を表す「相関係数」（1章§4）と似た単語ですが、中身は大きく異なります。本節では、この相関比について調べましょう。

具体例で調べる

話を簡単にするために、1変量について考えてみましょう。次の資料はある大学1年生男女各10人の身長（単位はcm）のデータです。

女子		男子	
番号	身長	番号	身長
1	151.1	11	184.9
2	155.9	12	181.3
3	159.4	13	171.4
4	154.6	14	168.6
5	162.9	15	162.3
6	158.3	16	179.9
7	171.7	17	179.5
8	160.8	18	173.4
9	153.4	19	167.9
10	161.2	20	177.9

ある大学1年生男女各10人の身長（単位はcm）。

この資料を直線上に並べてみましょう。次の図が得られます。中央付近で、男女が混じっていることに留意してください。

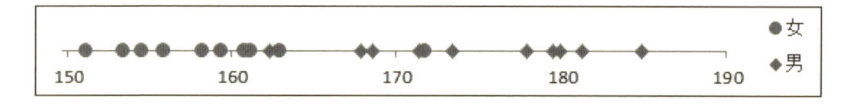

このように、2群が混じっている場合に、どこで区切るかの合理的な判断基準を示す指標が求められます。

一般的に、1変量のデータにおいては、2群のデータは下図のように分類できます。（具体化するために、2群を男と女の群と仮定しています。）

完全に分離　　混じる部分がある　　完全に混じる

これら3つの場合をしっかり数値的に区別できる指標が求められます。その指標が**相関比**です。以下に、この相関比を定義してみましょう。

● 分散の分離

一般的に次の資料を見てみます。これは、2群P、Qを対象に、ある1変量zについての調査資料です。

個体	z	群
1	z_1	P
2	z_2	P
…	…	…
m	z_m	P
$m+1$	z_{m+1}	Q
…	…	…
$n-1$	z_{n-1}	Q
n	z_n	Q

2群P、Qを対象にした変量zについての資料。

群Pには個体番号1からmまでのn_P個（$=m$個）のデータが所属し、群Qには個体番号$m+1$からnまでのn_Q個（$=n-m$個）のデータが所属しています。

ここで、多変量解析の常とう手段である**変動**に着目します（1章§2）。それをS_Tと置くことにします。変動とは資料の散らばりを表す指標であり、偏差の平方和です。それを個体数で割ったものが分散です。上の資料について、この変動S_Tは次のように表せます。

$$S_T = (z_1-\bar{z})^2 + \cdots + (z_i-\bar{z})^2 \cdots + (z_m-\bar{z})^2$$
$$+ (z_{m+1}-\bar{z})^2 + \cdots + (z_j-\bar{z})^2 + \cdots + (z_n-\bar{z})^2 \quad \cdots (1)$$

ここで、zの平均値を$\bar{z}$で表しています。このS_Tは資料全体に関する変量zの変動なので、**全変動**と呼びます。

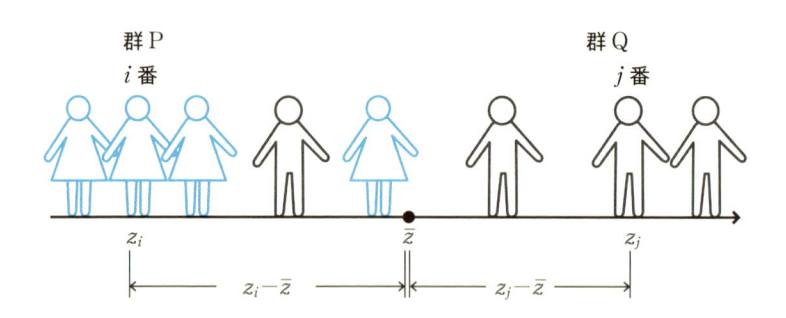

この全変動S_Tをアレンジしましょう。

群P、Qに関する変量zの平均値を各々$\bar{z}_P$、$\bar{z}_Q$とします。そして、群Pに属する個体番号iについて、次のように変形します。

$$z_i - \bar{z} = z_i - \bar{z}_P + \bar{z}_P - \bar{z} \quad (i=1, 2, \cdots, m)$$

また、群Qに属する個体番号jについても、同様の変形をします。

$$z_j - \bar{z} = z_j - \bar{z}_Q + \bar{z}_Q - \bar{z} \quad (j=m+1, m+2, \cdots, n)$$

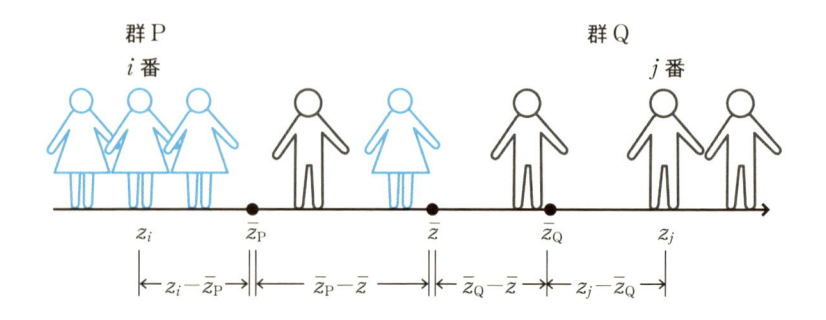

(1)式で示した全変動の各項について、以上の変形を群P、Qごとに施すと、S_Tは次のように変形されます。

$$S_\mathrm{T} = (z_1 - \bar{z}_\mathrm{P} + \bar{z}_\mathrm{P} - \bar{z})^2 + \cdots + (z_m - \bar{z}_\mathrm{P} + \bar{z}_\mathrm{P} - \bar{z})^2$$
$$+ (z_{m+1} - \bar{z}_\mathrm{Q} + \bar{z}_\mathrm{Q} - \bar{z})^2 + \cdots + (z_n - \bar{z}_\mathrm{Q} + \bar{z}_\mathrm{Q} - \bar{z})^2$$

この式の各項を次のように展開してみましょう。

$$(z_i - \bar{z}_\mathrm{P} + \bar{z}_\mathrm{P} - \bar{z})^2 = (z_i - \bar{z}_\mathrm{P})^2 + 2(z_i - \bar{z}_\mathrm{P})(\bar{z}_\mathrm{P} - \bar{z}) + (\bar{z}_\mathrm{P} - \bar{z})^2$$
$$(z_j - \bar{z}_\mathrm{Q} + \bar{z}_\mathrm{Q} - \bar{z})^2 = (z_j - \bar{z}_\mathrm{Q})^2 + 2(z_j - \bar{z}_\mathrm{Q})(\bar{z}_\mathrm{Q} - \bar{z}) + (\bar{z}_\mathrm{Q} - \bar{z})^2$$

これを元の(1)式に代入し整理すると、全変動S_Tは次のように二つの部分S_B、S_Wに分離できます。ここで、前にも調べたように、n_Pは群Pに含まれる個体数($= m$)を、n_Qは群Qに含まれる個体数($= n - m$)を表します。

$$S_\mathrm{T} = S_\mathrm{B} + S_\mathrm{W} \quad \cdots (2)$$

$$S_\mathrm{B} = n_\mathrm{P}(\bar{z}_\mathrm{P} - \bar{z})^2 + n_\mathrm{Q}(\bar{z}_\mathrm{Q} - \bar{z})^2 \quad \cdots (3)$$

$$S_W = (z_1 - \bar{z}_\mathrm{P})^2 + \cdots + (z_m - \bar{z}_\mathrm{P})^2 + (z_{m+1} - \bar{z}_\mathrm{Q})^2 + \cdots + (z_n - \bar{z}_\mathrm{Q})^2 \quad \cdots (4)$$

(注)以上の式変形には次の関係を利用しています。
$$(z_1 - \bar{z}_\mathrm{P}) + \cdots + (z_m - \bar{z}_\mathrm{P}) = 0, \quad (z_{m+1} - \bar{z}_\mathrm{Q}) + \cdots + (z_n - \bar{z}_\mathrm{Q}) = 0$$

● 群の離れ具合を示す群間変動

こうして、全変動S_Tは二つの部分S_BとS_Wに分解されました。S_Bを**群間変動**と呼び、S_Wを**群内変動**と呼びます。

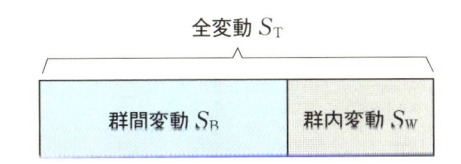

全変動 S_T

| 群間変動 S_B | 群内変動 S_W |

(注)群間変動を級間変動、群内変動を級内変動とも呼びます。

これら2つの部分を解釈してみましょう。まず、(3)式で表されるS_Bを調べてみます。

(3)式の中の$\bar{z}_\mathrm{P} - \bar{z}$は群Pの平均値$\bar{z}_\mathrm{P}$と全体の平均値$\bar{z}$の差です。したがって、$n_\mathrm{P}(\bar{z}_\mathrm{P} - \bar{z})^2$は群P全体がどれだけ資料の中心から離れているかを表しています。同様に、$n_\mathrm{Q}(\bar{z}_\mathrm{Q} - \bar{z})^2$は群Q全体がどれだけ資料の中心から離

れているかを表しています。すると、それらの和の S_B は **2群がどれくらい離れているかを表す量** と考えられます。これが大きければ、2つの群は離れて見えることになります。以上の意味で、S_B を「群間変動」と呼ぶのです。

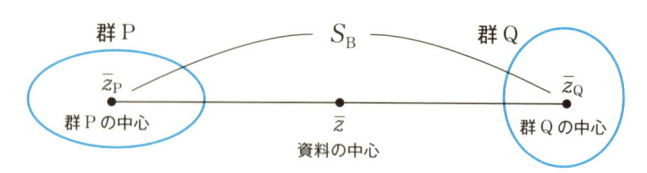

S_B は2群がどれくらい離れているかを表す。

群のまとまり具合を示す群内変動

次に、(4)式で示される S_W を調べてみましょう。和の各項は次の意味を持ちます。

$(z_1 - \bar{z}_P)^2 + \cdots + (z_m - \bar{z}_P)^2$ … 群Pの中の変動

$(z_{m+1} - \bar{z}_Q)^2 + \cdots + (z_n - \bar{z}_Q)^2$ … 群Qの中の変動

変動は「散らばり具合」を表す指標です。そこで S_W は各群の中の「散らばり具合」を、別の言い方をすれば群の「まとまり具合」を表しています。この意味で、S_W を **群内変動** と呼ぶのです。これが小さいと、群はよくまとまっていること、すなわち2群はよく分離されていることを表します。

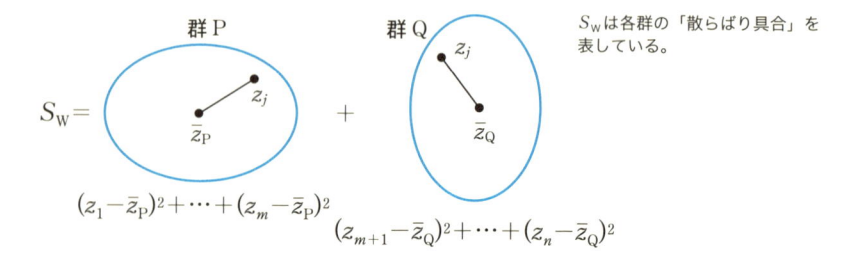

S_W は各群の「散らばり具合」を表している。

$S_W = (z_1 - \bar{z}_P)^2 + \cdots + (z_m - \bar{z}_P)^2 + (z_{m+1} - \bar{z}_Q)^2 + \cdots + (z_n - \bar{z}_Q)^2$

全変動に占める群間変動の割合が相関比 η^2

(1)式で与えられる全変動 S_T は、(2)式が示すように、2つの部分に分け

られました。(3)式に示された2群の離れ具合を与える S_B（群間変動）と、(4)式に示された各群内のまとまりを表す S_W（群内変動）との2部分です。

ここで、次の比 η^2 を調べてみましょう。

$$\eta^2 = \frac{S_B}{S_T} \quad \cdots (5)$$

この比 η^2 を**相関比**といいます。

(注) η はギリシャ文字で「イータ」と読まれます。η そのものを相関比と呼ぶ文献もあります。

$$\text{相関比 } \eta^2 = \frac{S_B \quad S_W}{S_T = S_B + S_W}$$

この定義(5)から明らかなように、次の性質が成り立ちます。

$$0 \leq \eta^2 \leq 1 \quad \cdots (6)$$

相関比 η^2 の性質

この(6)式が示すように、相関比 η^2 は0と1の間の数です。その値が1に近いとき、全変動 S_T の中で、2群の距離 S_B の占める割合は大きいことになります。このとき群内の変動 S_W は小さくなり、各群は小さく固まります。すなわち、相関比 η^2 が1に近いとき、2群ははっきりと分離されるのです。

逆に、相関比 η^2 が0に近いときは、2群の距離 S_B の占める割合は小さくなり、群内の変動 S_W は大きくなります。2群は大きく重なっていることを表すのです。

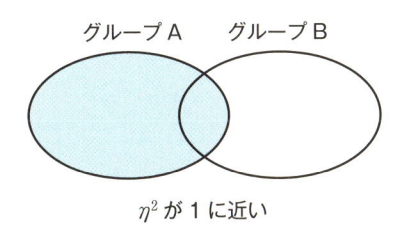

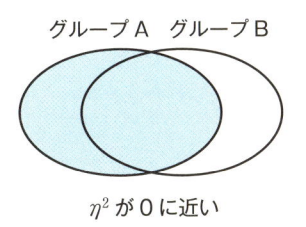

グループA　グループB　　　　グループA　グループB

η^2 が1に近い　　　　　　　η^2 が0に近い

以上より、相関比 η^2 は資料内の2群の離れ具合をよく表現する指標であることがわかりました。この相関比 η^2 がどのように利用されるのかについては次節で調べることにします。

● 実際に計算してみよう

では、本節の最初に掲げた資料について、実際に相関比 η^2 を算出してみましょう（右に再掲）。これまで変量 z と表記したものは、この資料では「身長」が対応します。

まず、基本データを求めてみましょう。

資料の全平均 $\bar{z} = 166.8$

女子平均 $\bar{z}_\mathrm{P} = 158.9$

男子平均 $\bar{z}_\mathrm{Q} = 174.7$

また、個体数 n_P, n_Q は、

$n_\mathrm{P} = n_\mathrm{Q} = 10$

女子		男子	
番号	身長	番号	身長
1	151.1	11	184.9
2	155.9	12	181.3
3	159.4	13	171.4
4	154.6	14	168.6
5	162.9	15	162.3
6	158.3	16	179.9
7	171.7	17	179.5
8	160.8	18	173.4
9	153.4	19	167.9
10	161.2	20	177.9

以上の準備のもとで、計算を実行してみましょう。

全変動　$S_\mathrm{T} = (151.1 - 166.8) + \cdots + (177.9 - 166.8)^2 = 2010.7$

群間変動 $S_\mathrm{B} = 10(158.9 - 166.8)^2 + 10(174.7 - 166.8)^2 = 1245.0$

以上から、

$$\eta^2 = \frac{S_\mathrm{B}}{S_\mathrm{T}} = \frac{1245.0}{2010.7} = 0.62$$

もう一度、男女の身長の分布を図示してみましょう。

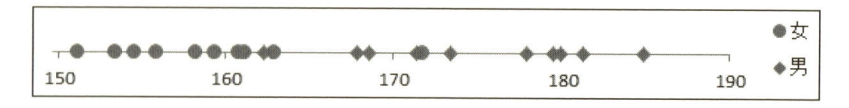

男女2群の離れ具合を示す相関比 η^2 が0.62は、これ位の分離度を表しているわけです。

6-3 線形判別分析のしくみ
～相関比が最大になるような変量の合成

本節では**線形判別分析**と呼ばれる分析術を調べることにします。

判別分析とは、複数群に分けられる資料から、群の明確な区分の基準を求める分析術です。その基準となる式を1次式で表現するのが「線形判別分析」です。この式を調べることで、群と変量との関係が明確になります。本書では、その基本となる2群の線形判別分析について調べることにします。

● 具体例でイメージ作成

本節ではある大学生男女10人の体格の資料を調べます。

番号	身長	体重	性別	番号	身長	体重	性別
1	151.1	43.7	女	11	184.9	75.5	男
2	155.9	46.2	女	12	181.3	78.9	男
3	159.4	49.5	女	13	171.4	66.2	男
4	154.6	56.3	女	14	168.6	61	男
5	162.9	50.9	女	15	162.3	55.7	男
6	158.3	63.5	女	16	179.9	80.6	男
7	171.7	59.8	女	17	179.5	66.1	男
8	160.8	51.7	女	18	173.4	61.2	男
9	153.4	58.3	女	19	167.9	61.3	男
10	161.2	46.8	女	20	177.9	77.2	男
	(cm)	(kg)			(cm)	(kg)	

> **MEMO 相関比と相関係数**
>
> 相関比と相関係数は、英語でも混乱しやすい名称がつけられています。相関比（correlation ratio）、相関係数（correlation coefficient）どちらも重要な指標なので、しっかり区別してください。

この相関図を示してみましょう。男女のデータが重なっている箇所があります。前節（§2）でも調べたように、群に分けられた多くの多変量資料では、相関図上でこのように重なりの部分があるのが普通です。

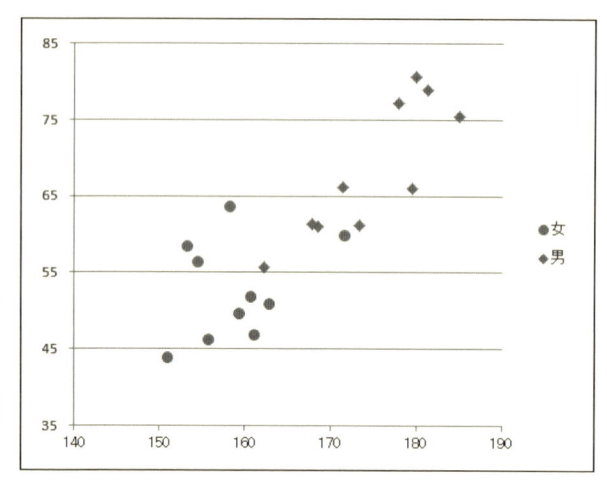

男女を●、◆で区別した相関図。

判別分析はこれら2群を数学的に分離し、その分離の判断基準をあぶり出すことが目標になります。線形判別分析はこの分離を直線で行います。すなわち、多少の犠牲を無視しても、バサッと直線で2群を分割するのです。

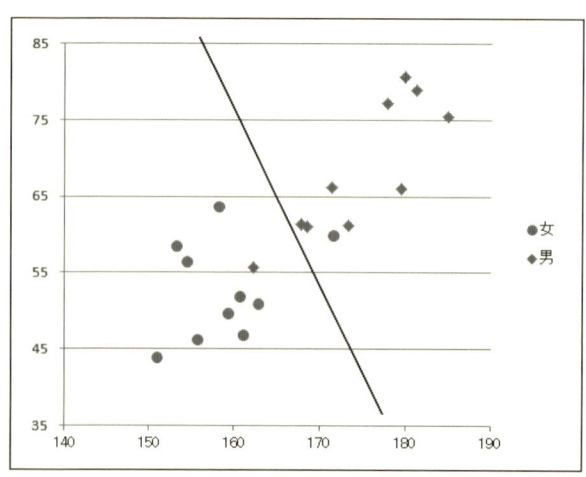

男女の点列を1本の直線で分割。この直線を合理的に求めるのが線形判別分析。

（注）3変量の場合は平面が、3変量以上の場合には超平面が、この直線の役割を果たします。因みに、超平面とは3次元空間の平面を n 次元空間に拡張した平面のこと。

群が離れて見える変量を合成

では、どうやって分割直線を合理的に求めるられるのでしょうか。簡潔化と一般化のために、「女」、「男」の群を各々P、Qと、「身長」、「体重」をx、yと表すことにして、話を進めましょう。

問題解決の原理は、2群P、Qができるだけ離れて見えるような新変量を合成することです。そうすれば、その新変量を利用して2つの群を分離することが容易だからです。

その新変量をzとして、次のように1次式で表してみましょう。これが線形判別分析の基本となる線形判別関数です。

$$z = ax + by + c \quad (a, b, c は定数) \quad \cdots (1)$$

これは1次式の形をしています。すなわち直線や平面を表す式です。

(注) a、bを判別係数といいます。

この(1)式の中の定数a、bは2群P、Qが最も離れるように決定します。このような変量が見つかれば、簡単に二つの群を分離できます。

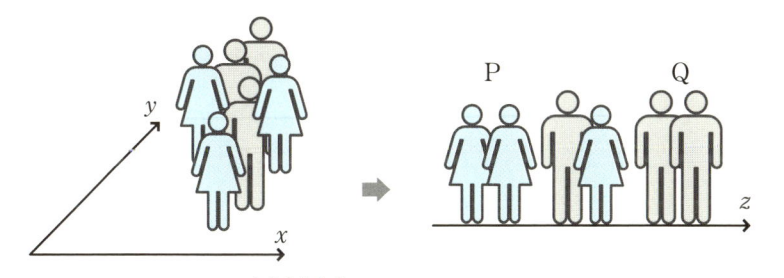

P、Qができるだけ離れて見えるような新変量zを調べれば、2群の分割は容易。

> **MEMO 判別分析と主成分分析**
>
> 分析しやすい立場に立つ変量を合成するという技法は主成分分析（3章）のときにも利用しました。主成分分析のときには、個々のデータが離れて見える変量を探しました。判別分析では、2群が離れて見えるような変量zを探すのです。

🔵 変量合成の原理は相関比の最大化

「2群が最も遠ざかって見えるようする」という決定の原理から、どうやって線形判別関数(1)の定数a、bを決定すればよいでしょうか。そこで登場するのが、前節（§2）で調べた相関比η^2です。

$$\eta^2 = \frac{S_B}{S_T} \quad （S_Tは全変動、S_Bは群間変動）\quad \cdots (2)$$

相関比η^2とは二つの群の離れ具合を与える指標です。η^2が大きいほど2群は離れていることを表します。線形判別関数(1)を決定する武器として好都合です。2群の離れ具合を調べる合成変量zの相関比η^2が最大になるように、定数a、bを決定すればよいからです。

（注）定数cについては、後で考えます。

🔵 具体例を用いて計算

相関比(2)の分母S_Tを求めてみます。S_Tは(1)式で与えられた新変量zの全変動で（§2）、資料から次のように得られます。

$$\begin{aligned}
S_T &= (z_1-z)^2 + \cdots + (z_n-z)^2 \\
&= (ax_1+by_1+c-a\bar{x}-b\bar{y}-c)^2 + \cdots + (ax_n+by_n+c-a\bar{x}-b\bar{y}-c)^2 \\
&= \{a(x_1-\bar{x})+b(y_1-\bar{y})\}^2 + \cdots + \{a(x_n-\bar{x})+b(y_n-\bar{y})\}^2 \\
&= a^2\{(x_1-\bar{x})^2 + \cdots + (x_n-\bar{x})^2\} \\
&\quad + 2ab\{(x_1-\bar{x})(y_1-\bar{y}) + \cdots + (x_n-\bar{x})(y_n-\bar{y})\} \\
&\quad + b^2\{(y_1-\bar{y})^2 + \cdots + (y_n-\bar{y})^2\} \\
&= na^2 s_x^2 + 2nab s_{xy} + nb^2 s_y^2 \quad \cdots (3)
\end{aligned}$$

ここで、nは資料の個体数、$\bar{z}$、$\bar{x}$、$\bar{y}$は各々変量z、x、yの平均値、s_x^2、s_y^2は各々変量x、yの分散、s_{xy}は変量x、yの共分散、を表します。

先に掲載した男女の体格の資料を利用して、実際に(3)の全変動S_Tを求めてみましょう。資料から

$$n=20,\ s_x^2=100.5,\ s_{xy}=91.6,\ s_y^2=116.6$$

(3)に代入して、S_Tはa、bの式として次のように求められます。

$$S_\mathrm{T} = 20(100.5a^2 + 183.2ab + 116.6b^2) \quad \cdots (4)$$

次に、相関比(2)の分子S_Bを見てみましょう。§2で調べたように、新変量zの群間変動S_Bは次のように表されます。

$$S_\mathrm{B} = n_\mathrm{P}(\bar{z}_\mathrm{P} - \bar{z})^2 + n_\mathrm{Q}(z_\mathrm{Q} - \bar{z})^2 \quad \cdots (5)$$

ここで、n_P、n_Qは各々女男の個体数を、$\bar{z}_\mathrm{P}$、$\bar{z}_\mathrm{Q}$は各々女男の群内の変量zの平均値を表します。線形判別関数(1)を(5)に代入して、

$$\begin{aligned}
S_\mathrm{B} &= n_\mathrm{P}(a\bar{x}_\mathrm{P} + b\bar{y}_\mathrm{P} + c - a\bar{x} - b\bar{y} - c)^2 \\
&\quad + n_\mathrm{Q}(a\bar{x}_\mathrm{Q} + b\bar{y}_\mathrm{Q} + c - a\bar{x} - b\bar{y} - c)^2 \\
&= n_\mathrm{P}\{a(\bar{x}_\mathrm{P} - \bar{x}) + b(\bar{y}_\mathrm{P} - \bar{y})\}^2 + n_\mathrm{Q}\{a(\bar{x}_\mathrm{Q} - \bar{x}) + b(\bar{y}_\mathrm{Q} - \bar{y})\}^2 \quad \cdots (6)
\end{aligned}$$

$\bar{x}_\mathrm{P}$、$\bar{y}_\mathrm{P}$、$\bar{x}_\mathrm{Q}$、$\bar{y}_\mathrm{Q}$は各々女男の群内の変量x、yの平均値を表します。

再び、先に掲載した男女の体格の資料を利用して、実際に(6)の群間変動S_Bを求めてみましょう。資料から

$$\left.\begin{aligned}
&n_\mathrm{P} = 10、n_\mathrm{Q} = 10、\bar{x} = 166.8、\bar{y} = 60.5 \\
&\bar{x}_\mathrm{P} = 158.9、\bar{y}_\mathrm{P} = 52.7、\bar{x}_\mathrm{Q} = 174.7、\bar{y}_\mathrm{Q} = 68.4
\end{aligned}\right\} \quad \cdots (7)$$

これを(6)に代入して、

$$S_\mathrm{B} = 10\{-7.9a - 7.9b\}^2 + 10\{7.9a + 7.9b\}^2 = 20(7.9a + 7.9b)^2 \quad \cdots (8)$$

以上の結果(4)、(8)を(2)の相関比の式に代入してみます。

$$\eta^2 = \frac{S_\mathrm{B}}{S_\mathrm{T}} = \frac{20(7.9a + 7.9b)^2}{20(100.5a^2 + 183.2ab + 116.6b^2)} \quad \cdots (9)$$

ここで、次のように置き換えてみましょう。

$$t = \frac{a}{b} \quad \cdots (10)$$

すると、(9)式は1変数tだけの関数になります。

$$\eta^2 = \frac{(7.9t + 7.9)^2}{100.5t^2 + 183.2t + 116.6} \quad \cdots (11)$$

tを横軸にして、(11)式のグラフを描いてみましょう。

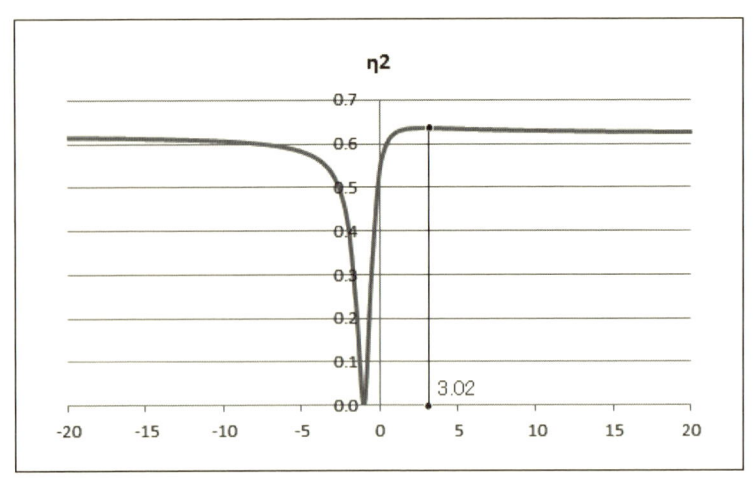

η^2 のグラフ。
$t=a/b=3.02$
で最大になる。この値は(11)式を微分して求めるか、パソコンで数値的に求める（詳細は§4、5）。

このグラフから、次のときに相関係数 η^2 が最大になることがわかります。

$$t = \frac{a}{b} = 3.02 のとき、最大の \eta^2 = \frac{(7.9t+7.9)^2}{100.5t^2 + 183.2t + 116.6} = 0.63 \quad \cdots (12)$$

● 解確定のために合成変量 z の分散を仮定

ところで、(10)の形を見ればわかるように、相関比の最大化の条件からは a、b の比しか値が確定しません。そこで、次のような条件を付けるのが普通です。

$$S_\mathrm{T} = na^2 s_x^2 + 2nabs_{xy} + nb^2 s_y^2 = n \quad \cdots (13)$$

この(13)式は合成変量 z の分散を1とする条件と等価です。(4)式から

$$20(100.5a^2 + 183.2ab + 116.6b^2) = 20$$

この条件と(12)から、a、b は次のように求められます。

$$a = 0.076、b = 0.025 \quad \cdots (14)$$

（注）(13)の条件を付けても、a、b の符号の任意性が残ります。ここでは a が正符号の解を採用しました。a が負の符号を採用しても、実質的な結果は同じになります。

定数項決定の原理は相関比とは別

結果の式(14)を線形判別関数(1)に代入してみましょう。

$$z = 0.076x + 0.025y + c \quad \cdots (15)$$

さて、相関比(2)に含まれる式は変動、すなわち偏差平方和で構成されています。そこで、この合成変量(15)の定数項cは相関比(2)からは消えてしまいます。定数項cは相関比の論理からは決められないのです！

そこで、定数項cは合成変量zの解釈がしやすいように決定されます。いくつかの有名な決め方がありますが、ここでは次の条件で決定することにします。

$$\frac{\bar{z}_P + \bar{z}_Q}{2} = 0 \quad \text{すなわち} \quad \bar{z}_P + \bar{z}_Q = 0 \quad \cdots (16)$$

2群の平均値（すなわち重心）の中点が原点に来るようにする方法です。こうすることで、下図のように2群が明確に分離されているとき、2群がzの正負で区別できるようになるからです。

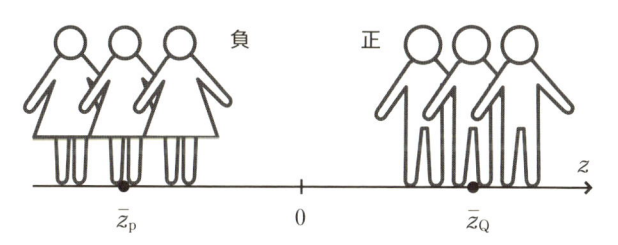

z軸の原点が2群の平均値（すなわち重心）の中点になるように定数項cを決定すとると、2群はzの正負で区別できるようになる。

では、この条件(16)を満たすように定数項cを決定してみましょう。線形判別関数$z = ax + by + c$に2群の平均値を代入して、

$$\bar{z}_P = a\bar{x}_P + b\bar{y}_P + c, \quad \bar{z}_Q = a\bar{x}_Q + b\bar{y}_Q + c$$

これから

$$\frac{\bar{z}_P + \bar{z}_Q}{2} = a\frac{\bar{x}_P + \bar{x}_Q}{2} + b\frac{\bar{y}_P + \bar{y}_Q}{2} + c$$

条件(16)を代入して、次の関係が得られます。

$$c = -a\frac{\overline{x}_P + \overline{x}_Q}{2} - b\frac{\overline{y}_P + \overline{y}_Q}{2}$$

こうして、線形判別関数 $z = ax + by + c$ の定数項 c が決定されました。

実際の資料で見てみましょう。(7)、(14)式を代入して、

$$c = -0.076 \times \frac{158.9 + 174.7}{2} - 0.025 \times \frac{52.7 + 68.4}{2} = 14.17$$

これを(15)に代入してみましょう。

$$z = 0.076x + 0.025y - 14.17 \quad \cdots (17)$$

こうして、先の資料における線形判別関数が決定されました。

線形判別関数 $z = 0$ は2群の境界線を表す

(17)のように決定された定数項 c を持つ線形判別関数で、$z = 0$ と置いてみましょう。その図を式の下に描きました。

$$0.076x + 0.025y - 14.17 = 0 \quad \cdots (18)$$

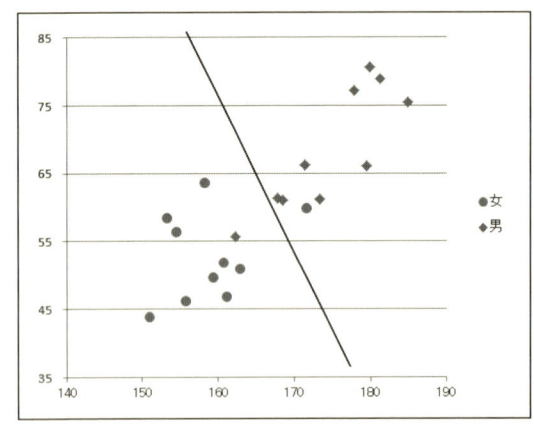

直線(17)を相関図上に描く。

(16)式を設定する際に調べたように、$z = 0$ は2群を上手に分割するはずです。実際、図から直線(18)がこの目的を果たしていることがわかります。ちなみに、後の判別得点で確認しますが、直線の右上側が $z > 0$ の領域を、左下側が $z < 0$ の領域を、表しています。

結果を見てみる

線形判別関数は左に示した(17)式のように決定されました。

いま見たように、$z>0$の領域は男子を、$z<0$の領域は女子を表します。すなわち、zが大きいと男子を、zが小さいと女子を表すのです。ところで、この(17)式を見ると、「身長」x、「体重」yが大きくなると、zも大きくなります。したがって、この新変量zは「体格」を表しています。そして、「体格」zが大きいと男子を、小さいと女子を表しているのです。すなわち、「体格」が男女を最もよく区別する判定条件だったのです。

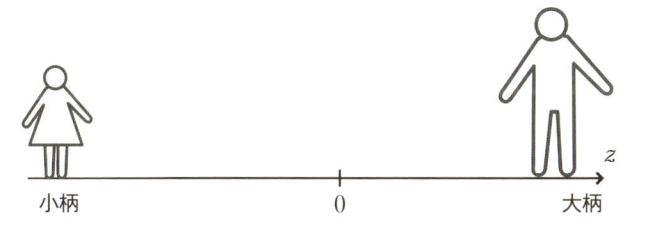

新変量zは体格を表す。体格が大きいと男子を、小さいと女子を表すことになる。

「身長」を表す変量xの係数が「体重」を表す変量yの係数の約3倍です。すなわち、男女をよく区別できるように合成した変量zには、身長が体重より3倍の大きさで寄与しています。男女を区別する要素は体重より身長であることがわかります。

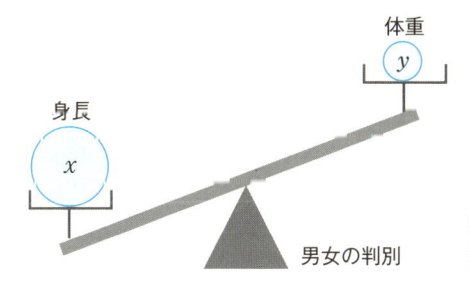

男女を区別する要素は体重より身長であることが線形判別関数を見ることでわかる。

このように、線形判別関数の形を見ることで、群の判別に寄与する変量の重要度がわかるのです。

判別得点は群所属の判別の目安

線形判別関数の値 z を各個体について求めてみましょう。この値を**判別得点**といいます。その表を示します。

番号	性別	判別得点 z	番号	性別	判別得点 z
1	女	-1.61	11	男	1.75
2	女	-1.19	12	男	1.56
3	女	-0.84	13	男	0.49
4	女	-1.03	14	男	0.15
5	女	-0.54	15	男	-0.46
6	女	-0.57	16	男	1.50
7	女	0.35	17	男	1.10
8	女	-0.68	18	男	0.52
9	女	-1.07	19	男	0.10
10	女	-0.77	20	男	1.26

全個体についての z の値、すなわち、判別得点を示す。正の値が男子を、負の値が女子を表す。

先に示したように、判別得点 z の正負で群分けができるように、定数 c を決めました。すなわち、正の判別得点を持つ学生は「男」であり、負の判別得点を持つ学生は「女」のようにしたのです。

この観点で表を見ると、学籍番号7の女子学生は「男」と判別されています。また、学籍番号15の男子学生は「女」と判別されています。判別結果に誤りがあるのです。これは、直線で単純に区別する以上、仕方のないことでしょう。実際、(12)式から相関比は0.63です。相関比0.63の正確さがこれ位であることを覚えておくと、新たな資料分析をして相関比 η^2 が得られたときの参考になるでしょう。

6-4 線形判別分析の計算の実際 〜パソコンで解いてみる

前節（§3）では、2変量の資料に関する線形判別分析の考え方を調べました。その考え方は3変量以上でも通用します。ところで、§3では手計算で判別分析を行いました。本節ではパソコンで解く方法を調べましょう。ここでも、利用するソフトウェアはExcelアドインの「ソルバー」です。

● 線形判別分析のまとめ

線形判別分析の原理を復習してみます。

この判別法は、2群P、Qが分離して見える1次式を用いて、資料を分析する方法です。2変量x、yの場合、次の1次式を考えました。

$$z = ax + by + c \quad \cdots (1)$$

これが「線形判別関数」です。この関数の係数は全変動S_Tに占める群間変動S_Bの割合が最大になるように決定されます。この割合を「相関比」と呼び、η^2で表します。ここで各記号は次のようにまとめられます。

全変動　：$S_T = (z_1 - \bar{z})^2 + (z_2 - \bar{z})^2 + \cdots + (z_n - \bar{z})^2$

群間変動：$S_B = n_P(\bar{z}_P - \bar{z})^2 + n_Q(\bar{z}_Q - \bar{z})^2$

相関比　：$\eta^2 = \dfrac{S_B}{S_T} \quad \cdots (2)$

記号	意味
z_i	(1)で定義されたzのi番目の個体の値（判別得点）
n、n_P、n_Q	順に、資料全体、群P、群Qの個体数
$\bar{z}$、$\bar{z}_P$、$\bar{z}_Q$	順に、全体、群P、群Qに関する(1)の変量zの平均値

解の任意性を排除するために次の条件も付けたことに注意してください。

$S_T = n$　すなわちzの分散は1　$\cdots (3)$

また、(1)式の定数項 c は、2群P及びQに関する(1)式 z の各平均値の中点が原点になるように決定されます。

以上のように整理しておくと、3変量以上でも2変量と同様に線形判別関数が得られます。以下に、§3でも調べた2変量の場合をExcelで解いてみますが、3変量以上にも容易に拡張可能であることが見えるでしょう。

● Excelのソルバーで線形判別分析

Excelのソルバーで、前節の資料を分析してみましょう。以上のように原理を整理することで、「ソルバー」で簡単に線形判別関数(1)を決定できます。下図はその実行例です。こうして、前節の結果が得られます。

$a = 0.076$、$b = 0.025$、$c = -14.17$

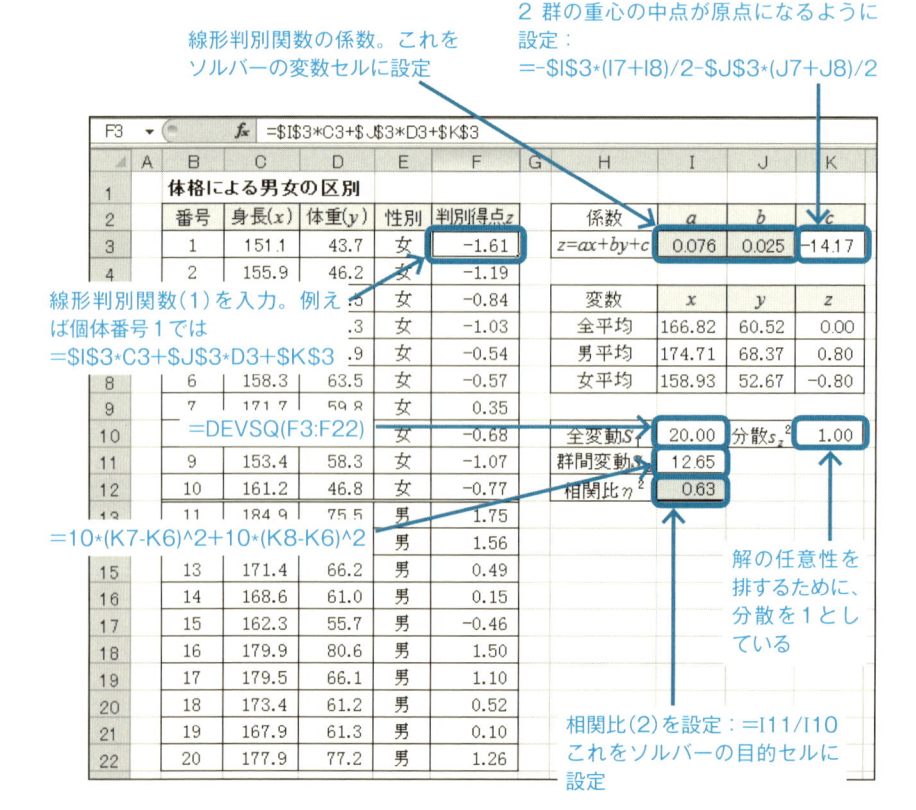

線形判別関数の係数。これをソルバーの変数セルに設定

2群の重心の中点が原点になるように設定：
=-$I$3*(I7+I8)/2-$J$3*(J7+J8)/2

線形判別関数(1)を入力。例えば個体番号1では
=$I$3*C3+$J$3*D3+$K$3

=DEVSQ(F3:F22)

=10*(K7-K6)^2+10*(K8-K6)^2

解の任意性を排するために、分散を1としている

相関比(2)を設定：=I11/I10
これをソルバーの目的セルに設定

	A	B	C	D	E	F	G	H	I	J	K
1		体格による男女の区別									
2		番号	身長(x)	体重(y)	性別	判別得点z		係数	a	b	c
3		1	151.1	43.7	女	-1.61		$z=ax+by+c$	0.076	0.025	-14.17
4		2	155.9	46.2	女	-1.19					
5		3			女	-0.84		変数	x	y	z
6		4			女	-1.03		全平均	166.82	60.52	0.00
7		5			女	-0.54		男平均	174.71	68.37	0.80
8		6	158.3	63.5	女	-0.57		女平均	158.93	52.67	-0.80
9		7	171.7	59.8	女	0.35					
10		8			女	-0.68		全変動S	20.00	分散s_z^2	1.00
11		9	153.4	58.3	女	-1.07		群間変動	12.65		
12		10	161.2	46.8	女	-0.77		相関比η^2	0.63		
13		11	184.9	75.5	男	1.75					
14		12			男	1.56					
15		13	171.4	66.2	男	0.49					
16		14	168.6	61.0	男	0.15					
17		15	162.3	55.7	男	-0.46					
18		16	179.9	80.6	男	1.50					
19		17	179.5	66.1	男	1.10					
20		18	173.4	61.2	男	0.52					
21		19	167.9	61.3	男	0.10					
22		20	177.9	77.2	男	1.26					

6-5 線形判別分析の数学的解法 〜統一的な議論が可能

多くの統計学の解説書では、線形判別関数を微分法と行列とを組み合わせて説明しています。この説明のメリットは線形判別関数の統一的な議論ができることです。本節では具体的に2変量の場合を利用して原理を調べますが、この数学的な方法は3変量以上にも簡単に一般化できることに留意してください。

2変量の場合の目標は、相関比を最大にする次の線形判別関数を求めることです。

$$z = ax + by + c \quad (a、b、c は定数) \quad \cdots (1)$$

(注) 本節の理解には解析学と線形代数の知識が必要です。もし、これらの知識を持ち合わせていない場合には読み流すか、先に付録C〜Dに目を通してください。

ラグランジュの未定係数法を利用

数学的に問題を整理してみましょう。線形判別関数(1)は相関比が最大になるように決定されます。この相関比は次のように定義されます。

$$相関比 : \eta^2 = \frac{S_B}{S_T} \quad \cdots (2)$$

ここで、S_B、S_T は(1)式の変量 z に関して次のように定義されます。

$$全変動 : S_T = (z_1 - \bar{z})^2 + \cdots + (z_n - \bar{z})^2 = na^2 s_x^2 + 2nabs_{xy} + nb^2 s_y^2$$
$$群間変動 : S_B = n_P(\bar{z}_P - \bar{z})^2 + n_Q(\bar{z}_Q - \bar{z})^2 \quad (3)$$

さらに、(1)式の係数 a、b には条件がありました。変量 z の変動値が個体数 n（すなわち変量 z の分散値が1）という次の条件(4)です（§3）。

$$S_T = na^2 s_x^2 + 2nabs_{xy} + nb^2 s_y^2 = n \quad \cdots (4)$$

以上(2)〜(4)式が線形判別関数の数学的な条件です。この条件のもとで、

(1)式を求めてみましょう。

　さて、条件式(4)の付けられた最大最小値問題はラグランジュの未定係数法が利用できます（3章§7）。すなわち、λ を定数として、次の関数 $F(a, b)$ を定義します。

$$F(a, b) = \eta^2 - \lambda(a^2 s_x^2 + 2abs_{xy} + b^2 s_y^2 - 1) \quad \cdots (5)$$

すると、条件(4)を満たしながら(2)式の η^2 が最大値を取るには、次の極値条件が必要です。

$$\frac{\partial F}{\partial a} = 0、\quad \frac{\partial F}{\partial b} = 0 \quad \cdots (6)$$

（注）ラグランジュの未定係数法については、付録Cを参照ください。

ところで、(4)の条件のもとでは、η^2 は次のように簡単になります。

$$\eta^2 = \frac{S_B}{S_T} = \frac{S_B}{n} \quad \cdots (7)$$

すると、(5)式の $F(a, b)$ は次のように表せます。

$$F(a, b) = \frac{1}{n}\{n_P(\bar{z}_P - \bar{z})^2 + n_Q(\bar{z}_Q - \bar{z})^2\} - \lambda(a^2 s_x^2 + 2abs_{xy} + b^2 s_y^2 - 1)$$

(1)式を代入して、

$$F(a, b) = \frac{1}{n}[n_P\{a(\bar{x}_P - \bar{x}) + b(\bar{y}_P - \bar{y})\}^2 + n_Q\{a(\bar{x}_Q - \bar{x}) + b(\bar{y}_Q - \bar{y})\}^2]$$
$$- \lambda(a^2 s_x^2 + 2abs_{xy} + b^2 s_y^2 - 1) \quad \cdots (8)$$

ここで、極値条件(6)をこの(8)式に適用します（記号の意味は§4参照）。

$$\left.\begin{aligned}
\frac{\partial F}{\partial a} &= 2\frac{n_P}{n}\{a(\bar{x}_P - \bar{x}) + b(\bar{y}_P - \bar{y})\}(\bar{x}_P - \bar{x}) \\
&\quad + 2\frac{n_Q}{n}\{a(\bar{x}_Q - \bar{x}) + b(\bar{y}_Q - \bar{y})\}(\bar{x}_Q - \bar{x}) - 2\lambda(as_x^2 + bs_{xy}) = 0 \\
\frac{\partial F}{\partial b} &= 2\frac{n_P}{n}\{a(\bar{x}_P - \bar{x}) + b(\bar{y}_P - \bar{y})\}(\bar{y}_P - \bar{y}) \\
&\quad + 2\frac{n_Q}{n}\{a(\bar{x}_Q - \bar{x}) + b(\bar{y}_Q - \bar{y})\}(\bar{y}_Q - \bar{y}) - 2\lambda(as_{xy} + bs_y^2) = 0
\end{aligned}\right\} \cdots (9)$$

微分の結果を行列で表現

得られた結果(9)はa、bの1次方程式です。1次方程式は次のように行列で表現すると見やすくなります。

$$\begin{pmatrix} n_P(\overline{x}_P-\overline{x})^2 + n_Q(\overline{x}_Q-\overline{x})^2 & n_P(\overline{y}_P-\overline{y})(\overline{x}_P-\overline{x}) + n_Q(\overline{y}_Q-\overline{y})(\overline{x}_Q-\overline{x}) \\ n_P(\overline{y}_P-\overline{y})(\overline{x}_P-\overline{x}) + n_Q(\overline{y}_Q-\overline{y})(\overline{x}_Q-\overline{x}) & n_P(\overline{y}_P-\overline{y})^2 + n_Q(\overline{y}_Q-\overline{y})^2 \end{pmatrix} \begin{pmatrix} a \\ b \end{pmatrix}$$

$$= \lambda \begin{pmatrix} ns_x^2 & ns_{xy} \\ ns_{xy} & ns_y^2 \end{pmatrix} \begin{pmatrix} a \\ b \end{pmatrix} \quad \cdots (10)$$

こうして固有値問題に似た問題に帰着することになりました。

行列の理論から、この方程式(10)が意味のある解を持つには次のことが必要です。

$$\{n_P(\overline{x}_P-\overline{x})^2 + n_Q(\overline{x}_Q-\overline{x})^2 - \lambda ns_x^2\}\{n_P(\overline{y}_P-\overline{y})^2 + n_Q(\overline{y}_Q-\overline{y})^2 - \lambda ns_y^2\}$$
$$- \{n_P(\overline{y}_P-\overline{y})(\overline{x}_P-\overline{x}) + n_Q(\overline{y}_Q-\overline{y})(\overline{x}_Q-\overline{x}) - \lambda ns_{xy}\}^2 = 0 \quad \cdots (11)$$

これが(5)式の未定係数λを求める方程式です。

未定係数λは相関比

λの意味を調べて見ましょう。そのために、(10)の両辺に行ベクトル$(a\ b)$を掛けてみます。

$$(a\ b)\begin{pmatrix} n_P(\overline{x}_P-\overline{x})^2 + n_Q(\overline{x}_Q-\overline{x})^2 & n_P(\overline{y}_P-\overline{y})(\overline{x}_P-\overline{x}) + n_Q(\overline{y}_Q-\overline{y})(\overline{x}_Q-\overline{x}) \\ n_P(\overline{y}_P-\overline{y})(\overline{x}_P-\overline{x}) + n_Q(\overline{y}_Q-\overline{y})(\overline{x}_Q-\overline{x}) & n_P(\overline{y}_P-\overline{y})^2 + n_Q(\overline{y}_Q-\overline{y})^2 \end{pmatrix}\begin{pmatrix} a \\ b \end{pmatrix}$$

$$= \lambda(a\ b)\begin{pmatrix} ns_x^2 & ns_{xy} \\ ns_{xy} & ns_y^2 \end{pmatrix}\begin{pmatrix} a \\ b \end{pmatrix} \quad \cdots (12)$$

左辺と右辺を計算してみます。(12)式の左辺は、(3)、(7)式を利用して、

$$左辺 = n_P\{a(\overline{x}_P-\overline{x}) + b(\overline{y}_P-\overline{y})\}^2 + n_Q\{a(\overline{x}_Q-\overline{x}) + b(\overline{y}_Q-\overline{y})\}^2$$
$$= n_P(\overline{z}_P-\overline{z})^2 + n_Q(\overline{z}_Q-\overline{z})^2 = S_B = n\eta^2$$

(12)式の右辺は、(4)式から

$$右辺 = \lambda(na^2 s_x^2 + 2nabs_{xy} + nb^2 s_y^2) = n\lambda$$

よって、次の関係が成立します。

$$\eta^2 = \lambda \quad \cdots (13)$$

(5)で導入した未定係数λは相関比と一致するのです。

実際にλを求めてみよう

ここで数値を代入してみましょう。利用する資料は、これまで調べて来た20人の大学生の身長と体重のデータとします（§3）。

番号	身長	体重	性別	番号	身長	体重	性別
1	151.1	43.7	女	11	184.9	75.5	男
2	155.9	46.2	女	12	181.3	78.9	男
3	159.4	49.5	女	13	171.4	66.2	男
4	154.6	56.3	女	14	168.6	61	男
5	162.9	50.9	女	15	162.3	55.7	男
6	158.3	63.5	女	16	179.9	80.6	男
7	171.7	59.8	女	17	179.5	66.1	男
8	160.8	51.7	女	18	173.4	61.2	男
9	153.4	58.3	女	19	167.9	61.3	男
10	161.2	46.8	女	20	177.9	77.2	男
	(cm)	(kg)			(cm)	(kg)	

この資料から、次の値が得られています（§3）。

$$\left. \begin{array}{l} n_P = 10、n_Q = 10、\bar{x} = 166.8、\bar{y} = 60.5 \\ \bar{x}_P = 158.9、\bar{y}_P = 52.7、\bar{x}_Q = 174.7、\bar{y}_Q = 68.4 \\ n = 20、s_x^2 = 100.5、s_{xy} = 91.6、s_y^2 = 116.6 \end{array} \right\} \quad \cdots (14)$$

λの方程式(11)に代入して、

$$13314\lambda^2 - 7838\lambda - 387 = 0$$

これを解いて、次のようにλの値が得られます。

$$\lambda = 0.63、-0.05$$

(13)式から、λは相関比です。目標は最大の相関比$\eta^2(>0)$を求めることなので、正の解が採用されます。したがって、

$$\lambda = \eta^2 = 0.63 \quad \cdots (15)$$

こうして、前節（§4、5）の解が得られました。

　最初に調べたように、このような数学的解のメリットは、変量数に制約されない一般的な議論ができることです。変量数が3以上の場合にも、同じ数学的な論理がそのまま適用できるのです。実際、固有値問題に似た問題(10)は容易に3変量以上に拡張できます。また、数学的な解法を用いると、(13)のように、相関比の数学的な意味も解明できます。

線形判別関数を求めてみよう

　(15)式の結果を(10)式に代入してみましょう。(14)の数値を代入して、

$$\begin{pmatrix} 1245.0 & 1238.7 \\ 1238.7 & 1232.5 \end{pmatrix} \begin{pmatrix} a \\ b \end{pmatrix} = 0.63 \begin{pmatrix} 2010.7 & 1832.1 \\ 1832.1 & 2331.7 \end{pmatrix} \begin{pmatrix} a \\ b \end{pmatrix}$$

これを展開し整理すると、

$$26.51a - 80.11b = 0 \quad \cdots (16)$$

また、(4)式に(14)の数値を代入して次の式が得られます。

$$100.5a^2 + 183.2ab + 116.6b^2 = 1 \quad \cdots (17)$$

(16)、(17)の2式を連立方程式として解くと、次の解が得られます。

$$a = 0.076、b = 0.025 \quad \cdots (18)$$

これは、§3の(14)式と同一になります。こうして、数学的に線形判別関数が得られるのです。

(注1) 定数項cの求め方は§4と同一なので、省略します。

(注2) (16)、(17)の2式を満たす解に、(18)と符号の異なるもう一つの解があります。ここではaが正符号の解を採用しました。aが負の符号を採用しても、実質的な結果は同じになります。

6-6 マハラノビスの距離
～確率を加味した平均値からの遠近表現

これまでは線形判別の技法について調べました。この節からは、新たに、マハラノビスの距離を用いた判別分析を調べます。本章の最初（§1）で確認したように、線形判別分析同様、この分析法は判別分析の主要な技法の一つです。

● マハラノビスの距離の必要性

中学生のA君が受けた英語と数学の試験の結果が、次の表のように通知されたとします。

	得点	平均点	標準偏差	評価
国語	60	50	10	大変よくできました
数学	60	50	20	よくできました

得点も平均点も同じ60点ですが、A君の評価は教科によって異なります。その違いの理由を考えてみましょう。

表を元に、人数分布のグラフのイメージを作ってみましょう。

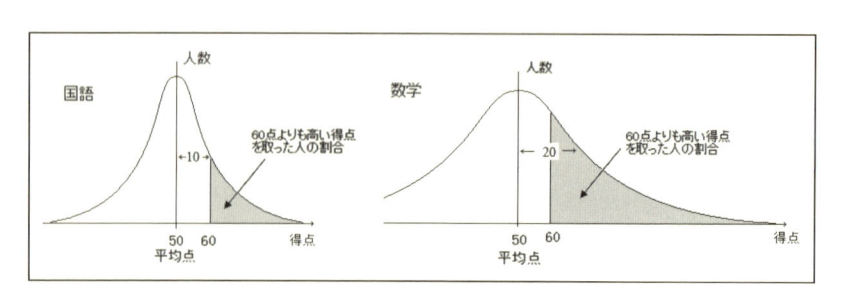

標準偏差10の国語は鋭いピークの山形グラフになるのに対して、標準偏差20の数学はなだらかな山形グラフになります。すなわち、得点、平均点共に同じ60点でも、国語と数学では人数分布が違っているのです。平均点からの離れ具合は共に「10点」でも、「確率的な距離」では、国語

の方が平均点からの距離は遠いことになるのです。これがA君の国語と数学の評価が異なる理由です。

このように、確率を考慮して平均値からの遠近を議論したいことがあります。その要請に応えるのが**マハラノビスの距離**です。

1変量のマハラノビスの距離

このマハラノビスの距離を1変量の場合について定義してみましょう。標準偏差をsとする変量xにおいて、平均値からのマハラノビスの距離は次のように与えられます。ここで、$\bar{x}$は変量xの平均値です。

$$D = \frac{|x - \bar{x}|}{s} \quad \cdots (1)$$

(注) $|a|$はaの絶対値を表します。

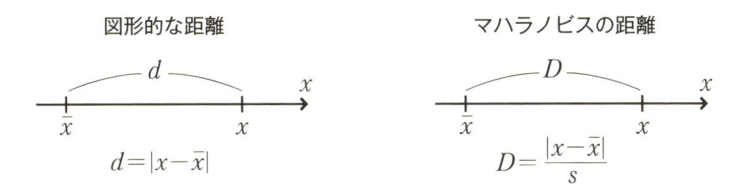

図形的な距離

$$d = |x - \bar{x}|$$

マハラノビスの距離

$$D = \frac{|x - \bar{x}|}{s}$$

標準偏差が大きければ（すなわち、資料のバラツキが大きければ）、たとえ平均値から遠く離れていても、確率的には近い距離になりえます。また、標準偏差が小さければ（すなわち資料が密集していれば）、たとえ平均値に近接していても、確率的には遠い距離になりえるのです。これを表すのが(1)のマハラノビスの距離です。

実際、先の中学生A君の国語と数学の得点について、マハラノビスの距離を計算してみます。

$$\text{国語の得点60のマハラノビスの距離} = \frac{|60-50|}{10} = 1$$

$$\text{数学の得点60のマハラノビスの距離} = \frac{|60-50|}{20} = 0.5$$

国語の方が数学よりも2倍、平均点から離れていることがわかります。それだけ、国語の成績の方が高く評価されたわけです。

● 多変量のマハラノビスの距離

（注）これ以降の本章の以下の解説では、行列を多用します。行列に親しみのない読者は付録Dを参照してください。または、おおまかな流れだけを追ってください。

(1)で調べた1変量の場合のマハラノビスの距離を、2変量 x、y の場合に拡張してみましょう。2変量 x、y の平均値、分散、そして共分散を次の表のように示すことにします。

変量	平均値	分散	共分散
x	$\bar{x}$	s_x^2	s_{xy}
y	$\bar{y}$	s_y^2	

1変量の場合のマハラノビスの距離(1)は、図形的な距離を標準偏差で割って得られました。それを平方すれば次のように表わされます。

$$D^2 = \frac{(x-\bar{x})^2}{s_x^2} = (x-\bar{x})(s_x^2)^{-1}(x-\bar{x})$$

この式を次のように拡張します。すなわち、$x-\bar{x}$ を偏差のベクトルに、分散 s^2 を分散共分散行列に、読み替えるのです。

$$D^2 = (x-\bar{x} \quad y-\bar{y})\begin{pmatrix} s_x^2 & s_{xy} \\ s_{xy} & s_y^2 \end{pmatrix}^{-1} \begin{pmatrix} x-\bar{x} \\ y-\bar{y} \end{pmatrix} \quad \cdots (2)$$

（注）分散共分散行列については1章§4参照。

これが2変量の**マハラノビスの距離**です。平均値を表す点 $(\bar{x}, \bar{y})$ と個体のデータを表す点 (x, y) との間の確率を加味した距離を表します。

（注）D^2 をマハラノビスの距離という場合と、D のみをマハラノビスの距離という場合があります。結果的にはどちらでも問題は起こりません。

右の図は、2変量のマハラノビスの距離について、等距離の点を結んで得られる曲線を表しています。この図の示すように、等距離の線は通常楕円を表します。

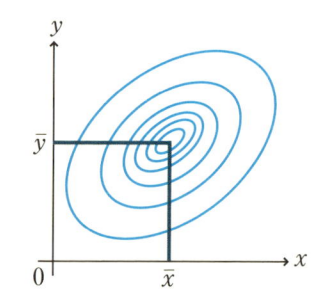

マハラノビスの距離を一般化

一般的な場合のマハラノビスの距離は、(2)を拡張すればよいでしょう。例えば、3変量の場合のマハラノビスの距離は次のように表わされます。

$$D^2 = (x-\overline{x} \quad y-\overline{y} \quad z-\overline{z}) \begin{pmatrix} s_x^2 & s_{xy} & s_{xz} \\ s_{xy} & s_y^2 & s_{yz} \\ s_{xz} & s_{yz} & s_z^2 \end{pmatrix}^{-1} \begin{pmatrix} x-\overline{x} \\ y-\overline{y} \\ z-\overline{z} \end{pmatrix}$$

一般的にn個の変量x_1、x_2、…、x_nからなる資料から得られる分散共分散行列をSとしましょう。また、n個の変量の偏差を表す列ベクトルをXとします。

$$S = \begin{pmatrix} s_1^2 & s_{12} & \cdots & s_{1n} \\ s_{12} & s_2^2 & \cdots & s_{2n} \\ \cdots & \cdots & \cdots & \cdots \\ s_{1n} & s_{2n} & \cdots & s_n^2 \end{pmatrix}, \quad X = \begin{pmatrix} x_1-\overline{x}_1 \\ x_2-\overline{x}_2 \\ \cdots \\ x_n-\overline{x}_n \end{pmatrix}$$

このとき、マハラノビスの距離D^2は次のように表わされます。

$$D^2 = {}^t X S^{-1} X \quad \cdots (3)$$

マハラノビスの距離と多変量正規分布

平均値$\overline{x}$、分散s^2の1変量xの正規分布は次のように表現されます。

$$f(x) = \frac{1}{\sqrt{2\pi}\,s} e^{-\frac{(x-\overline{x})^2}{2s^2}}$$

これを多変量に拡張したのが**多変量正規分布**です。これは(3)のマハラノビスの距離D^2を用いて次のように表現されます(付録H)。

$$f = \left(\frac{1}{\sqrt{2\pi}}\right)^N \frac{1}{\sqrt{|S|}} e^{-\frac{1}{2}D^2}$$

ここで、Nは変量の個数、$|S|$は分散共分散行列Sの行列式です。マハラノビスの距離を利用して、変量の個性を正規分布に取り込んでいるのです。

6-7 マハラノビスの距離による判別分析 〜距離の遠近で群判別

前節（§6）ではマハラノビスの距離を調べました。確率を加味した平均値からの離れ具合を定義したものです。ここでは、このマハラノビスの距離を利用した資料の群分け法を調べてみましょう。

(注) 本節では行列を用いるので、行列の計算に不慣れの場合は先に付録Dを参照ください。

マハラノビスの距離による判別の原理

§6で調べたように、ある群Pに関するマハラノビスの距離は変量の平均値の点（すなわち群Pの中心）からの確率的な距離を与えます。したがって、マハラノビスの距離が大きいときは、その個体は群Pの中心から確率的に遠く離れることになり、その群に属しにくいと考えられます。逆にマハラノビスの距離が小さいと、群Pの中心に近づくので、その資料に属しやすいと考えられます。このことから、マハラノビスの距離の大小で、ある個体がP, Qのどちらの群に属するかを判別できることがわかります。

以上のことを公式にまとめてみましょう。ある個体と2群P, Qの中心からのマハラノビスの距離を各々 D_P^2、D_Q^2 とすると、次の関係が成立します。

> $D_P^2 < D_Q^2$ … その個体は群Pに属する
> $D_P^2 > D_Q^2$ … その個体は群Qに属する

これがマハラノビスの距離を用いた判別公式です。

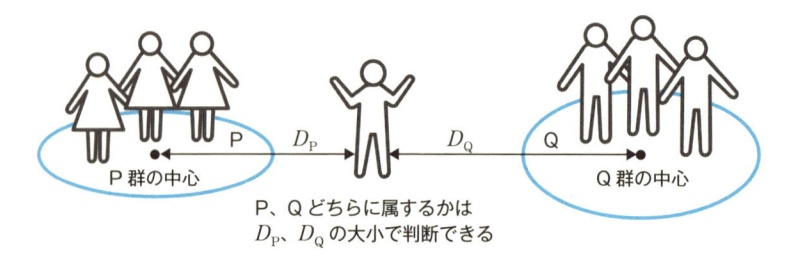

P、Qどちらに属するかは D_P、D_Q の大小で判断できる

マハラノビスの距離による判別の具体例

具体的に見るために、これまで見てきた2変量の資料を調べてみましょう。これはある大学の男女各10人の身長と体重の測定結果です（§3）。

番号	身長	体重	性別	番号	身長	体重	性別
1	151.1	43.7	女	11	184.9	75.5	男
2	155.9	46.2	女	12	181.3	78.9	男
3	159.4	49.5	女	13	171.4	66.2	男
4	154.6	56.3	女	14	168.6	61	男
5	162.9	50.9	女	15	162.3	55.7	男
6	158.3	63.5	女	16	179.9	80.6	男
7	171.7	59.8	女	17	179.5	66.1	男
8	160.8	51.7	女	18	173.4	61.2	男
9	153.4	58.3	女	19	167.9	61.3	男
10	161.2	46.8	女	20	177.9	77.2	男
	(cm)	(kg)			(cm)	(kg)	

2変量の場合のマハラノビスの距離は次のように定義されます（§6）。

$$D^2 = (x-\overline{x} \quad y-\overline{y}) \begin{pmatrix} s_x^2 & s_{xy} \\ s_{xy} & s_y^2 \end{pmatrix}^{-1} \begin{pmatrix} x-\overline{x} \\ y-\overline{y} \end{pmatrix} \quad \cdots (1)$$

これまで通り、女子を表す群をP、男子を表す群をQとします。まず、距離を求めるために必要なデータを表にしてまとめておきましょう。

	女子		男子	
	変量x	変量y	変量x	変量y
平均値	158.9	52.7	174.7	68.4
分散	30.8	38.4	45.8	71.5
共分散	10.4		49.0	

女子と男子のマハラノビスの距離を各々D_P^2、D_Q^2とすると、表から、(1)は具体的に次のように表すことができます。

$$D_\mathrm{P}{}^2 = (x-158.9 \quad y-52.7)\begin{pmatrix}30.8 & 10.4\\10.4 & 38.4\end{pmatrix}^{-1}\begin{pmatrix}x-158.9\\y-52.7\end{pmatrix}$$

$$D_\mathrm{Q}{}^2 = (x-174.7 \quad y-68.4)\begin{pmatrix}45.8 & 49.0\\49.0 & 71.5\end{pmatrix}^{-1}\begin{pmatrix}x-174.7\\y-68.4\end{pmatrix}$$

実際に逆行列を算出してみましょう。

$$\begin{pmatrix}30.8 & 10.4\\10.4 & 38.4\end{pmatrix}^{-1} = \begin{pmatrix}0.036 & -0.010\\-0.010 & 0.029\end{pmatrix}$$

$$\begin{pmatrix}45.8 & 49.0\\49.0 & 71.5\end{pmatrix}^{-1} = \begin{pmatrix}0.082 & -0.056\\-0.056 & 0.029\end{pmatrix}$$

これを代入して、

$$\left.\begin{aligned}D_\mathrm{P}{}^2 &= (x-158.9 \quad y-52.7)\begin{pmatrix}0.036 & -0.010\\-0.010 & 0.029\end{pmatrix}\begin{pmatrix}x-158.9\\y-52.7\end{pmatrix}\\D_\mathrm{Q}{}^2 &= (x-174.7 \quad y-68.4)\begin{pmatrix}0.082 & -0.056\\-0.056 & 0.052\end{pmatrix}\begin{pmatrix}x-174.7\\y-68.4\end{pmatrix}\end{aligned}\right\} \cdots(2)$$

これが変量値 (x, y) を持つ個体と各群の中心との距離を示すマハラノビスの距離です。

(例) 学籍番号1番の女子のマハラノビスの距離を求めてみよう。

(解) 学籍番号1番の女子の変量 (x, y) の値は $(151.1, 43.7)$ なので、

$$D_\mathrm{P}{}^2 = (-7.8 \quad -9.0)\begin{pmatrix}0.036 & -0.010\\-0.010 & 0.029\end{pmatrix}\begin{pmatrix}-7.8\\-9.0\end{pmatrix} = 3.1$$

$$D_\mathrm{Q}{}^2 = (-23.6 \quad -24.7)\begin{pmatrix}0.082 & -0.056\\-0.056 & 0.052\end{pmatrix}\begin{pmatrix}-23.6\\-24.7\end{pmatrix} = 12.2 \quad \textbf{(答)}$$

女子の中心からの距離が3.1、男子の中心からの距離が12.2です。学籍番号1番のデータは女子の中心に近いことがわかります。学籍番号1番は女子ですから正しく判定されたことになります。

この（例）のようにして、学生20人すべてについて、マハラノビスの距離を算出し、表にまとめてみましょう。

番号	D_P^2	D_Q^2	判別	番号	D_P^2	D_Q^2	判別
1	3.1	12.2	女	11	27.6	3.0	男
2	1.1	7.9	女	12	26.3	1.6	男
3	0.3	5.4	女	13	7.5	0.3	男
4	1.3	13.5	女	14	3.8	0.9	男
5	0.8	4.3	女	15	0.5	3.4	女
6	3.5	14.3	女	16	26.8	2.9	男
7	5.5	1.7	男	17	15.0	3.4	男
8	0.2	4.4	女	18	7.2	1.8	男
9	2.6	18.4	女	19	3.5	1.0	男
10	1.4	6.6	女	20	21.1	1.8	男

● マハラノビスの距離による判別の正誤

　この表の左半分は女子、右半分は男子です。学籍番号7の女子は男子からのマハラノビスの距離が小さいので、「男子」と誤判別されてしまっています。同様に、学籍番号15の男子は女子からのマハラノビスの距離が小さいので、「女子」と誤判別されてしまいました。これを相関図上で見ると、致し方ないことがわかります。

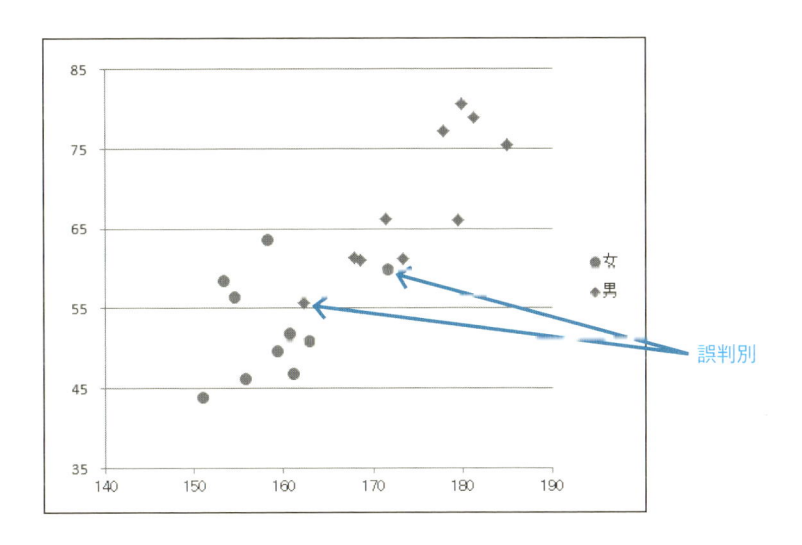

（注）§3で調べた線形判別分析でも、番号7と15は誤判別されました。これは偶然であり、常に2つの判別法が同一の誤判別をするとは限りません。

6-8 判別的中率 〜判別の精度を示す指標

　判別分析で重要なことは、判別に必要な情報を得られるとともに、二つの群のどちらに属するか不明な「灰色」の領域にあるデータの判別が可能だと言うことです。しかし、当然判断ミスも伴います。そこで、どれくらいの判断ミスがあるのかを示す指標が必要です。それが**判別的中率**です。

（注）判別的中率を正答率と呼ぶ文献もあります。

● 判別的中率

　判別的中率は次のように定義されます。

$$判別的中率 = \frac{正しく判定された個体数}{全個体数}$$

判別的中率の反対の考えから**誤判別率**が定義されます。

$$誤判別率 = \frac{誤判別された個体数}{全個体数}$$

　例えば、前節（§3、§7）で調べた例では、線形判別分析とマハラノビスの距離を用いた判別分析の結果は次のようにまとめられます。

番号	性別	判定		番号	性別	判定	
		線形判別	マハラノビス			線形判別	マハラノビス
1	女	女	女	11	男	男	男
2	女	女	女	12	男	男	男
3	女	女	女	13	男	男	男
4	女	女	女	14	男	男	男
5	女	女	女	15	男	女	女
6	女	女	女	16	男	男	男
7	女	男	男	17	男	男	男
8	女	女	女	18	男	男	男
9	女	女	女	19	男	男	男
10	女	女	女	20	男	男	男

この表から、§3で調べた線形判別分析でも、§7で調べたマハラノビスの距離による判別分析でも、判別的中率は0.9（すなわち90％）であることがわかります。

$$判別的中率 = \frac{正しく判定された個体数}{全個体数} = \frac{18}{20} = 0.9$$

同様に、誤判別率は次のようになります。

$$誤判別率 = \frac{誤判別された個体数}{全個体数} = \frac{2}{20} = 0.1$$

マハラノビスの距離による判別的中率と判別関数による判別的中率は、今の場合、一致しています。しかし、これまでの議論からわかるように、これは偶然です。マハラノビスの距離による判定と線形判別関数による判定が常に同一の結果を与えるわけではありません。

判別的中率の評価

判別的中率は50％を下回らないことが証明されています。したがって、判別的中率が例えば60％になったとしても、分析が成功したとはいえないのです。判別分析の目安としては、次の表がよく利用されています。

判別的中率(%)	評価
90％以上	よい
80〜90％	ややよい
50〜80％	再検討の余地あり

判別的中率は大変わかりやすいので、安易に使われる傾向があります。しかし、調べたデータ数が少ないときになどは、安易に利用するのは危険です。判別分析の妥当性をしっかり評価する必要があるでしょう。

Reference

【参考】

重判別分析

　群がいくつにも分かれている場合については、どう対応すればよいでしょうか。その際には、2群ずつを取り出して、本節で調べた方法を適用すればよいでしょう。これを**重判別分析**と呼びます。

　マハラノビスの距離を利用する場合は簡単です。最も近い群に属させればよいからです。例えば、左図では3つの群を調べていますが、各群の中心（すなわち各群の平均値を示す点）からのマハラノビスの距離の大小で、データがどの群に所属すべきかがわかります。

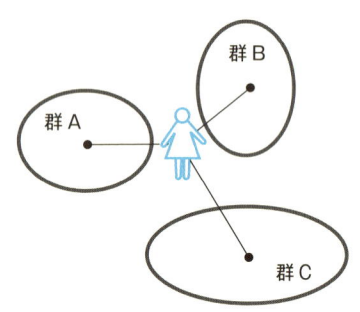

　線形判別分析では、n群に対して、$n-1$回の判定を行えばよいでしょう。右の図は3つの群の場合を示していますが、まず群A、Bに関する線形判別を行い、どちらに所属すべきかを判定します。次に、選ばれた群と新たなC群についてもう一度判別分析を行います。こうして、最適な群に振り分けられることになります。

　重判別分析は顔認識などのパターン認識の分野で、盛んに研究開発がすすめられています。今後の発展が期待される分野です。

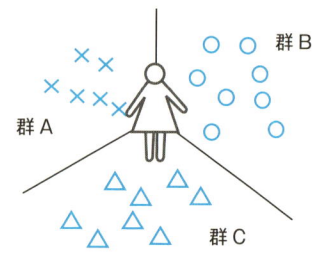

第7章
質的データの多変量解析

本章では質的データの統計学を調べることにしましょう。この質的データの分析に利用されるのが**数量化**の技法です。日本を代表する統計学者の林知己夫氏（1918～2002）が開発した統計学的な技法です。マーケッティングや心理学、言語学の分野で役立つ解析法です。

7-1 質的データの統計学
～数値の意味を持たないデータの扱い

統計データが数字で書かれているからといって、それが数値としての意味を持たない場合があります。例えば、「血液型Aのときは1、それ以外は2、を選択せよ」というアンケートの結果を考えましょう。このとき、1、2という数字は区別するだけの意味しかありません。数値として持つ性質、すなわち1＋2や1×2という計算ができるという性質は持たないのです。このようなデータに対しては、これまでの分析技法は、そのままの形では使えません。本章は、このようなデータを分析対象にします。

● データを測る尺度には4種

まず、データの尺度について調べます。資料の中のデータは、その性質から4つの尺度で分類されます。それを表にまとめましょう。

		意味	例
質的データ	名義尺度	名義的に数値化を施す尺度	男を1に、女を2に数値化
	順序尺度	順序に意味がある尺度	「好き」を1、「それほどでもない」を2、「嫌い」を3に数値化
量的データ	間隔尺度	数の間隔に意味がある尺度	部屋の温度計の示す温度
	比例尺度	数値の差と共に、数値の比にも意味がある尺度	身長、体重、時間

例えば、アンケート欄の「男」は1、「女」は2という場合、これら1、2にはその数値自体に意味がありません。それが名義尺度です。

また、アンケート欄の「好き」は1、「まあまあは2」、「嫌いは3」とある場合、これら1、2、3の数値自体には意味がありませんが、大小には意味があります。それが順序尺度です。

間隔尺度、比例尺度は数学が直接利用できるデータの尺度です。

下図はある会社の従業員データに関係する尺度の例を示しています。

従業員番号125番……名義尺度

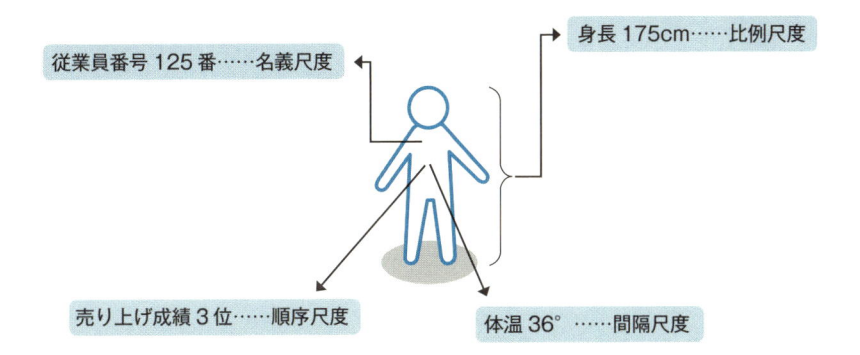

身長175cm……比例尺度

売り上げ成績3位……順序尺度

体温36°……間隔尺度

● 質的データの統計解析

　名義尺度、順序尺度で測られたデータを**質的データ**と呼びます（比例尺度、間隔尺度で測れるデータを**量的データ**といいます）。アンケート結果の処理では、質的データが主役となります。

　質的データに対しては、通常の計算が利用できません。そこで、特別な統計解析の手段が必要になります。その手段として様々な方法が開発されています。本書は有名な**数量化Ⅰ類〜Ⅳ類**と**コレスポンデンス分析**について調べることにします。

● アイテムとカテゴリー

　本章でしばしば用いる「アイテム」と「カテゴリー」という言葉について調べてみましょう。次のアンケート項目を見てください。

質問1．あなたの血液型はなんですか。
(1) A　　(2) O　　(3) B　　(4) AB

　ここで「質問1」に相当するものを**アイテム**と呼び、その答えの欄の項目(1)〜(4)に相当するものを**カテゴリー**と呼びます。ちなみに、アイテムは「項目」、カテゴリーは「選択肢」と訳す文献もありますが、統一的な日本語訳はありません。本書では、アイテム、カテゴリーというカタカナをそのまま用います。

7-2 数量化Ⅰ類
～量的データを基準に質的データを数量化

　数量化Ⅰ類とは数値データを基準にしてカテゴリーの関係を数値化する技法です。難しくいえば、「数値データを外的基準として質的データを数量化する」技法です。一般論でいうと分かりにくいので、さっそく具体例を調べてみることにします。

● 数量化Ⅰ類の分析対象となる資料

　次の資料は都市郊外の私鉄駅近くで販売されているマンション10戸の新築価格の値段です。日照の良し悪しと徒歩圏の内外、そして1平方メートル当たりの価格を調べています。数量化Ⅰ類は、この資料のように、量的データと質的データが混在している場合に適用されます。

物件番号	日照	駅徒歩圏	価格
1	良	圏外	36.4
2	良	圏内	52.6
3	良	圏内	54.6
4	悪	圏内	38.4
5	悪	圏外	22.3
6	良	圏内	62.7
7	悪	圏外	20.2
8	悪	圏内	40.5
9	良	圏内	50.6
10	良	圏外	36.5

（万円/m²）

ある私鉄駅の近くで販売されている新築マンションについて、日照の良し悪し、徒歩圏の内外、、1平方メートル当たりの価格を調査した資料。

　数量化とはデータをもとにカテゴリーを数値化することです。そこで、カテゴリーが表に明確に現れるよう、次のように表を書き改めてみます。「1」と書き込まれている欄が該当項目で、「0」と書き込まれている欄が該当しない項目とします。カテゴリーを表の中で見やすくするためです。こうして、各カテゴリーを数量化するための第一歩が踏み出せます。

（注）関係を作る基準の変量があるとき、その変量を外的基準といいます（2章§1）。

データ名＼アイテム・カテゴリー	日照 (1)良い	日照 (2)悪い	駅徒歩圏 (1)圏内	駅徒歩圏 (2)圏外	価格 (万円/m²)
1	1	0	0	1	36.4
2	1	0	1	0	52.6
3	1	0	1	0	54.6
4	0	1	1	0	38.4
5	0	1	0	1	22.3
6	1	0	1	0	62.7
7	0	1	0	1	20.2
9	0	1	1	0	40.5
8	1	0	1	0	50.6
10	1	0	0	1	36.5

Yesは1、Noは0

確認しますが、日照の良し悪しと徒歩圏の内外は質的データです。それに対して、価格は量的データです。目標は、このような形式の資料において、表の右欄に示された「価格」から、日照の良し悪しと徒歩圏内・圏外との関係を数値化することです。この目標を達成する手段が数量化Ⅰ類なのです。

形式からすると、数量化Ⅰ類は2章で調べた重回帰分析と似ています。その重回帰分析では基準となる変量を「目的変量」と呼びました。数量化Ⅰ類でも、外的基準となる右端のマンション価格を目的変量（または「基準変量」）と呼びます。

●各カテゴリーにカテゴリーウェイトを付与

各カテゴリーの関係を数量化することが目標なので、日照の「良し」「悪し」、徒歩「圏内」「圏外」に対して、仮に a_1、a_2、b_1、b_2 という値を付与してみます。これらの値は各カテゴリーの関係を表す重み（ウェイト）となるので、カテゴリーウェイトと呼ばれます。

アイテム	日照		駅徒歩圏	
カテゴリー	(1)良い	(2)悪い	(1)圏内	(2)圏外
ウェイト	a_1	a_2	b_1	b_2

次に、これらのカテゴリーウェイトを用いて、目的変量となる「マンション価格」の理論値を算出してみます。この理論値を**サンプルスコア**といいます。次の表は、k番目の個体（$k=1$、2、…、個体数）に対して、サンプルスコアを算出しています。k番目の個体について、x_{1k}、x_{2k}、y_{1k}、y_{2k}は各カテゴリーのデータ値、すなわち0または1を、右端のw_kは目的変量の値を、表しています。

アイテム	日照		駅徒歩圏		サンプルスコア	価格
カテゴリー	(1)良い	(2)悪い	(1)圏内	(2)圏外		(万円/m²)
ウェイト	a_1	a_2	b_1	b_2		
物件k	x_{1k}	x_{2k}	y_{1k}	y_{2k}	$a_1 x_{1k} + a_2 x_{2k} + b_1 y_{1k} + b_2 y_{2k}$	w_k

この表の式を用いて、資料を用いてサンプルスコアを全個体について算出してみましょう。その結果が次の表です。

アイテム	日照		駅徒歩圏		サンプルスコア	価格
カテゴリー	(1)良い	(2)悪い	(1)圏内	(2)圏外		(万円/m²)
ウェイト	a_1	a_2	b_1	b_2		
物件1	1	0	0	1	a_1+b_2	36.4
物件2	1	0	1	0	a_1+b_1	52.6
物件3	1	0	1	0	a_1+b_1	54.6
物件4	0	1	1	0	a_2+b_1	38.4
物件5	0	1	0	1	a_2+b_2	22.3
物件6	1	0	1	0	a_1+b_1	62.7
物件7	0	1	0	1	a_2+b_2	20.2
物件8	0	1	1	0	a_2+b_1	40.5
物件9	1	0	1	0	a_1+b_1	50.6
物件10	1	0	0	1	a_1+b_2	36.5

こうして、外的基準である「マンション価格」の理論値が、サンプルスコアとして表現されました。次のステップは、仮にa_1、a_2、b_1、b_2と置いた値を、実際に確定することです。

● 目的変量とサンプルスコアとの誤差を最小化

カテゴリーウェイト a_1、a_2、b_1、b_2 の決定には**最小2乗法**を利用します。すなわち、サンプルスコアと目的変量との誤差の平方和を最小にするように、カテゴリーウェイト a_1、a_2、b_1、b_2 の値を決定するのです。

(注) この技法は回帰分析等、他の多変量解析での常とう手段です。

実際に、目的変量(マンション価格)と理論値(サンプルスコア)との誤差の平方和 Q を算出してみましょう。前のページの表から

$$Q = \{36.4-(a_1+b_2)\}^2 + \{52.6-(a_1+b_1)\}^2 + \cdots + \{36.5-(a_1+b_2)\}^2 \quad \cdots(1)$$

この誤差の平方和 Q を最小にするように、カテゴリーウェイト a_1、a_2、b_1、b_2 の値を決めればよいのです。

● カテゴリーウェイトを条件付け

(1)式で与えられた誤差の平方和 Q を最小にする議論の前に、(1)の式の形を見てみましょう。解が a_i、b_j ($i, j = 1, 2$) が得られたとすると、$a_i + c$、$b_j - c$ も解になっています (c は任意の定数)。そこで、この任意性を消去するために、最後のカテゴリーウェイト b_2 を0に設定しましょう。

$$b_2 = 0 \quad \cdots(2)$$

変数が1つ減るだけでも、大変ありがたいことです。

(注) どれを0にしても良いし、0以外の数に設定しても良いのですが、簡単なのが最善です。

● 最小2乗法を用いて実際に計算

いよいよ準備ができたので、カテゴリーウェイトを求めてみましょう。

数学的には、(2)式の設定後、次の微分計算をして得られる連立方程式を解けば、誤差の平方和 Q を最小にするカテゴリーウェイト a_1、a_2、b_1 が求められます。

$$\frac{\partial Q}{\partial a_1}=0,\ \frac{\partial Q}{\partial a_2}=0,\ \frac{\partial Q}{\partial b_1}=0$$

　しかし、ここでは仕組みがわかったところで、この仕組みを直接利用するパソコンによる数値解を求めることにします。

　下図はExcelアドイン「ソルバー」で解いた例です。この図の示すように、簡単に条件を満たすカテゴリーウェイトa_1、a_2、b_1が求められます。

　$a_1=36.6$、$a_2=21.1$、$b_1=18.5$

サンプルスコアを算出。例えば、物件1では、
＝SUMPRODUCT($C$5:$F$5,C6:F6)

カテゴリーウェイトをソルバーの変数セルに設定

(1)式の誤差Qを算出：
＝SUMXMY2(H6:H15,G6:G15)
このセルをソルバーの目的セルに設定

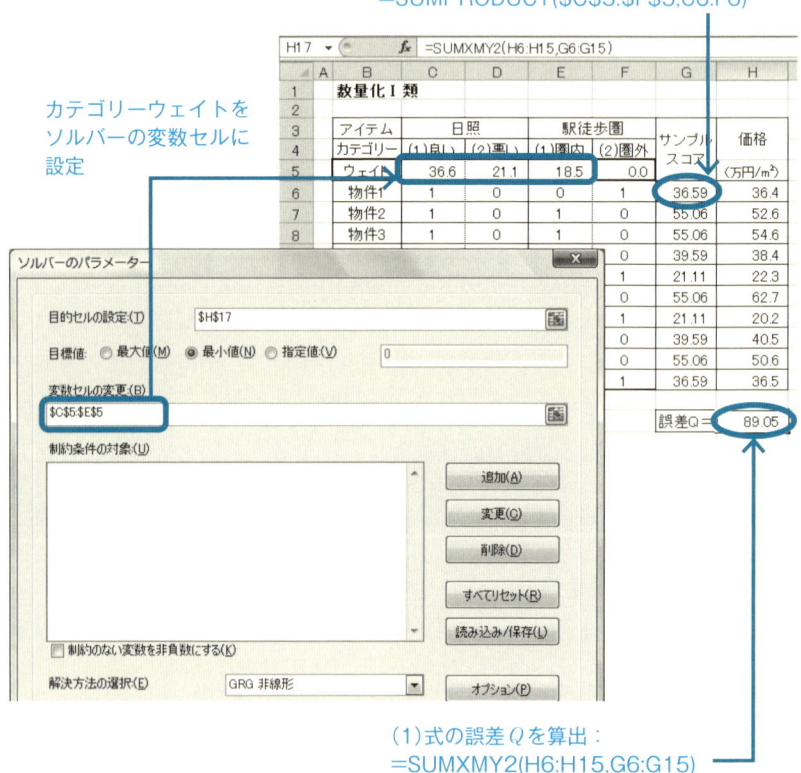

🔵 結果を見てみる

　各カテゴリーが数量化されました。カテゴリーウェイトa_1、a_2、b_1（$b_2=0$）において、目的変量（マンション価格）の値を左右するのは各アイ

テムに含まれるカテゴリーの値の差です。

　　日照の良い・悪い　　$a_1 - a_2 = 15.5$

　　徒歩圏の内・外　　$b_1 - b_2 = 18.5$

「徒歩圏の内・外」の方が値は大きくなっています。すなわち、わずかですが、「日照の良い悪い」よりも「徒歩圏」であることの方が価格に大きく影響を与えているのです。

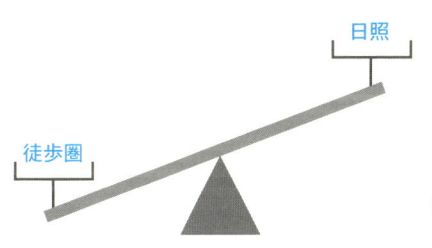

数量化することで、どのアイテムやカテゴリーが目的変数に効くのかが分析できる。

こうして、この駅の周辺のマンション価格は利便性が重要視されていることが判明しました。マンションのディベロッパーはこのことを考慮してこれからの計画を作成する必要があります。

MEMO　カテゴリーウェイトの任意性の数学的意味

いま調べた例の場合、日照の「良い」「悪い」、徒歩圏の「圏内」「圏外」の一方が決まれば、他方も決まります。二者択一だからです。したがって、日照の「良い」を変数値x_1、「悪い」を変数値x_2で表し、徒歩圏の「圏内」をy_1、「圏外」をy_2で表すことにすると、当然ですが、x_1、x_2、y_1、y_2には次の条件が付きます。

　　$x_1 + x_2 = 1$、$y_1 + y_2 = 1$

すると、誤差の総和を表す平方差Qは4変数x_1、x_2、y_1、y_2の式ではなく、2変数x_1、y_1の式になると考えられます。

回帰分析のときに見たように、変数が2つのときには、最小2乗法で決定できるのは係数2個と定数項の計3個です。

この係数と定数項に相当するのが、数量化Ⅰ類の場合は、カテゴリーウェイトa_1、a_2、b_1、b_2です。したがって、4個のカテゴリーウェイトa_1、a_2、b_1、b_2のうち、決められるのは3個であり、1個の任意性が生まれてしまいます。そこで、本節ではb_2を0にセットしたのです。これが、(2)式の設定の回帰分析的な意味です。

7-3 数量化Ⅱ類
～質的データを基準に質的データを数量化

　数量化Ⅱ類とは質的データを基準にカテゴリーの関係を数値化する技法です。難しくいえば、「質的データを外的基準として質的データを数量化する」技法なのです。ちなみに、前節（§2）で調べた数量化Ⅰ類は「量的データを外的基準として質的データを数量化する」技法でした。

　数量化Ⅱ類で利用される道具は6章§2で調べた「相関比」です。さっそく具体例でその使い方を調べてみることにします。

● 数量化Ⅱ類の分析対象となる資料

　次の資料を見てください。よく離婚するといわれる某大学某サークルの男子既婚卒業生10人を抽出し、結婚10年後の結婚状態を調査した結果です。ちょうど結婚と離婚が半々を占めていました。このように、数量化Ⅱ類の分析対象となる資料は群に分けられた質的データから成り立ちます。

名前	会話	家事	所得	結婚離婚
A	1	2	1	結婚
B	2	1	1	結婚
C	1	1	2	結婚
D	1	2	1	結婚
E	2	1	1	結婚
F	1	2	2	離婚
G	2	1	2	離婚
H	2	2	2	離婚
I	2	2	1	離婚
J	2	1	2	離婚

ある大学の某サークルに所属した学生が結婚10年後に離婚しているかどうかの調査資料。

　この調査では、結婚・離婚の状態に対して、離婚前の「夫婦間の会話」の有無、「家事分担」の有無、「所得の満足度」を調べました。記号1、2は次の意味を表します。（「夫婦間の会話」、「家事分担」、「所得の満足度」は各々「会話」、「家事」、「所得」と略記しています。）

会話	家事	所得
1:多い	1:する	1:まあ満足
2:少ない	2:しない	2:不満

では、この資料をもとに、結婚・離婚に対して、会話、家事、そして所得がどのように影響しているか調べることにします。

● カテゴリーウェイトの設定

数量化Ⅰ類のときと同様に、まずは各カテゴリーにカテゴリーウェイトを仮定します。下表のように、それらを a_1、a_2、b_1、b_2、c_1、c_2 と表すことにします。(表中では、カテゴリーウェイトを「ウェイト」と略記します。)

アイテム	会話		家事		所得	
カテゴリー	多い	少ない	する	しない	まあ満足	不満
ウェイト	a_1	a_2	b_1	b_2	c_1	c_2

このように設定することで、各個体のサンプルスコア z、すなわち目的変量「結婚・離婚」の理論値が得られます。それが次の表です。

アイテム	会話		家事		所得		サンプルスコア z	結婚離婚
カテゴリー	多い	少ない	する	しない	まあ満足	不満		
ウェイト	a_1	a_2	b_1	b_2	c_1	c_2		
A	1			1	1		$a_1+b_2+c_1$	結婚
B		1	1		1		$a_2+b_1+c_1$	結婚
C	1		1			1	$a_1+b_1+c_2$	結婚
D	1			1	1		$a_1+b_2+c_1$	結婚
E		1	1		1		$a_2+b_1+c_1$	結婚
F	1			1		1	$a_1+b_2+c_2$	離婚
G		1	1			1	$a_2+b_1+c_2$	離婚
H		1		1		1	$a_2+b_2+c_2$	離婚
I		1		1	1		$a_2+b_2+c_1$	離婚
J		1	1			1	$a_2+b_1+c_2$	離婚

2群を遠ざけるようにウェイトを決定

では、どのように「会話」、「家事」、「所得」の各カテゴリーを数量化するのでしょうか。このとき利用されるのが判別分析で用いた「群を遠ざけるようにウェイトを決定する」という原理です（6章§3）。

いまの例の場合、「結婚」に所属するA～Eの群のサンプルスコアzと、「離婚」に所属するF～Jの群のサンプルスコアzとができるだけ離れるように、カテゴリーウェイトを決定するのです。こうすることで、資料の中の「会話」「家事」「所得」と「結婚・離婚」との関係が明確化されるからです。

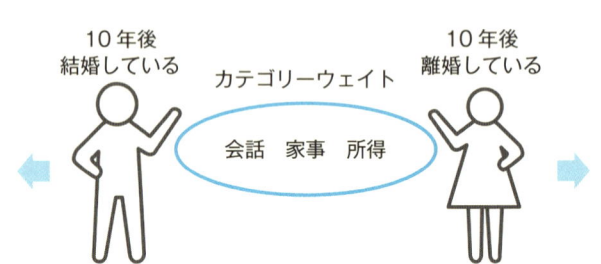

「結婚」「離婚」群ができるだけ離れるようにカテゴリーウェイトを決定。

さて、2群の離れ具合の尺度として、相関比があることを「判別分析」の章で調べました（4章§2）。この相関比をキーにして、サンプルスコアzを2群に分離できるようにしてみましょう。

相関比のまとめ

6章の「判別分析」で調べたように、サンプルスコアzの相関比η^2とは「全変動」S_Tの中に占める「群間変動」S_Bの割合を表します。すなわち、次のように定義されます。

$$\eta^2 = \frac{S_B}{S_T} \quad \cdots (1)$$

（注）ηは「イータ」と読みます。ηそのものを相関比と呼ぶ文献もあります（6章§2）。

ここで、全変動S_Tはサンプルスコアzの資料全体（前ページ）についての変動のことで、次の式で与えられます。

$$S_T = (z_1 - \bar{z})^2 + (z_2 - \bar{z})^2 + \cdots + (z_n - \bar{z})^2$$
$$= (a_1 + b_2 + c_1 - \bar{z})^2 + (a_2 + b_1 + c_1 - \bar{z})^2 + \cdots + (a_2 + b_1 + c_2 - \bar{z})^2 \quad \cdots(2)$$

n は個体数（いまの例では10）、$\bar{z}$ はサンプルスコアzの平均値です。

また、「群間変動」S_B は次のように「全変動」S_T を **群間変動** S_B と **群内変動** S_W に2分割したときの一方です。

$$S_T = S_B + S_W$$

（注）全変動S_Tが群間変動S_Bと群内変動S_Wの2つに分離できることは6章§2を参照ください。

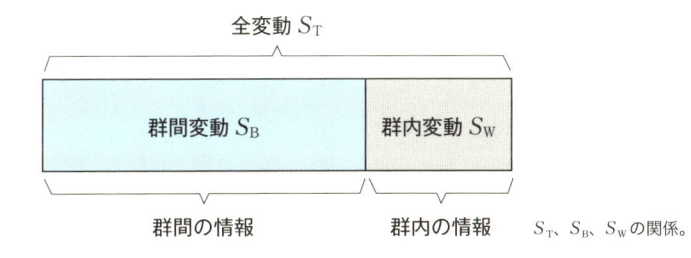

全変動 S_T

| 群間変動 S_B | 群内変動 S_W |

群間の情報　　群内の情報　　S_T、S_B、S_Wの関係。

この群間変動S_Bは次のように算出されます。

$$S_B = n_P(\bar{z}_P - \bar{z})^2 + n_Q(\bar{z}_Q - \bar{z})^2 \quad \cdots (3)$$

ここで、n_P、n_Q は順に結婚群、離婚群の個体数（いまの例では各々5）を、$\bar{z}_P$、$\bar{z}_Q$ は各々各群のサンプルスコアzの平均値を表します。

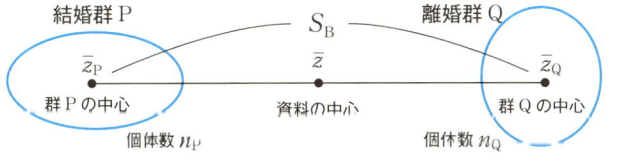

結婚群 P　　　　　S_B　　　　　離婚群 Q
　$\bar{z}_P$　　　　　　$\bar{z}$　　　　　　$\bar{z}_Q$
群Pの中心　　　　資料の中心　　　　群Qの中心
個体数 n_P　　　　　　　　　　　個体数 n_Q

S_Bは2群がどれくらい離れているかを表す。

式の形からわかるように、群間変動S_Bは群の離れ具合を表現しています。

● 相関比を最大にする数量化が数量化Ⅱ類

相関比の復習を終えたところで、元の「結婚・離婚」の資料に戻りましょう。

(1)で与えられた相関比η^2は2群の離れ具合の尺度を与えます。1に近づけば2群は分離され、0に近ければ2群が混ざっていることになります。そこで、サンプルスコアzの相関比η^2が大きくなれば、「結婚」「離婚」の2群はより遠くに離れることになります。逆に小さければ、「結婚」「離婚」の2群は近づくことになります。したがって、サンプルスコアzの相関比η^2が最大になるようにカテゴリーウェイトを決めれば、「結婚」「離婚」のグループの特徴が際立つ数量化がなされることになるのです。これが数量化II類の原理です。

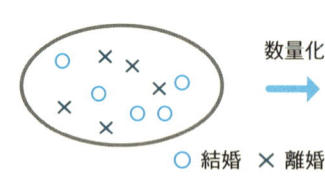

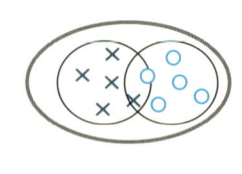

数量化

○ 結婚　× 離婚

サンプルスコアzの相関比が最大になるように数量化することで、2群が分離される。これが数量化II類の原理。

カテゴリーウェイトに条件付け

(2)、(3)式を(1)式に代入し、得られるη^2が最大になるようにカテゴリーウェイトa_1、a_2、b_1、b_2、c_1、c_2を決定すればよいことがわかりました。ところで、実際に計算に入る前に、2つのことに留意しましょう。

1点目の留意事項は、カテゴリーウェイトa_1、a_2、b_1、b_2、c_1、c_2の値は大きさに任意性があるということです。相関比(1)は(2)式と(3)式の比の形になっていますが、このような形ではサンプルスコアzの絶対的な大きさには意味がありません。そこで、次のように条件を付けることにします。

　　サンプルスコアzの分散＝1　…(4)

（注）サンプルスコアzの全変動$S_T=n$（nは資料の個体数）と置くことと等価です。ちなみに、他の条件付けも可能です。例えば、全変動＝1としてもよいでしょう。

2点目の留意事項は、変動(2)、(3)は偏差から構成されているということです。そこでは差だけが問題になり、サンプルスコアzの値は相対的にしか意味が有りません。そこで、6つあるカテゴリーウェイトa_1、a_2、b_1、b_2、c_1、c_2のうち、次のように3つの条件が付けられます。

$a_2 = 0$、$b_2 = 0$、$c_2 = 0$ … (5)

偏差を扱っているので『差』が問題

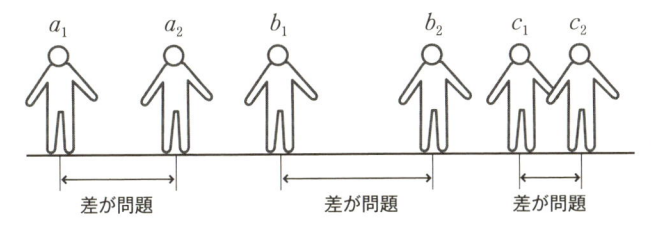

(2)、(3)式は差で構成されているので、(5)の条件を付けても一般性を失わない。

(注) この(5)以外にも、いろいろな条件付けが可能です。a_1、a_2の対、b_1、b_2の対、c_1、c_2の対のどちらか一方を固定すればよいからです。

以上の(4)、(5)式の条件を付けることで、カテゴリーウェイトa_1、a_2、b_1、b_2、c_1、c_2の値が定められます。

● 相関比η^2を最大にするように数量化

計算を実行しましょう。(4)、(5)式の条件のもとで、相関比(1)を最大にするようにカテゴリーウェイトの値を決定すればよいのです。

数学的に計算するには、(4)、(5)式のもとで次の微分を計算すればよいでしょう。

$$\frac{\partial \eta^2}{\partial a_1} = 0、\frac{\partial \eta^2}{\partial b_1} = 0、\frac{\partial \eta^2}{\partial c_1} = 0$$

この計算で得られる3つの連立方程式を解けば、相関比(3)を最大にするカテゴリーウェイトa_1、b_1、c_1が得られます。

(注) 実際に(4)、(5)式の条件のもとで(3)式の最大値を求めるにはラグランジュの未定係数法を利用します(付録C)。

しかし、これまでと同様、実際の計算はパソコンに頼ることにします。原理が見やすく、実用的でもあるからです。次のページの図はExcelアドインの「ソルバー」を利用してカテゴリーウェイトa_1、b_1、c_1を求めた結果です。

$a_1 = -1.480$、$b_1 = -1.351$、$c_1 = -1.591$

サンプルスコアを算出。例えば、個体Aでは、
=SUMPRODUCT($C$4:$H$4,C5:H5)

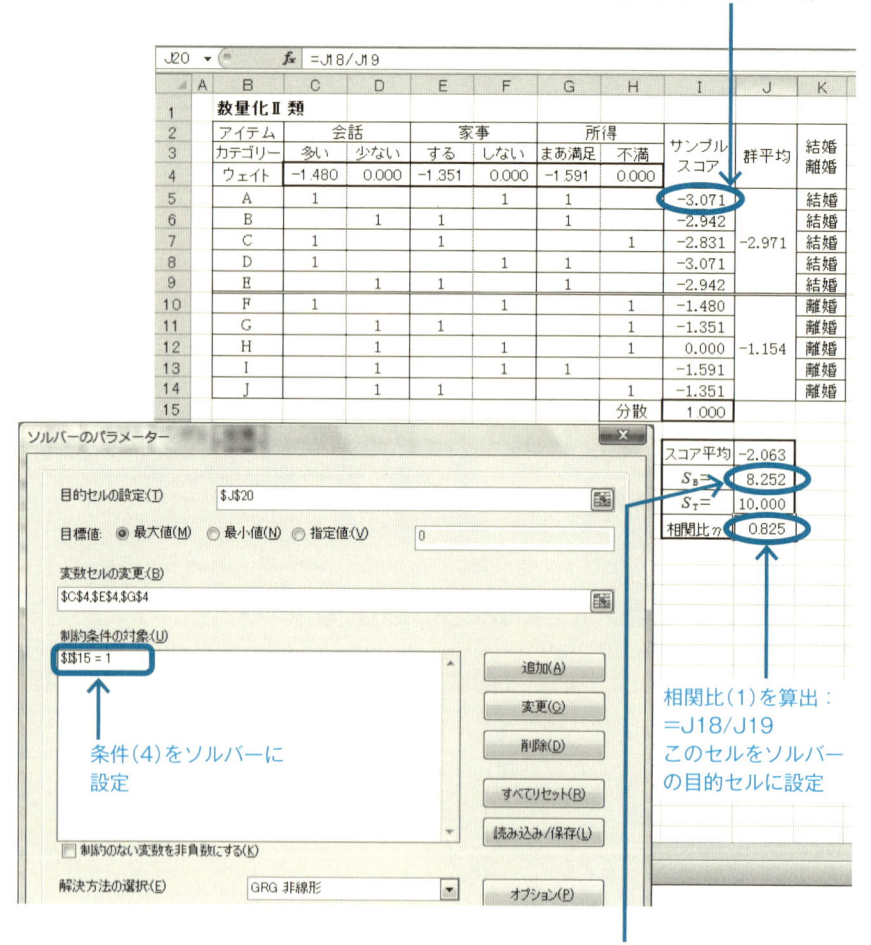

J20 =J18/J19

	A	B	C	D	E	F	G	H	I	J	K
1	数量化Ⅱ類										
2	アイテム		会話		家事		所得		サンプルスコア	群平均	結婚離婚
3	カテゴリー		多い	少ない	する	しない	まあ満足	不満			
4	ウェイト		-1.480	0.000	-1.351	0.000	-1.591	0.000			
5		A	1		1		1		-3.071		結婚
6		B		1	1		1		-2.942		結婚
7		C	1		1			1	-2.831	-2.971	結婚
8		D	1			1	1		-3.071		結婚
9		E		1	1		1		-2.942		結婚
10		F	1			1		1	-1.480		離婚
11		G		1	1			1	-1.351		離婚
12		H		1		1		1	0.000	-1.154	離婚
13		I		1	1		1		-1.591		離婚
14		J		1	1			1	-1.351		離婚
15								分散	1.000		

スコア平均	-2.063	
S_B =	8.252	
S_T =	10.000	
相関比 η	0.825	

相関比(1)を算出:
=J18/J19
このセルをソルバーの目的セルに設定

セルJ19で S_B を算出:
=5*(J5-J17)^2+5*(J10-J17)^2

ソルバーのパラメーター

目的セルの設定(T): $J$20

目標値: ◉最大値(M) ○最小値(N) ○指定値(V) 0

変数セルの変更(B):
$C$4,$E$4,$G$4

制約条件の対象(U):
$I$15 = 1

↑
条件(4)をソルバーに設定

追加(A)
変更(C)
削除(D)
すべてリセット(R)
読み込み/保存(L)

☐ 制約のない変数を非負数にする(K)

解決方法の選択(E): GRG 非線形

オプション(P)

● 結果を見てみる

群平均を見てください。

　「結婚」群の平均　　-2.971

　「離婚」群の平均　　-1.154

すなわち、負の数になればなるほど、夫婦関係は安定化することがわかり

ます。すなわち、カテゴリーウェイトが負に向かえば向かうほど、すなわち、小さければ小さいほど、夫婦関係は良いことがわかります。これは物理学でいう「位置エネルギー」のようなものです。位置エネルギーが低い（すなわち小さい）ほど、安定状態を表します。

この観点から資料を分析してみましょう。すると、数量化した結果は大変常識的なものになっています。会話は「多い」方が、家事は「する」方が、そして「所得」は「まあ満足」の方が、逆の「少ない」、「しない」、「不満」よりも円満な夫婦生活を営むことになるわけです。

次にカテゴリーウェイトの大きさを見てみましょう。

$|a_1| = 1.480$、$|b_1| = 1.351$、$|c_1| = 1.591$

ほぼ均等な値になっています。「会話が多い」こと、「家事をする」こと、「所得がまあまあ」であることは、結婚生活の安定にほぼ同じきさで効いていることがわかります。強いて言えば、「所得」が一番大きなウェイトを占めていますが！

最後に相関比を見てみましょう。η^2の値は0.825です。全体の分散の8割以上をこの数量化の結果が説明していることになります。

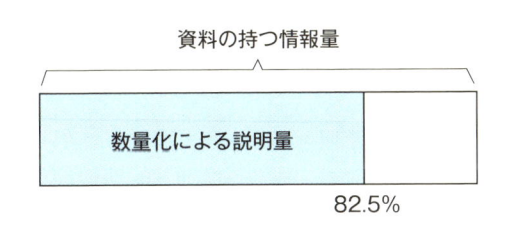

資料の持つ情報量

数量化による説明量

82.5%

> **MEMO　第2の解**
>
> 　条件(4)、(5)を付けた(3)の最小化問題を数学的に解くにはラグランジュの未定係数法を利用します（3章§7、付録し）。すると、解が複数個得られることになります。6章で調べたように、その中で最大の相関比η^2を与える解を第1に取り上げることになりますが、大きい順に第2、第3の解が必要なときもあります。第1の相関比η^2が小さいときです。このときには、3章§6で調べた図示の方法を利用して分析が進められます。

7-4 数量化Ⅲ類
～クロス集計表の表側と表頭のカテゴリーを数量化

数量化Ⅲ類は次のような形の資料に適用できます。

	項目1	項目2	項目3	項目4	項目5	項目6
項目A			1	1		
項目B	1	1	1	1	1	1
項目C		1	1			
項目D	1					1
項目E		1			1	1

全てのカテゴリーは対等であり、目安にする変量がありません。すなわち、数量化Ⅲ類は「外的基準がない場合にカテゴリーを数量化する」技法なのです。

❶ 数量化Ⅲ類の分析対象となる資料

次の表を見てください。これは、ある会社で会費5000円の忘年会を開くとき、食事の種類の希望を尋ねた資料です。アイテムは「年齢」と「食事の種類」です。形式はクロス集計表となっていて、選択した項目には1を記入しています。

（注）数量化Ⅲ類では各欄のデータは0と1から成り立ちます。2以上の数を許す場合については本章§6のコレスポンデンス分析の節で調べます。

	和食	中華	洋食	エスニック
20代		1		1
30代		1	1	
40代	1		1	1
50代	1		1	
60代	1			

このように、クロス集計の形でまとめられる資料から、縦のアイテム（表側）のカテゴリーと横のアイテム（表頭）のカテゴリーを数値化する手法が数量化Ⅲ類なのです。

	ウェイト	和食 x_1	中華 x_2	洋食 x_3	エスニック x_4
20代	y_1		1		1
30代	y_2		1	1	
40代	y_3	1		1	1
50代	y_4	1		1	
60代	y_5	1			

この表のカテゴリーウェイト x_1、…、x_4、y_1、…、y_5 の値を求めるのが数量化Ⅲ類。

§2の数量化Ⅰ類や、§3の数量化Ⅱ類では数量化のための基準があり、それをもとにして数量化を進めました。ところが、この資料ではそのための基準がありません。これが最初に特徴として挙げた「外的基準がない場合」ということの意味です。

● 数量化Ⅲ類は項目の並べ替え

上の資料の行と列を何回か入れ替え、次のように並べ替えてみましょう。

	ウェイト	和食 x_1	洋食 x_3	エスニック x_4	中華 x_2
60代	y_5	1			
50代	y_4	1	1		
40代	y_3	1	1	1	
30代	y_2		1		1
20代	y_1			1	1

この表のようにすることで、対角線上に1というデータが集約されました。斜めにまとまりのあるクロス集計表が得られたのです。こうすることで、「同じ宴会費なら、若者ほどボリュームのある食事を希望する」ということが一目瞭然となります。

こうして、2つのアイテムを構成するカテゴリーウェイトの順序が定まりました。上の表から、次の大小順となるのです。

$$x_1 < x_3 < x_4 < x_2,\ y_5 < y_4 < y_3 < y_2 < y_1 \quad \cdots (1)$$

大小の順序を持たない2つのアイテムの各カテゴリーの関係が、こうして大小の数値関係として明らかにされたのです。これが数量化Ⅲ類のアイデアです。

クロス集計表の並びは相関図の並び

では、どうやって最初のクロス集計表（前ページの上の表）から、斜めにまとまりのあるクロス集計（前ページの下の表）を数学的に得ることができるのでしょうか？

この並べ替えの原理を理解するために、クロス集計表から個票を作成し、続けて相関図を作成してみましょう。通常は個票からクロス集計表を作成するのですが（1章§8）、逆にクロス集計表から個票を作成するのです。そうすれば、その個票から相関図も簡単にイメージできます。

実際、このことを下図で確かめてください。下図は、例えば40代で和食を希望した人（仮にAと名付けます）が個票データ上に再現され、相関図にプロットされる過程を描いています。

クロス集計表

	ウェイト	和食 x_1	中華 x_2
20代	y_1		1
30代	y_2		1
40代	y_3	1	
50代	y_4	1	
60代	y_5	1	

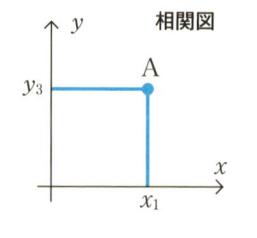

個票データ

対象番号	座標 食事	年代
A	x_1	y_3
B	x_1	y_4
C	x_1	y_5

相関図

この例からわかるように、クロス集計表の並びと相関図の並びとは一致します（軸の向きが逆転することはあります）。さて、目標はクロス集計

表において点列が斜めになるような並べ替えをすることですが、以上のことから、このことは相関図上で点列が斜めに並ぶということを意味するわけです。

数量化Ⅲ類の原理は相関係数の最大化

こうして、目標とする「斜めにまとまりのある」クロス集計表に対応する相関図は、斜めに点列が並んだ相関図となることがわかりました。

	項目1	項目2	項目3	項目4	項目5	項目6
項目α	1					
項目β	1	1	1			
項目γ		1	1	1		
項目δ				1	1	1
項目ε					1	1

縦の項目（カテゴリー）と横の項目（カテゴリー）を上手に数量化し、対応する相関図が右の図のようになるようにする。すなわち最大の相関になるようにする。

さて、斜めに並んだ点列を表す相関図は、大きな相関係数を持ちます。これが数量化Ⅲ類の原理となります。すなわち、クロス集計表が斜めにまとまるようにカテゴリーウェイトを数量化するには、クロス集計表から作成した個票データの相関が最大になるようにカテゴリーウェイトを決定すればよいのです。

相関係数を求めるための個票を作成

では、実際にクロス集計表から個票データを作成してみましょう。それが次のページの図です。

次のページの図で、例えばクロス集計表の3行目「40代」、1列目「和食」に該当する人は、先ほど示したように対象名「A」として、右の個票データに表現されています。この人は「年代」を表す変量xの値としてウェイトx_1、「食事」を表す変量yの値としてウェイトy_3を持つことになります。

同様にして、4行目「50代」、1列目「和食」に該当する人は、対象名「B」として右の個票データに表現されています。

この操作をすべての対象となる点（「1」の付けられた点）で実行します。こうして、クロス集計表から2変量x, yからなる個票データが作成されます。

クロス集計表		和食	中華	洋食	エスニック
	ウェイト	x_1	x_2	x_3	x_4
20代	y_1		D 1		I 1
30代	y_2		E 1	F 1	
40代	y_3	A 1		G 1	J 1
50代	y_4	B 1		H 1	
60代	y_5	C 1			

クロス集計表から2変量x, yからなる個票データを作成。こうして相関係数が求められる。A、B、…、Jは対応を示すために仮に名づけた個体の名。

個票データ	表位置		ウェイト	
対象	行	列	x	y
A	3	1	x_1	y_3
B	4	1	x_1	y_4
C	5	1	x_1	y_5
D	1	2	x_2	y_1
E	2	2	x_2	y_2
F	2	3	x_3	y_2
G	3	3	x_3	y_3
H	4	3	x_3	y_4
I	1	4	x_4	y_1
J	3	4	x_4	y_3

● 作成した個票から相関係数を算出

以上のように個票データを作成することで、「食事」xと「年代」yとの相関係数Rが算出できます（1章§4）。

$$R = \frac{(x_1-\bar{x})(y_3-\bar{y})+(x_1-\bar{x})(y_4-\bar{y})+\cdots+(x_4-\bar{x})(y_3-\bar{y})}{\sqrt{(x_1-\bar{x})^2+(x_1-\bar{x})^2+\cdots+(x_4-\bar{x})^2}\sqrt{(y_3-\bar{y})^2+(y_4-\bar{y})^2+\cdots+(y_3-\bar{y})^2}}$$

… (2)

後は、この相関係数Rを最大にするようにカテゴリーウェイトx_1、…、x_4、y_1、…、y_5を数量化すればよいのです。

カテゴリーウェイトの条件付け

以上が、具体例から見た数量化Ⅲ類の計算の流れです。まず、クロス集計表から仮想的な「個票データ」を作成し、次に「食事」xと「年代」yの相関係数を求めます。そして、最後にその相関係数Rが最大になるようにカテゴリーウェイトを数量化するのです。

ところで、この相関係数Rが最大になる、という条件だけではカテゴリーウェイトの値が決められません。あまりにも任意性が多いからです。そこで、次のような条件を付加します。

「食事」と「年代」の平均値は各々0、

「食事」と「年代」の 分散 は各々1

実際、相関係数は偏差から成り立つので、相対的な位置のみが重要となります。そこで、数値の原点をどこに定義しても構わないので、「平均値は0」となるように定義するのです。また、x_1、…、x_4、y_1、…、y_5の順序が問題であり絶対的な大きさには意味が有りません。そこで、簡単に分散は1と約束し、大きさを制限するのです。

これらの条件をいま調べている例で示すと、次のように式で表せます。

$\bar{x} = 0$、$\bar{y} = 0$ … (3)

$$\frac{(x_1-\bar{x})^2+(x_1-\bar{x})^2+\cdots+(x_4-\bar{x})^2}{10} = \frac{x_1^2+x_1^2+\cdots+x_4^2}{10} = 1 \quad \cdots (4)$$

$$\frac{(y_3-\bar{y})^2+(y_4-\bar{y})^2+\cdots+(y_3-\bar{y})^2}{10} = \frac{y_3^2+y_4^2+\cdots+y_3^2}{10} = 1 \quad \cdots (5)$$

ちなみに、分母の10は個体数です。

以上のように条件を付けると、(2)式の相関係数は次のように簡単になります。

$$R = \frac{1}{10}(x_1y_3+x_1y_4+\cdots+x_4y_3) \quad \cdots (6)$$

相関係数を最大にするように数量化

こうして、相関係数 R の最大値を求める準備ができました。(3)〜(5)式の条件のもとで、(6)式の最大値を求めればよいのです。

さて、数学的に相関係数 R の最大値を求めるには、条件(3)〜(5)のもとで、(6)の相関係数を微分し、得られた方程式を解けばよいでしょう。

$$\frac{\partial R}{\partial x_1}=0、\cdots、\frac{\partial R}{\partial x_4}=0、\frac{\partial R}{\partial y_1}=0、\cdots、\frac{\partial R}{\partial y_5}=0$$

(注) 実際に微分で(3)〜(5)式の条件のもとで(6)式の最大値を求めるには、3章§7で調べたラグランジュの未定係数法を利用します(付録C)。

しかし、実用的にはパソコンを利用します。ここでもExcelアドインの「ソルバー」を利用してカテゴリーウェイト x_1、…、x_4、y_1、…、y_5 を求めてみましょう。次ページのワークシートはその結果です。表から、

$x_1=-1.25$、$x_2=1.45$、$x_3=-0.19$、$x_4=0.71$

$y_1=1.40$、$y_2=0.82$、$y_3=-0.32$、$y_4=-0.94$、$y_5=-1.63$

このように数量化することで、横のアイテム「食事」と縦のアイテム「年代」の各カテゴリーウェイトの相関が最大になるのです。すなわち、最初に述べた(1)式を満たす関係が得られたのです。

結果を見てみる

大きさの順にカテゴリーウェイトを並べれば、次の序列が得られます。

(食事)	和食(x_1)	洋食(x_3)	エスニック(x_4)	中華(x_2)
(年齢)	60代(y_5) 50代(y_4) 40代(y_3)	30代(y_2)	20代(y_1)	

この並びを見ると、「年齢」は右に行くほど「若い」ことがわかります。要するに年代順に並んでいます。「食事」は右に行くほど「カロリーが高い」ことがわかります。本節の最初でも調べましたが、宴会費が同一ならば、「年代が高い人はカロリーが少ない食事を、若い人たちはカロリーが高い食事を」希望していることがわかりました。

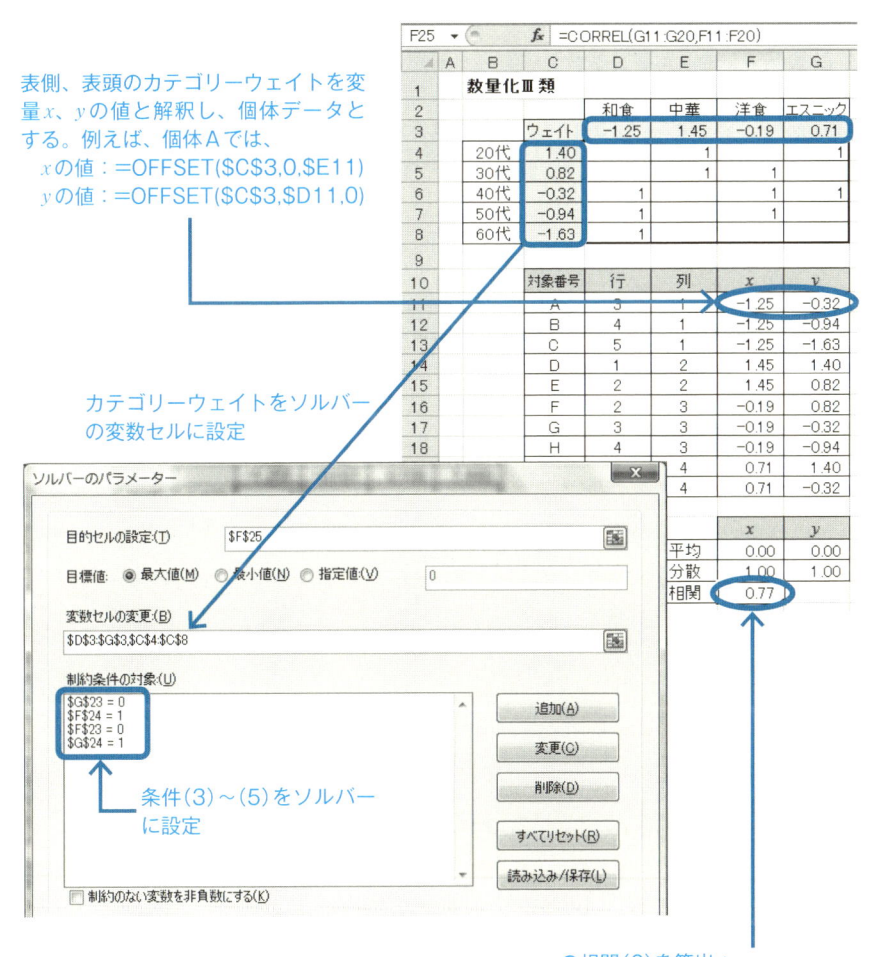

表側、表頭のカテゴリーウェイトを変量 x、y の値と解釈し、個体データとする。例えば、個体Aでは、
　x の値：=OFFSET($C$3,0,$E11)
　y の値：=OFFSET($C$3,$D11,0)

カテゴリーウェイトをソルバーの変数セルに設定

条件(3)〜(5)をソルバーに設定

x、y の相関(6)を算出：
=CORREL(G11:G20,F11:F20)
このセルをソルバーの目的セルに設定

	A	B	C	D	E	F	G
1		数量化Ⅲ類					
2				和食	中華	洋食	エスニック
3			ウェイト	-1.25	1.45	-0.19	0.71
4		20代	1.40		1		1
5		30代	0.82		1	1	
6		40代	-0.32	1		1	1
7		50代	-0.94	1		1	
8		60代	-1.63	1			
9							
10			対象番号	行	列	x	y
11			A	3	1	-1.25	-0.32
12			B	4	1	-1.25	-0.94
13			C	5	1	-1.25	-1.63
14			D	1	2	1.45	1.40
15			E	2	2	1.45	0.82
16			F	2	3	-0.19	0.82
17			G	3	3	-0.19	-0.32
18			H	4	3	-0.19	-0.94
19				4	4	0.71	1.40
20				4	4	0.71	-0.32
						x	y
					平均	0.00	0.00
					分散	1.00	1.00
					相関	0.77	

ソルバーのパラメーター

目的セルの設定(T)： $F$25
目標値： ●最大値(M) ○最小値(N) ○指定値(V) 0
変数セルの変更(B)：
$D$3:$G$3,$C$4:$C$8
制約条件の対象(U)：
$G$23 = 0
$F$24 = 1
$F$23 = 0
$G$24 = 1

MEMO　数量化Ⅲ類の2次元マッピング

条件(3)〜(5)を付けた(6)の最小化問題を数学的に解くにはラグランジュの未定係数法を利用します（3章§7、付録C）。すると、通常は解が複数個得られます。その中で最大の相関係数を与える解を第1に取り上げることになりますが、第1の解から得られる相関係数が小さいときには、大きい順に第2の相関を与える解も考慮する必要があります。このときには、主成分分析で調べたように、第1の解と第2の解で作る平面に、カテゴリーをマッピングできます（3章§6）。

7-4 数量化Ⅲ類 〜クロス集計表の表側と表頭のカテゴリーを数量化

7-5 数量化Ⅳ類 〜互いの親近性から関係を数量化

数量化Ⅳ類とは、数量化Ⅲ類と同様、数量化の基準がない資料を対象に、カテゴリーを数量化する技法です。次のような形の資料に適用できます。

	A_1	A_2	A_3	A_4
A_1		a_{12}	a_{13}	a_{14}
A_2	a_{21}		a_{23}	a_{24}
A_3	a_{31}	a_{32}		a_{34}
A_4	a_{41}	a_{42}	a_{43}	

数量化Ⅳ類の分析対象となる表の形式。

ここで、表側と表頭に同じ項目があることに留意してください。これが数量化Ⅲ類と異なる点です。また、データとなるa_{ij}（上の表の場合、i、jは1から4までの整数）は表側のi行にあるA_iと表頭のj列にあるA_jと関係を表す数値ですが、通常はa_{ij}とa_{ji}とは一致しないという点にも注意してください。

数量化Ⅳ類の分析対象となる資料

考え方をわかりやすく示すために、話を具体的にしましょう。

ある小学校で友人関係を調べるために、A_1、A_2、A_3、A_4の4人の小学生に、互いににどれくらい相手が好きかを、10点満点で答えてもらいました。その結果が次の表です。

	A_1	A_2	A_3	A_4
A_1		5	8	4
A_2	5		7	5
A_3	7	7		8
A_4	3	6	7	

親近度の表の例。

例えば、表側のA_1と表頭のA_3とが交差する欄には値8が入っています。小学生A_1は小学生A_3を10段階で8の好感度を持っていることを表します。それに対して、表側のA_3と表頭のA_1とが交差する欄には値7が入ってい

ます。小学生A_3は小学生A_1を10段階で7の好感度を持っていることを表しているのです。このような関係を表す数値を**親近度**と呼びます。

このような親近度からなる表において、表側と表頭のカテゴリーを数量化し、4人の位置関係を提示するのが数量化Ⅳ類です。

親近度の重みづけをした距離を考える

この4人の小学生A_1、A_2、A_3、A_4の位置関係を表すために、順にx_1、x_2、x_3、x_4という座標を与えることにします。これらの位置に具体的な数値を与え、4人の関係を分析するのが数量化Ⅳ類の目的となります。

	位置	A_1 x_1	A_2 x_2	A_3 x_3	A_4 x_4
A_1	x_1		5	8	4
A_2	x_2	5		7	5
A_3	x_3	7	7		8
A_4	x_4	3	6	7	

数量化Ⅳ類は親近度の資料から個体の最適な位置を探すのが目標。

では、どうやって4人の小学生の座標x_1、x_2、x_3、x_4を決定すればよいのでしょうか？ そこで、親近度の重みを付けた距離の平方和Qを考えます。

$$Q = 5(x_2-x_1)^2 + 8(x_3-x_1)^2 + 4(x_4-x_1)^2$$
$$+ 5(x_1-x_2)^2 + 7(x_3-x_2)^2 + 5(x_4-x_2)^2$$
$$+ 7(x_1-x_3)^2 + 7(x_2-x_3)^2 + 8(x_4-x_3)^2$$
$$+ 3(x_1-x_4)^2 + 6(x_2-x_4)^2 + 7(x_3-x_4)^2 \quad (1)$$

係数5、8、4、…、7は表の中の数値（親近度）です。例えば、最初の項

$$5(x_2-x_1)^2$$

は、表の1行2列目の値5に、小学生A_1と小学生A_2の距離x_2-x_1の平方を掛けたものです。

この式Qを最小化するように、座標x_1、x_2、x_3、x_4を決定してみましょ

う。Qを最小化するには、表の中で大きな値をもつ2者の距離が小さくなる必要があります。すなわち「親近度」の値が大きいほど、それに対応する2者の距離は縮まるのです。これが数量化の原理です。このように数量化することで、親しいものはより近くに、疎遠なものはより遠くに位置づけられることになるからです。

こうして、(1)式のQを最小化するように座標x_1、x_2、x_3、x_4を決定することが、4人の小学生の最適な位置づけであることがわかりました。

親しいものがより近くになり、疎遠なものがより遠くになると、(1)式のQはより小さくなる。

● 距離Qを最小にするように数量化

(1)式のQを最小化するような位置x_1、x_2、x_3、x_4を実際に求めるには、条件が必要になります。最小化という条件だけでは値が確定しないのからです。そこで、次の条件を付けます。

平均値　$\bar{x} = \dfrac{x_1 + x_2 + x_3 + x_4}{4} = 0$　…(2)

変動　$(x_1 - \bar{x})^2 + (x_2 - \bar{x})^2 + (x_3 - \bar{x})^2 + (x_4 - \bar{x})^2 = x_1^2 + x_2^2 + x_3^2 + x_4^2 = 1$

…(3)

(注) 変動が1という条件は、分散が1としても可です。

位置x_1、x_2、x_3、x_4の座標の原点を確定するのが(2)の条件であり、位置x_1、x_2、x_3、x_4がダラダラと広がってしまわないようにするのが(3)の条件です。これは、前節（§2〜4）でも利用したアイデアです。

以上の条件のもとで、(1)式で与えられるQを最小化する位置x_1、x_2、

x_3、x_4 の関係式を数学的に求めてみましょう。それが次の式です。

$$\frac{\partial Q}{\partial x_1}=0,\ \frac{\partial Q}{\partial x_2}=0 、\frac{\partial Q}{\partial x_3}=0,\ \frac{\partial Q}{\partial x_4}=0$$

(2)(3)の条件のもとで、この方程式を解き、x_1、x_2、x_3、x_4 を求めます。

(注) 実際に(1)式の Q の最小値を与える x_1、x_2、x_3、x_4 の値を求めるには、3章で調べたラグランジュの未定係数法を利用します（3章§7、付録C）。

しかし、ここでは Excel アドインの「ソルバー」を利用して位置 x_1、x_2、x_3、x_4 を直接求めてみます。それが次のワークシートです。

(1)式の平方の項（$(x_2-x_1)^2$ など）を計算。例えば、セルK4は次のように $(x_2-x_1)^2$ を算出：=($I4-K$3)^2

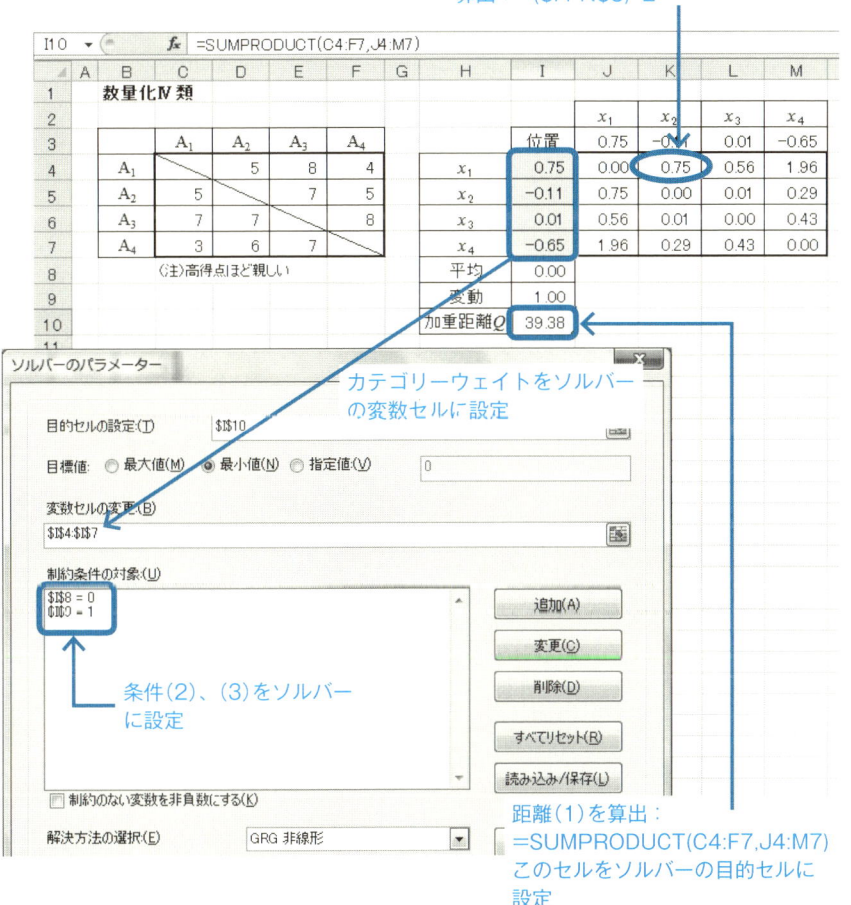

I10　=SUMPRODUCT(C4:F7,J4:M7)

数量化Ⅳ類

	A_1	A_2	A_3	A_4		位置	x_1	x_2	x_3	x_4
							0.75	−0.11	0.01	−0.65
A_1		5	8	4	x_1	0.75	0.00	0.75	0.56	1.96
A_2	5		7	5	x_2	−0.11	0.75	0.00	0.01	0.29
A_3	7	7		8	x_3	0.01	0.56	0.01	0.00	0.43
A_4	3	6	7		x_4	−0.65	1.96	0.29	0.43	0.00

(注) 高得点ほど親しい

平均	0.00
変動	1.00
加重距離 Q	39.38

ソルバーのパラメーター

カテゴリーウェイトをソルバーの変数セルに設定

目的セルの設定(T): $I$10
目標値: ○最大値(M) ●最小値(N) ○指定値(V) 0
変数セルの変更(B): $I$4:$I$7
制約条件の対象(U):
$I$8 = 0
$I$10 = 1

条件(2)、(3)をソルバーに設定

□制約のない変数を非負数にする(K)
解決方法の選択(E): GRG 非線形

距離(1)を算出：
=SUMPRODUCT(C4:F7,J4:M7)
このセルをソルバーの目的セルに設定

結果を見てみる

出力結果を見てみましょう。

$x_1 = 0.75$、$x_2 = -0.11$、$x_3 = 0.01$、$x_4 = -0.65$

これを図示してみます。

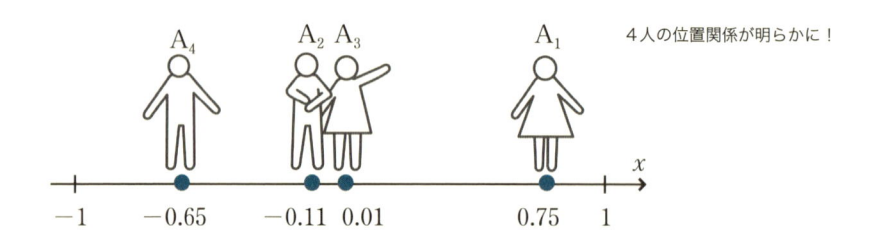

4人の位置関係が明らかに！

この図から、小学生のA_2とA_3は大変親しいことがわかります。それに対して、A_1とA_4は両端に離れています。友人がいないようです。小学校の先生は、この二人に気を配る必要があるでしょう。

このように、数量化IV類を利用することで、数値上の関係が図で表現できます。データの理解に大きく役立つことがわかるでしょう。

多次元に拡張

この例では、直線上にデータを並ばせることで関係を理解することができました。データ数が大きく複雑になると、このような直線的な解釈では収まりきれない場合があります。そのときには、今と同様な論法で、個体を平面的に並べることも可能です。例えば、これまでは個体A_1に対して、x_1という座標を与えて数量化しましたが、平面で考えるときには、

$A_1(x_1, y_1)$

というように2つの座標を与えるのです。こうすることで、多次元的にデータの関係を理解することが可能になります。

7-6 コレスポンデンス分析 〜数量化Ⅲ類の拡張

数量化Ⅲ類（本章§4）を発展させた数量化技法がコレスポンデンス分析です。数量化の基準がない資料に対して、カテゴリーを数量化する技法です。次のような資料に適用できます。

	項目1	項目2	項目3	項目4
項目A	3	2	4	2
項目B	1	1	3	3
項目C	0	4	12	5
項目D	2	9	5	2
項目E	3	1	2	8

コレスポンデンス分析の対象になる資料形式。

数量化Ⅲ類と異なる点は「各欄の値が0か1」という縛りがないことです。各欄に入る値として、0以上の任意の整数値をとることができます。

● コレスポンデンス分析の対象となる資料

話を具体的に進めましょう。次の表を見てください。これは、ある会社の幹事が、会費5000円の忘年会の予約のために、食事の希望を尋ねた資料です。アイテムは「年齢」と「食事の種類」です。形式はクロス集計表となっていて、集計結果の各セルの値は0以上の整数値になっています。

	和食	中華	洋食	スイーツ
20代	0	5	1	4
30代	2	4	3	3
40代	4	3	5	2
50代	4	2	4	1

数量化Ⅲ類と異なり、各セルの値が0、1という縛りがなくなる。

このように、クロス集計の形でまとめられる資料から、縦のアイテム（表側）のカテゴリーと横のアイテム（表頭）のカテゴリーを数量化する技法

がコレスポンデンス分析です。

	ウェイト	和食 x_1	中華 x_2	洋食 x_3	エスニック x_4
20代	y_1	0	5	1	4
30代	y_2	2	4	3	3
40代	y_3	4	3	5	2
50代	y_4	4	2	4	1

この表のカテゴリーウェイト x_1、…、x_4、y_1、…、y_4 の値を求めるのがコレスポンデンス分析。

● コレスポンデンス分析は項目の並べ替え

上の資料の行と列を入れ替えて、次のように並べてみましょう。

	ウェイト	和食 x_1	洋食 x_3	中華 x_2	エスニック x_4
50代	y_4	4	4	2	1
40代	y_3	4	5	3	2
30代	y_2	2	3	4	3
20代	y_1	0	1	5	4

対角線上に大きな数値が集約されました。斜めにまとまりのあるクロス集計表が得られたのです。こうすることで、「若者ほどコッテリとした食事を希望する」ということが一目瞭然となります。

こうして、2つのアイテムを構成するカテゴリーウェイトの順序が定まりました。上の表から、次の大小順となるのです。

$x_1 < x_3 < x_2 < x_4$、$y_4 < y_3 < y_2 < y_1$

大小の順序を持たない2つのアイテムの各カテゴリーの関係が、こうして大小の数値関係として明らかにされたのです。これがコレスポンデンス分析のアイデアです。この考え方は数量化Ⅲ類と同じです。

(注) 得られた順序が§4で調べた数量化Ⅲ類の結果と少し異なりますが、それはデータが異なるためです。

クロス集計表の並びを相関図の並びで解釈

どうやって最初のクロス集計表（前ページの上の表）から、斜めにまとまりのあるクロス集計（前ページの下の表）を得ることができるのでしょうか？

この並べ替えの原理を理解するために、数量化Ⅲ類のときと同様、クロス集計表を相関図に移し変えてみます。というのは、カテゴリーウェイトが与えられているとき、クロス集計表における「数値」の並びは相関図における点の並びと一致するからです。（数量化化Ⅲ類と異なるのは、各点に複数の個体がダブることがあることです。）

実際、このことを下図で確かめてください。下図では、例えば30代で和食を希望した2人が相関図にプロットされる過程を描いています。この例から、クロス集計表における「数値」の並びは相関図における点の並びと一致するという意味が了解されるでしょう。

	ウェイト	和食 x_1	中華 x_2	洋食 x_3	エスニック x_4
20代	y_1	0	5	1	4
30代	y_2	2	4	3	3
40代	y_3	4	3	5	2
50代	y_4	4	2	4	1

30代で和食を希望する者2人は、ウェイトとしてx_1, y_2を持っている。

点(x_1, y_2)には2人分が重なっている。

表位置		人数	座標	
行	列		x	y
1	1	0	x_1	y_1
2	1	2	x_1	y_2
3	1	4	x_1	y_3
4	1	4	x_1	y_4
1	2	5	x_2	y_1
2	2	4	x_2	y_2
3	2	3	x_2	y_3

7-6 コレスポンデンス分析 〜数量化Ⅲ類の拡張

コレスポンデンス分析の原理は相関係数の最大化

以上から、「斜めにまとまりのある」クロス集計表に対応する相関図は、斜めに点列が多く並んだ相関図となることがわかりました。

	ウェイト	和食 x_1	洋食 x_3	中華 x_2	エスニック x_4
50代	y_4	4	4	2	1
40代	y_3	4	5	3	2
30代	y_2	2	3	4	3
20代	y_1	0	1	5	4

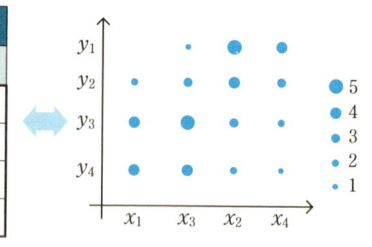

縦の項目（カテゴリー）と横の項目（カテゴリー）を上手に数量化し、対応する相関図が右図のように斜めにまとまるようにする。すなわち最大の相関になるようにする。

さて、最も斜めにまとまって並んだ点列を表す相関図は、大きな相関係数を持ちます。これがコレスポンデンス分析の原理となります。すなわち、クロス集計表が最も斜めにまとまるようにカテゴリーウェイトを数量化するには、クロス集計表から作成した**個票データの相関係数が最大になるようにカテゴリーウェイトを決定**すればよいのです。このことも、まったく数量化Ⅲ類と同じです。

相関係数を求めるための個票を作成

では、相関係数を求められるように、このクロス集計表から個票データを作成してみましょう。通常は個票データからクロス集計表を作成しますが、その逆の操作をするのです。すなわち、次のように個票を作成します。

例えば、上のクロス集計表の2行目「30代」、1列目「和食」に該当する2人は、個票データの行2、列1の場所に人数「2」として記録されています。このとき、ウェイトとして「食事」x_1、「年代」y_2 が与えられます。

クロス集計表において、この操作をすべてのセルについて行います。こうして、2変量 x、y からなる個票データが作成されます。

	ウェイト	和食 x_1	中華 x_2	洋食 x_3	エスニック x_4
20代	y_1	0	5	1	4
30代	y_2	2	4	3	3
40代	y_3	4	3	5	2
50代	y_4	4	2	4	1

クロス集計表。

表位置 行	表位置 列	人数	座標 x	座標 y
1	1	0	x_1	y_1
2	1	2	x_1	y_2
3	1	4	x_1	y_3
4	1	4	x_1	y_4
1	2	5	x_2	y_1
2	2	4	x_2	y_2
3	2	3	x_2	y_3
4	2	2	x_2	y_4
1	3	1	x_3	y_1
2	3	3	x_3	y_2
3	3	5	x_3	y_3
4	3	4	x_3	y_4
1	4	4	x_4	y_1
2	4	3	x_4	y_2
3	4	2	x_4	y_3
4	4	1	x_4	y_4

個票データ
クロス集計表から、個票データを作成する。こうすれば、相関係数が算出できる。

　個票を作成すれば、「食事」と「年代」との相関係数Rが算出できます（1章§4）。後は、この2変量x、yの相関係数Rを最大にするようにカテゴリーウェイトx_1、…、x_4、y_1、…、y_4を数量化すればよいのです。

（注）ここで作成した個票データは1章で調べた個票データと多少異なります。ここの個票データでは、同一値を持つ個体はまとめられているのです。その人数は人数欄に記載されています。

● カテゴリーウェイトを条件付け

　以上が、例から見たコレスポンデンス分析の原理です。まず、クロス集計表から上のような「個票」を作成し、「食事」xと「年代」yの相関係数を求め、その相関係数Rが最大になるようにカテゴリーウェイトを数量化します。繰り返しますが、この原理は数量化Ⅲ類とまったく同じです。

7-6 コレスポンデンス分析 〜数量化Ⅲ類の拡張

ところで、その数量化Ⅲ類のときと同様、相関係数Rが最大になるという条件だけではカテゴリーウェイトの値が決められません。あまりにも任意性が多いからです。そこで、次のような条件を付加します。

$$\left.\begin{array}{l}「食事」と「年代」の平均値は各々0\\「食事」と「年代」の分\ 散は各々1\end{array}\right\} \quad \cdots (1)$$

理由については、数量化Ⅲ類の項目で調べているので解説を省きます。以上のように条件(1)を付けると、相関係数Rは次のように簡単になります。

$$R = \frac{1}{47}(0 \times x_1 y_1 + 2 \times x_1 y_2 + 4 \times x_1 y_3 + \cdots + 1 \times x_4 y_4) \quad \cdots (2)$$

● 相関係数を最大にするように数量化

(1)の条件のもとで(2)式の相関係数Rの最大値を数学的に求めるにはラグランジュの未定係数法を利用します(付録C)。しかし、ここでも数学的な解は省略し、パソコンを利用してカテゴリーウェイトを求めます。他の節と同様、Excelアドインの「ソルバー」でカテゴリーウェイトを求めてみましょう。次ページのワークシートはその計算結果です。その表から次の結果が得られます。

$$\left.\begin{array}{l}x_1 = -1.292、x_2 = 0.845、x_3 = -0.776、x_4 = 1.118\\y_1 = 1.670、y_2 = 0.321、y_3 = -0.644、y_4 = -1.048\end{array}\right\} \quad \cdots (3)$$

こうして、数量化が完了しました。縦と横のカテゴリーをこのように数量化することで、各カテゴリーの相関が最大になるわけです。

> **MEMO　多変量解析のソフトウェア**
>
> 　本書では、一貫して統計処理にExcelを利用しています。ほとんどのパソコンで利用できるからです。しかし、統計データごとに表を作成し関数を埋め込まなければならないので面倒です。そこで、多変量解析のための専用のソフトウェが多数販売されています。それらはデータをセットするだけで分析ができるので便利です。

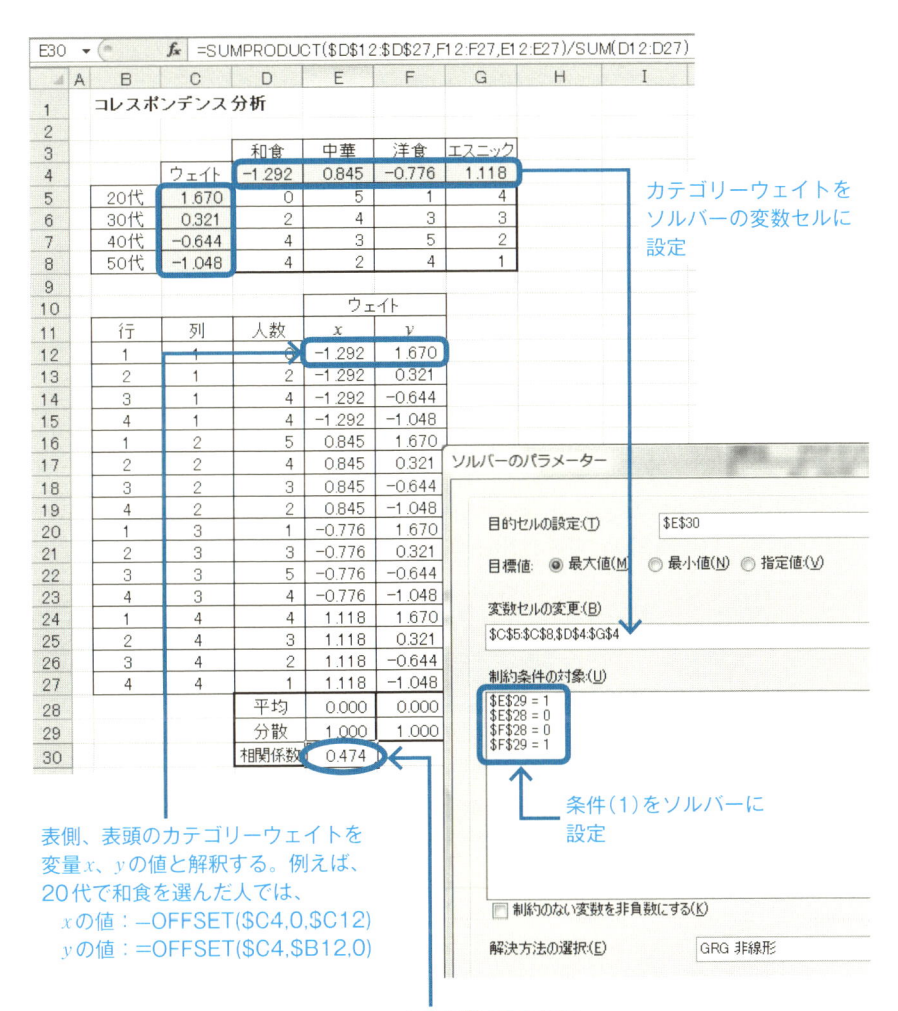

E30 `fx =SUMPRODUCT($D$12:$D$27,F12:F27,E12:E27)/SUM(D12:D27)`

コレスポンデンス分析

		和食	中華	洋食	エスニック
	ウェイト	-1.292	0.845	-0.776	1.118
20代	1.670	0	5	1	4
30代	0.321	2	4	3	3
40代	-0.644	4	3	5	2
50代	-1.048	4	2	4	1

カテゴリーウェイトを
ソルバーの変数セルに
設定

			ウェイト	
行	列	人数	x	y
1	1		-1.292	1.670
2	1	2	-1.292	0.321
3	1	4	-1.292	-0.644
4	1	4	-1.292	-1.048
1	2	5	0.845	1.670
2	2	4	0.845	0.321
3	2	3	0.845	-0.644
4	2	2	0.845	-1.048
1	3	1	-0.776	1.670
2	3	3	-0.776	0.321
3	3	5	-0.776	-0.644
4	3	4	-0.776	-1.048
1	4	4	1.118	1.670
2	4	3	1.118	0.321
3	4	2	1.118	-0.644
4	4	1	1.118	-1.048
	平均		0.000	0.000
	分散		1.000	1.000
	相関係数		0.474	

ソルバーのパラメーター

目的セルの設定(T)： `$E$30`
目標値： ● 最大値(M) ○ 最小値(N) ○ 指定値(V)
変数セルの変更(B)：
`$C$5:$C$8,$D$4:$G$4`
制約条件の対象(U)：
`$E$29 = 1`
`$E$28 = 0`
`$F$28 = 0`
`$F$29 = 1`

条件（1）をソルバーに設定

□ 制約のない変数を非負数にする(K)
解決方法の選択(E)： `GRG 非線形`

表側、表頭のカテゴリーウェイトを
変量 x、y の値と解釈する。例えば、
20代で和食を選んだ人では、
　x の値： =OFFSET($C4,0,$C12)
　y の値： =OFFSET($C4,$B12,0)

x、y の相関係数（2）を算出：
=SUMPRODUCT($D$12:$D$27,F12:F27,E12:E27)/
SUM(D12:D27)
このセルをソルバーの目的セルに設定

● 結果を見てみる

(3)式で得られた x_1、…、x_4、y_1、…、y_4 の値の順にカテゴリーを並べ替えてみましょう。

x（食事）	和食	洋食	中華	エスニック
y（年齢）	50代	40代	30代	20代

7-6 コレスポンデンス分析 〜数量化Ⅲ類の拡張

第7章 質的データの多変量解析

この並びから、「年齢」yは右に行くほど「若い」ことがわかります。要するに年代順に並んでいます。「食事」xは右に行くほど「カロリーが高い」ことがわかります。こうして、最初にも調べたように、「年代が高い人はカロリーが少ない食事を、若い人たちはカロリーが高い食事を」忘年会において希望していることがわかりました。

（注）先にも示したように、§4の数量化Ⅲ類の結果と多少異なるのは、データが違うからです。

● カテゴリーウェイト順に並べ替え

　当初の目標の通り、カテゴリーウェイトが正しい並び順を示しているか調べてみましょう。

　まず、元の表に(3)式で求めたカテゴリーウェイトの値を入れた表を示してみます。

	ウェイト	和食	中華	洋食	エスニック
		−1.292	0.845	−0.776	1.118
20代	1.670	0	5	1	4
30代	0.321	2	4	3	3
40代	−0.644	4	3	5	2
50代	−1.048	4	2	4	1

　次に、得られたカテゴリーウェイト順に行と列を並べ替えてみます。

	ウェイト	和食	洋食	中華	エスニック
		−1.292	−0.776	0.845	1.118
50代	−1.048	4	4	2	1
40代	−0.644	4	5	3	2
30代	0.321	2	3	4	3
20代	1.670	0	1	5	4

　目標通り、「クロス集計表の対角線上に大きな値が並ぶ」表が作成できました。コレスポンデンス分析のシナリオが正しいことが確かめられました。

付録A 分散と共分散の計算公式

多変量解析では、仮定した統計モデルから分散、共分散の理論値を導き出し、資料から得られる実測値と比較することを常とう手段にします。そこで、分散、共分散を算出するための計算公式が必要になります。ここでは、そのための計算公式をまとめてみましょう。

● 分散と共分散の記号

変量xの分散は通常s_x^2で表されます。しかし、2変量x、yの「和の分散」を調べたいときなどは、この記号では表現力にかけます。そこで、1章でも調べたように、次の記号を導入します。

変量xの分散$= V(x)$

この記号を使えば、例えば2変量x、yの「和の分散」は次のような簡潔に表現できます。

変量$x + y$の分散$= V(x + y)$

同様に、2変量x、yの共分散は通常s_{xy}で表されますが、複雑な場合には対応しきれません。そこで、次の記号を導入します。

2変量x、yの共分散$= Cov(x, y)$

この記号を使えば、例えば変量x、$y + z$の共分散は次のような簡潔に表現できます。

変量x、$y + z$の共分散$= Cov(x, y + z)$

(注) 1章で調べたように、分散の記号Vはvarianceが、共分散の記号Covはcovarianceが由来です。

● 分散と共分散の計算の基本公式

x、y、u、vを変量とし、a、b、c、dを定数とします。このとき、分散、共分散について、次の公式が成立します。

$$Cov(x, x) = V(x) \quad \cdots (1)$$
$$V(ax + b) = a^2 V(x) \quad \cdots (2)$$
$$V(x + y) = V(x) + 2Cov(x, y) + V(y) \quad \cdots (3)$$
$$Cov(ax, by) = ab Cov(x, y) \quad \cdots (4)$$
$$Cov(x + y, z) = Cov(x, z) + Cov(y, z) \quad \cdots (5)$$

計算公式の証明は簡単

これらの証明は分散、共分散の定義式を使うだけで簡単に証明できます。次の表に示す資料を用いて、それを示してみましょう。

個体名	x	y	z
1	x_1	y_1	z_1
2	x_2	y_2	z_2
…	…	…	…
n	x_n	y_n	z_n

(1)式は次のように証明されます。

$$Cov(x, x) = \frac{1}{n}\{(x_1 - \bar{x})(x_1 - \bar{x}) + (x_2 - \bar{x})(x_2 - \bar{x}) + \cdots + (x_n - \bar{x})(x_n - \bar{x})\}$$

$$= \frac{1}{n}\{(x_1 - \bar{x})^2 + (x_2 - \bar{x})^2 + \cdots + (x_n - \bar{x})^2\} = V(x)$$

(2)式は次のように証明されます。

$$V(ax + b) = \frac{1}{n}[\{(ax_1 + b) - (a\bar{x} + b)\}^2 + \cdots + \{(ax_n + b) - (a\bar{x} + b)\}^2]$$

$$= a^2 \frac{1}{n}\{(x_1 - \bar{x})^2 + \cdots + (x_n - \bar{x})^2\} = a^2 V(x)$$

(3)式は次のように証明されます。

$$V(x + y) = \frac{1}{n}[\{(x_1 + y_1) - (\bar{x} + \bar{y})\}^2 + \cdots + \{(x_n + y_n) - (\bar{x} + \bar{y})\}^2]$$

$$= \frac{1}{n}[\{(x_1-\overline{x})+(y_1-\overline{y})\}^2+\cdots+\{(x_n-\overline{x})+(y_n-\overline{y})\}^2]$$

$$= \frac{1}{n}\{(x_1-\overline{x})^2+\cdots+(x_n-\overline{x})^2\}+2\frac{1}{n}\{(x_1-\overline{x})(y_1-\overline{y})+\cdots+(x_n-\overline{x})(y_n-\overline{y})\}$$

$$+\frac{1}{n}\{(y_1-\overline{y})^2+\cdots+(y_n-\overline{y})^2\}=V(x)+2Cov(x,y)+V(y)$$

(4)式は次のように証明されます。

$$Cov(ax, by) = \frac{1}{n}\{(ax_1-a\overline{x})(by_1-b\overline{y})+\cdots+(ax_n-a\overline{x})(by_n-b\overline{y})\}$$

$$= ab\frac{1}{n}\{(x_1-\overline{x})(y_1-\overline{y})+\cdots+(x_n-\overline{x})(y_n-\overline{y})\}=abCov(x,y)$$

(5)式は次のように証明されます。

$$Cov(x+y, z) = \frac{1}{n}\{(x_1+y_1-\overline{x}-\overline{y})(z_1-\overline{z})+\cdots+(x_n+y_n-\overline{x}-\overline{y})(z_n-\overline{z})\}$$

$$= \frac{1}{n}\{(x_1-\overline{x})(z_1-\overline{z})+\cdots+(x_n-\overline{y})(z_n-\overline{z})\}$$

$$+\frac{1}{n}\{(y_1-\overline{y})(z_1-\overline{z})+\cdots+(y_n-\overline{y})(z_n-\overline{z})\}=Cov(x,z)+Cov(y,z)$$

● 計算公式から得られる応用公式

(1)〜(4)の基本公式を利用すると、いろいろな応用公式が生まれます。その代表的なものを示しておきましょう。

$$V(ax+by+c) = a^2V(x)+2abCov(x,y)+b^2V(y) \quad \cdots (6)$$
$$Cov(ax+by, cu+dv)$$
$$= acCov(x,u)+adCov(x,v)+bcCov(y,u)+bdCov(y,v)$$

例えば、(6)は(1)〜(4)を用いて、次のように証明されます。

$$V(ax+by+c) = V(ax+by) = V(ax)+2Cov(ax, by)+V(by)$$
$$= a^2V(x)+2abCov(x,y)+b^2V(y)$$

付録 B 重回帰方程式の一般的な解法

2章§7では、重回帰分析における回帰方程式の導出の原理を調べました。そこでは、具体的な式の変形は省略しました。ここで説明変量が2変量x、wの場合について、その導出の式変形を追ってみましょう。説明変量が3変量以上の場合についても、全く同様に算出できます。

(注) 以下で、$b=0$と置き変量wの項を取り去ると、単回帰分析の証明となります。

一般的に次の資料があり、yを目的変量とし、w、xを説明変量とする回帰方程式を求める式を導出してみます。

個体名	w	x	y
1	w_1	x_1	y_1
2	w_2	x_2	y_2
3	w_3	x_3	y_3
…	…	…	…
n	w_n	x_n	y_n

まず、回帰方程式を次のようにおきます。

$$\hat{y} = a + bw + cx \quad (a、b、c は定数)$$

すると残差平方和Qは

$$Q = \{y_1-(a+bw_1+cx_1)\}^2 + \{y_2-(a+bw_2+cx_2)\}^2 + \cdots + \{y_n-(a+bw_n+cx_n)\}^2 \quad \cdots (1)$$

これを最小にするa、b、cの値を求めたいので、微分積分学の定理から次の関係が成立します。

$$\frac{\partial Q}{\partial a}=0、\quad \frac{\partial Q}{\partial b}=0、\quad \frac{\partial Q}{\partial c}=0 \quad \cdots (2)$$

この最後の式を実際に計算してみましょう。

$$\frac{\partial Q}{\partial a} = -2[\{y_1-(a+bw_1+cx_1)\}+\{y_2-(a+bw_2+cx_2)\}+\cdots+\{y_n-(a+bw_n+cx_n)\}]=0$$

展開し、まとめ直してみましょう。

$$y_1+y_2+\cdots+y_n = na+b(w_1+w_2+\cdots+w_n)+c(x_1+x_2+\cdots+x_n)$$

両辺をnで割ると、平均値の定義から次の式が得られます。

$$\overline{y}=a+b\overline{w}+c\overline{x} \quad \cdots (3)$$

このことは、回帰方程式の描く平面（回帰平面）上に平均値を表す点$(\overline{w},\overline{x},\overline{y})$が存在することを表しています（右図）。

（注）説明変数が3変量以上のときには、この平面は超平面になります。

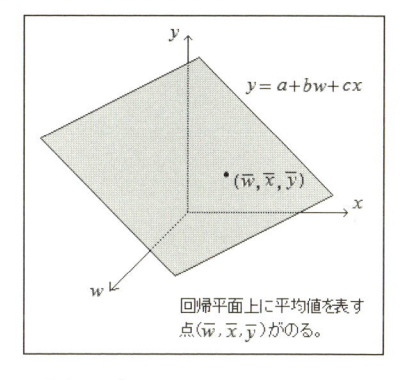

(3)式からaを求め、(1)式に代入してみましょう。

$$Q = \{y_1-\overline{y}-b(w_1-\overline{w})-c(x_1-\overline{x})\}^2 + \cdots + \{y_n-\overline{y}-b(w_n-\overline{w})-c(x_n-\overline{x})\}^2$$

ここで(2)の残りの二つの微分を実行してみましょう。

$$\frac{\partial Q}{\partial b} = -2[\{y_1-\overline{y}-b(w_1-\overline{w})-c(x_1-\overline{x})\}(w_1-\overline{w})$$
$$+\cdots+\{y_n-\overline{y}-b(w_n-\overline{w})-c(x_n-\overline{x})\}(w_n-\overline{w})] = 0$$

$$\frac{\partial Q}{\partial c} = -2[\{y_1-\overline{y}-b(w_1-\overline{w})-c(x_1-\overline{x})\}(x_1-\overline{x})$$
$$+\cdots+\{y_n-\overline{y}-b(w_n-\overline{w})-c(x_n-\overline{x})\}(x_n-\overline{x})] = 0$$

展開し変量ごとにまとめて両辺をnで割ってみましょう。分散、共分散の定義から、次の式が得られます。

$$\left.\begin{array}{l} s_w^2 b + s_{wx} c = s_{wy} \\ s_{wx} b + s_x^2 c = s_{xy} \end{array}\right\} \quad \cdots (4)$$

この(4)式と(3)式が係数a、b、cを求める連立方程式になります。こうして、2章§7の式(4)が証明されました。

付録 C 極値条件とラグランジュの未定係数法

ここでは、**ラグランジュの未定係数法**について調べます。

◆ 極値条件（1変数のとき）

いま、変数 x について十分滑らかな関数 $y=f(x)$ を考えます。このグラフは下図のように描かれたとします。すなわち、$x=a$、$x=b$ で**極値**をとっています。

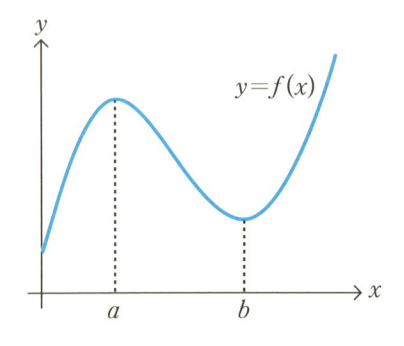

極値とは極大値と極小値とを合わせて表現する言葉です。極大値、極小値とは局所的に見て最大値、最小値になることをいいます。

このように、関数 $y=f(x)$ が $x=a$ や $x=b$ において極値をとるとき、その x における導関数の値は 0 となります。すなわち、

$$\frac{dy}{dx}=0 \quad (x=a、x=b のとき) \quad \cdots (1)$$

これが1変数関数の**極値条件**です。

最大値、最小値は極値の特別な場合です。したがって、最大値、最小値を議論するとき、(1)はその必要条件になります。

◆ 極値条件（多変数のとき）

2変数 x,y について十分滑らかな関数 $z=f(x,y)$ を考えます。このとき、

y を固定して x だけを変数と考え、微分する場合があります。これを x についての**偏微分**といい、次のような記号で表します。

$$\frac{\partial z}{\partial x}$$

y についての偏微分も同様に定義します。

例えば、$z = f(x, y)$ として、次の関数を考えましょう。

$$z = x^2 + y^4$$

このとき、x、y についての偏微分は次のようになります。

$$\frac{\partial z}{\partial x} = 2x、\quad \frac{\partial z}{\partial y} = 4y^3$$

いま、関数 $z = f(x, y)$ が下図のように点 (a, b) で極値をとったとしましょう。

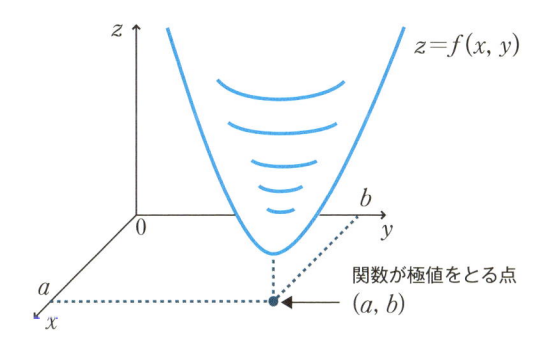

このとき、1変数のときの(1)式と同様に、次の関係が成立します。

$$\frac{\partial z}{\partial x} = 0、\quad \frac{\partial z}{\partial y} = 0 \quad ((x, y) = (a, b) \text{のとき}) \quad \cdots (2)$$

1変量のときと同様、これは最大値、最小値のための必要条件です。

3変数以上の場合についても、(2)と同様な式が成立します。

ラグランジュの未定係数法

多変量解析の多くの問題では、(1)、(2)式を用いて単純に最大値や最小値を求めることはできません。変数に条件が付くからです。そこで、変数

に条件が付けられたとき、(1)、(2)をどのように変更すればよいかを調べます。このとき利用されるのが**ラグランジュの未定係数法**です。これを次の枠に示します。

（注）関数は微分可能と仮定しています。

変数 x、y、$\cdots$、w が条件式 $g(x, y, \cdots, w) = 0$ を満たすとする。このとき、関数 $f(x, y, \cdots, w)$ が最大値（または最小値）をとるなら、次の式が満たされる。

$$\frac{\partial L}{\partial x} = 0、\frac{\partial L}{\partial y} = 0、\cdots、\frac{\partial L}{\partial w} = 0$$

ここで　$L = f(x, y, \cdots, w) - \lambda g(x, y, \cdots, w)$　（λ は定数）

実際に次の例題で利用法を確かめましょう。

(例) $x^2 + y^2 = 1$ のとき、$x + y$ の最大値を求めよう。

$f(x, y) = x + y$、$g(x, y) = x^2 + y^2 - 1$ とすると、この定理と形式が一致します。よって、

$$L = f(x, y) - \lambda g(x, y) = (x + y) - \lambda(x^2 + y^2 - 1)$$

これから、$f(x, y) = x + y$ が最大のとき、

$$\frac{\partial L}{\partial x} = 1 - 2\lambda x = 0、\frac{\partial L}{\partial y} = 1 - 2\lambda y = 0$$

これを解いて、$x = y = \dfrac{1}{2\lambda}$

条件 $x^2 + y^2 = 1$ に代入して、$\lambda = \dfrac{1}{\sqrt{2}}$（最大値を求めたいので、$\lambda < 0$ は省きました。）

よって、$x = y = \dfrac{1}{2\lambda} = \dfrac{1}{\sqrt{2}}$ のとき、$f(x, y)$ の最大値は

$$f(x, y) = x + y = \frac{1}{\sqrt{2}} + \frac{1}{\sqrt{2}} = \sqrt{2} \quad \textbf{(答)}$$

（注）ラグランジュの未定係数法は最大値の必要条件を与えます。厳密には、この答が十分条件も満たすことを確認しなければいけません。

付録D 行列の基本

多変量解析では行列が駆使されます。したがって、ある程度、行列についての教養が必要になります。ここでは、本書で利用する行列の知識を確認します。

行列とは

行列とは数の並びで、次のように表現されます。

$$A = \begin{pmatrix} 3 & 1 & 4 \\ 1 & 5 & 9 \\ 2 & 6 & 5 \end{pmatrix}$$

横の並びを**行**、縦の並びを**列**と言います。上の例では、3行と3列からなる行列なので、**3行3列**の行列と言います。

特に、この例のように、行と列とが同数の行列を**正方行列**と言います。また、次のような行列 X、Y を順に**列ベクトル**、**行ベクトル**と呼びます。単に**ベクトル**と呼ばれることもあります。

$$X = \begin{pmatrix} 3 \\ 1 \\ 4 \end{pmatrix}, \quad Y = (2 \quad 7 \quad 1)$$

さて、行列 A をもっと一般的に表現してみましょう。

$$A = \begin{pmatrix} a_{11} & a_{12} & a_{13} \\ a_{21} & a_{22} & a_{23} \\ a_{31} & a_{32} & a_{33} \end{pmatrix}$$

A_{ij} とは i 行 j 列に位置する値(**成分**と言います)を表します。特に、i 行 i 列の成分を**対角成分**といいます。

特に有名な正方行列として、**単位行列**があります。対角成分は1、それ以外は0の行列で、通常 E で表されます。例えば、2行2列、3行3列の単位行列 E は、各々次のように表されます。

$$E = \begin{pmatrix} 1 & 0 \\ 0 & 1 \end{pmatrix}, \quad E = \begin{pmatrix} 1 & 0 & 0 \\ 0 & 1 & 0 \\ 0 & 0 & 1 \end{pmatrix}$$

（注）Eはドイツ語の1を表すeinの頭文字。

● 行列の相等

2つの行列A, Bが等しいということは、対応する各成分が等しいことを意味し、$A = B$と書きます。

例えば、$A = \begin{pmatrix} 2 & 7 \\ 1 & 8 \end{pmatrix}$, $B = \begin{pmatrix} x & y \\ u & v \end{pmatrix}$のとき、$A = B$は次を意味します。

$x = 2$、$y = 7$、$u = 1$、$v = 8$

● 行列の和と差、定数倍

二つの行列A、Bの和**$A + B$**、差**$A - B$**は、同じ位置の成分どうしの和、差と定義されます。また、行列の定数倍は、各成分を定数倍したものと定義します。次の例で、この意味を確かめてください。

$A = \begin{pmatrix} 2 & 7 \\ 1 & 8 \end{pmatrix}$, $B = \begin{pmatrix} 2 & 8 \\ 1 & 3 \end{pmatrix}$のとき

$A + B = \begin{pmatrix} 2+2 & 7+8 \\ 1+1 & 8+3 \end{pmatrix} = \begin{pmatrix} 4 & 15 \\ 2 & 11 \end{pmatrix}$

$A - B = \begin{pmatrix} 2-2 & 7-8 \\ 1-1 & 8-3 \end{pmatrix} = \begin{pmatrix} 0 & -1 \\ 0 & 5 \end{pmatrix}$

$3A = 3\begin{pmatrix} 2 & 7 \\ 1 & 8 \end{pmatrix} = \begin{pmatrix} 3 \times 2 & 3 \times 7 \\ 3 \times 1 & 3 \times 8 \end{pmatrix} = \begin{pmatrix} 6 & 21 \\ 3 & 24 \end{pmatrix}$

● 行列の積

二つの行列A, Bの積ABは、次のように定義されます。すなわち、Aのi行とBのj列の対応する成分どうしを掛け合わせた数を、i行j列の成

分にした行列が AB です。次の例で確かめてください。

(例) $A = \begin{pmatrix} 2 & 7 \\ 1 & 8 \end{pmatrix}$, $B = \begin{pmatrix} 2 & 8 \\ 1 & 3 \end{pmatrix}$ のとき

$$AB = \begin{pmatrix} 2 & 7 \\ 1 & 8 \end{pmatrix}\begin{pmatrix} 2 & 8 \\ 1 & 3 \end{pmatrix} = \begin{pmatrix} 2 \cdot 2 + 7 \cdot 1 & 2 \cdot 8 + 7 \cdot 3 \\ 1 \cdot 2 + 8 \cdot 1 & 1 \cdot 8 + 8 \cdot 3 \end{pmatrix} = \begin{pmatrix} 11 & 37 \\ 10 & 32 \end{pmatrix}$$

$$BA = \begin{pmatrix} 2 & 8 \\ 1 & 3 \end{pmatrix}\begin{pmatrix} 2 & 7 \\ 1 & 8 \end{pmatrix} = \begin{pmatrix} 2 \cdot 2 + 8 \cdot 1 & 2 \cdot 7 + 8 \cdot 8 \\ 1 \cdot 2 + 3 \cdot 1 & 1 \cdot 7 + 3 \cdot 8 \end{pmatrix} = \begin{pmatrix} 12 & 78 \\ 5 & 31 \end{pmatrix}$$

この例で分かるように、行列では積の交換法則が成立しないのが普通です。

$AB \neq BA$

これが行列の最も重要な特性です。

特に、単位行列 E と、積が考えられる任意の行列 A との積においては、次の性質が成立します。

$AE = EA = A$

単位行列は **1と同じ性質をもつ行列** なのです。

逆行列

正方行列 A に対して、次のような性質を持つ行列 X を、A の逆行列といい、A^{-1} で表します。

$AX = XA = E$

ここで、E は単位行列です。

(例) $A = \begin{pmatrix} 1 & 2 \\ 2 & 1 \end{pmatrix}$ のとき、$A^{-1} = -\dfrac{1}{3}\begin{pmatrix} 1 & -2 \\ -2 & 1 \end{pmatrix}$

実際、計算で確かめてみましょう。

$$AA^{-1} = \begin{pmatrix} 1 & 2 \\ 2 & 1 \end{pmatrix} \cdot \left(-\dfrac{1}{3}\right)\begin{pmatrix} 1 & -2 \\ -2 & 1 \end{pmatrix} = \begin{pmatrix} 1 & 0 \\ 0 & 1 \end{pmatrix}$$

$$A^{-1}A = -\dfrac{1}{3}\begin{pmatrix} 1 & -2 \\ -2 & 1 \end{pmatrix}\begin{pmatrix} 1 & 2 \\ 2 & 1 \end{pmatrix} = \begin{pmatrix} 1 & 0 \\ 0 & 1 \end{pmatrix}$$

全ての正方行列に対して、逆行列が存在するとは限りません。逆行列を持つ行列のことを **正則行列** と呼びます。

● トレース(trace)

正方行列 A の全ての対角成分を加えたものを、その行列の **トレース** (trace) といい、記号 $\mathrm{tr}(A)$ で表します。

(例) $A = \begin{pmatrix} 2 & 7 \\ 1 & 8 \end{pmatrix}$ に対してトレースは、$\mathrm{tr}(A) = 2 + 8 = 10$

● 行列式

正方行列の各行から列番号の異なる成分を 1 組取り出し、それらの積に符号を付けた値を考えます。取り出し方の全ての組み合わせについて、その値を加え合わせたものを、その行列の **行列式** (determinant) といいます。その際、符号は自然数の並びを偶数回入れ替えて得られた組み合わせについては＋を、そうでないときには−を採用します。

行列 A の行列式は、記号 $|A|$ で表すのが一般的です。

文章にしてもわかりにくいので、具体例で示してみましょう。

(例) $A = \begin{pmatrix} 2 & 7 \\ 1 & 8 \end{pmatrix}$ のとき、$|A| = 2 \times 8 - 7 \times 1 = 9$

(例) $A = \begin{pmatrix} 3 & 1 & 4 \\ 1 & 5 & 9 \\ 2 & 6 & 5 \end{pmatrix}$ のとき、

$|A| = 3 \times 5 \times 5 + 1 \times 9 \times 2 + 4 \times 1 \times 6 - 4 \times 5 \times 2 - 1 \times 1 \times 5 - 3 \times 9 \times 6 = -90$

● 転置行列

行列 A の i 行 j 列にある値を j 行 i 列に置き換えて得られた行列を、元の行列 A の **転置行列** (transposed matrix) といいます。本書では、${}^tA$ で表現しています。

(例) $A = \begin{pmatrix} 2 & 7 \\ 1 & 8 \end{pmatrix}$ のとき、${}^tA = \begin{pmatrix} 2 & 1 \\ 7 & 8 \end{pmatrix}$

付録E 対称行列の固有値問題とその性質

分散共分散行列や相関行列は対称行列です。そこで、統計解析は対称行列の性質をフルに利用します。この性質について調べてみましょう。

分散共分散行列と相関行列の特徴は対称行列

分散共分散行列と相関行列は、**対称行列**という特徴を持ちます。例えば1行3列目と3行1列目は同じ値なのです。この特徴が、多変量解析の理論の数学的な支えとなります。

$$S = \begin{pmatrix} s_x^2 & s_{xy} & s_{xz} \\ s_{xy} & s_y^2 & s_{yz} \\ s_{xz} & s_{yz} & s_z^2 \end{pmatrix}$$

同じ値

固有値は実数、固有ベクトルは直交

正方行列Aにおいて、次の方程式を満たす数値λと、列ベクトルuを考えます。(Aは正則行列とします。)

$$Au = \lambda u \quad \cdots (1)$$

ベクトルuの成分が全て0ではないとき、数値λを**固有値**、ベクトルuをその固有値に対する**固有ベクトル**といいます。そして、固有値と固有ベクトルを求める問題を**固有値問題**と呼びます。

多変量解析で扱う行列のほとんどが対称行列なので、これから先は(1)の正方行列Aは対称行列とします。このとき、次の性質があります。

(イ) 固有値は実数
(ロ) 異なる固有値に対する固有ベクトルは、互いに直交する。

以上(イ)、(ロ)の意味を、次の例で確かめてみましょう。

(例) $A = \begin{pmatrix} 1 & 2 \\ 2 & 1 \end{pmatrix}$ の固有値問題を解き、性質を知らべてみよう。

まず固有値問題(1)を解いてみます。

$$\begin{pmatrix} 1 & 2 \\ 2 & 1 \end{pmatrix} \begin{pmatrix} x \\ y \end{pmatrix} = \lambda \begin{pmatrix} x \\ y \end{pmatrix} \quad (\lambda が固有値、\begin{pmatrix} x \\ y \end{pmatrix} が固有ベクトル)$$

展開し整理すると、

$$\left. \begin{array}{l} (1-\lambda)x + 2y = 0 \\ 2x + (1-\lambda)y = 0 \end{array} \right\} \quad \cdots (2)$$

y を消去し、次の方程式が得られます。

$$\{(1-\lambda)^2 - 4\}x = 0$$

x、y 共には0にはならない解を求めているので、(2)から $x \neq 0$。よって、

$$(1-\lambda)^2 - 4 = 0 \quad から \quad \lambda = -1, 3$$

この λ の値を(2)に代入します。k を0でない定数として、

$\lambda = -1$ のとき $(x, y) = (k, -k)$

$\lambda = 3$ のとき $(x, y) = (k, k)$

こうして、固有値問題が解けました。すなわち、$k \neq 0$ として

$$\left. \begin{array}{ll} \lambda = -1 のとき & u = u_1 = \begin{pmatrix} k \\ -k \end{pmatrix} \\ \lambda = 3 のとき & u = u_2 = \begin{pmatrix} k \\ k \end{pmatrix} \end{array} \right\} \textbf{(答)}$$

この答から、性質(イ)、(ロ)を確かめてみましょう。

(イ)が示すように、確かに固有値 λ は実数になっています。

また、(ロ)が示すように、2つの固有値 -1、3 に対して得られた2つの固有ベクトル u_1、u_2 は直交しています。実際、内積を計算して、

$$u_1 \cdot u_2 = k^2 - k^2 = 0$$

内積が0であることが直交条件なので、u_1、u_2 の直交が確かめられました。

● 固有ベクトルの規格化

ベクトルの大きさを1に修正することを**規格化**といいます。固有ベクト

ルは規格化しておくのが普通です。すなわち、次のように大きさを整えておくのです。

$|u|=1$

上の例でいうと、$k=\dfrac{1}{\sqrt{2}}$として、u_1、u_2を次のようにします。こうすることで、$|u_1|=|u_2|=1$となり、固有ベクトルは規格化されました。

$$u_1 = \begin{pmatrix} \dfrac{1}{\sqrt{2}} \\ -\dfrac{1}{\sqrt{2}} \end{pmatrix},\ u_2 = \begin{pmatrix} \dfrac{1}{\sqrt{2}} \\ \dfrac{1}{\sqrt{2}} \end{pmatrix} \quad \cdots (3)$$

（注）ベクトルuの大きさは$|u|$で表されます。「ベクトルの大きさ」とはベクトルの各成分の平方和の平方根をいいます。

● スペクトル分解

対称行列の固有値は実数であり、異なる固有値に対する固有ベクトルは直交することを確かめました。この性質を利用すると、対称行列が規格化された固有ベクトルで展開できます。

例えば、左ページの**（例）**で用いた対称行列について確かめてみましょう。

（例） $A = \begin{pmatrix} 1 & 2 \\ 2 & 1 \end{pmatrix}$を固有ベクトルで展開してみよう。

実際に計算すればわかりますが、次のように行列Aを展開できます。

$$A = \begin{pmatrix} 1 & 2 \\ 2 & 1 \end{pmatrix} = (-1) \begin{pmatrix} \dfrac{1}{\sqrt{2}} \\ -\dfrac{1}{\sqrt{2}} \end{pmatrix} \begin{pmatrix} \dfrac{1}{\sqrt{2}} & -\dfrac{1}{\sqrt{2}} \end{pmatrix} + 3 \begin{pmatrix} \dfrac{1}{\sqrt{2}} \\ \dfrac{1}{\sqrt{2}} \end{pmatrix} \begin{pmatrix} \dfrac{1}{\sqrt{2}} & \dfrac{1}{\sqrt{2}} \end{pmatrix}$$

一般的に、対称行列Aの異なる固有値をλ_1、λ_2、λ_3、…、規格化された固有ベクトルを順にu_1、u_2、u_3、…とすると、次のように対称行列Aが展開されます。

$$A = \lambda_1 u_1 {}^t u_1 + \lambda_2 u_2 {}^t u_2 + \lambda_3 u_3 {}^t u_3 + \cdots$$

この展開を**スペクトル分解**といいます。

付録 F 固有値問題の数値的解法

付録Eで調べたように、行列Aについて、次式を満たす数λを**固有値**、零ベクトルでないベクトルuを**固有ベクトル**といいます。

$$Au = \lambda u \quad \cdots (1)$$

さて、どうやって固有値や固有ベクトルを求めるのでしょうか。対称行列についていえば、**累乗法**という有名な方法があります。

(注) 行列の基本については付録D、Eを参照してください。

固有値と固有ベクトルを準備

話を具体的にするために、例えば3次の対称行列について調べてみましょう。3次の対称行列とは次の形をした行列です。

$$A = \begin{pmatrix} a & x & y \\ x & b & z \\ y & z & c \end{pmatrix}$$

この行列に対して、(1)の固有値問題が解けたとします。固有値をλ_1、λ_2、λ_3、それらに対応する固有ベクトルを順にu_1、u_2、u_3とします。なお、議論を簡単にするために、次のように仮定します。

$$\lambda_1 > \lambda_2 > \lambda_3$$

また、固有ベクトルu_1、u_2、u_3は大きさ1に規格化されているものとします。

対称行列の場合、固有ベクトルu_1、u_2、u_3は互いに直交することが知られています。これが対称行列の扱いを容易にしてくれます。

累乗法の仕組み

いま、適当なベクトルwを考えます。3次元空間の任意のベクトルは、

3つの固有ベクトルu_1、u_2、u_3の一次結合で一意的に表されるから

$$w = au_1 + bu_2 + cu_3 \quad \cdots (2)$$

この(2)式の両辺に左から行列Aを掛けてみましょう。(1)式を利用して、

$$Aw = a\lambda_1 u_1 + b\lambda_2 u_2 + c\lambda_3 u_3$$

この両辺に左から再びAを掛けてみましょう。同様な計算から、

$$A^2 w = a\lambda_1 A u_1 + b\lambda_2 A u_2 + c\lambda_3 A u_3 = a\lambda_1^2 u_1 + b\lambda_2^2 u_2 + c\lambda_3^2 u_3$$

この操作をn回繰り返すと、

$$A^n w = a\lambda_1^n u_1 + b\lambda_2^n u_2 + c\lambda_3^n u_3 \quad \cdots (3)$$

$\lambda_1 > \lambda_2 > \lambda_3$なので、$n$を大きくすると、右辺の最初の項$a\lambda_1^n u_1$が残りの項に比べて大きくなり、次のように近似できるようになります。

$$A^n w \fallingdotseq a\lambda_1^n u_1 \quad \cdots (4)$$

こうして、適当なベクトルwに行列Aを何回も掛けていけば、一番大きな固有値を持つ固有ベクトルu_1が（近似的に）求められるのです。これが「累乗法」です。

固有ベクトルが求められれば、(1)を利用して固有値が求められます。

2番目の固有値に対する固有ベクトル

対称行列Aをスペクトル分解してみましょう（付録E）。

$$A = \lambda_1 u_1 {}^t u_1 + \lambda_2 u_2 {}^t u_2 + \lambda_3 u_3 {}^t u_3 \quad \cdots (4)$$

いま、最大の固有値λ_1に対する固有ベクトルu_1が求められたとします。すると、この(4)から、

$$A - \lambda_1 u_1 {}^t u_1 = \lambda_2 u_2 {}^t u_2 + \lambda_3 u_3 {}^t u_3 \quad \cdots (5)$$

この(5)式の右辺は対称行列になり、これを新たに行列Aとみなせば、上と同じ論法が繰り返せます。こうして、2番目の固有値に対する固有ベクトル、及びその固有値が同様にして得られるのです。

付録G 第1主成分を取り除いた「搾りカス」変量の導出

話を簡単にするために2変量 x、y を考えます。求めたい公式は次の通りです。

（注）3変量以上でも同様です。これがベクトルと行列を用いるメリットです。本付録では、ベクトルを強調するので、ベクトル記号として $\vec{x}$、$\vec{y}$ などの記号を利用します。

2変量 x、y の資料から第1主成分が次のように求められたとする。
$$p = ax + by \quad (a^2 + b^2 = 1) \quad \cdots (1)$$
すると、変量 x、y から第1主成分 u を搾りとった変量は次のように算出できる。
$$x - ap,\ y - bp \quad \cdots (2)$$

2変量 x、y、及び第1主成分 p の資料を、次のように一般的に表します。

個体名	x	y	p
1	x_1	y_1	p_1
2	x_2	y_2	p_2
…	…	…	…
n	x_n	y_n	p_n

p は第1主成分(1)で、$p = ax + by$

以下では、次のように記号を約束します。

変量ベクトル $\vec{x} = \begin{pmatrix} x_1 - \overline{x} \\ x_2 - \overline{x} \\ \cdots \\ x_n - \overline{x} \end{pmatrix}$、$\vec{y} = \begin{pmatrix} y_1 - \overline{y} \\ y_2 - \overline{y} \\ \cdots \\ y_n - \overline{y} \end{pmatrix}$、$\vec{p} = \begin{pmatrix} p_1 - \overline{p} \\ p_2 - \overline{p} \\ \cdots \\ p_n - \overline{p} \end{pmatrix}$

分散共分散行列 $S = \begin{pmatrix} s_x^2 & s_{xy} \\ s_{xy} & s_y^2 \end{pmatrix}$、主成分負荷量ベクトル $\vec{f} = \begin{pmatrix} a \\ b \end{pmatrix}$

この証明には、$\vec{f}$、$\vec{p}$ の持つ次の2つの性質を利用します（3章§7）。

（Ⅰ）$S\vec{f} = \lambda \vec{f}$　（$\vec{f}$ は固有方程式の解）

(Ⅱ) $\dfrac{1}{n}|\vec{p}|^2 = \lambda$ （第1主成分 p の分散 $s_P{}^2 = \dfrac{1}{n}|\vec{p}|^2$ が固有値）

最初に、変量 x について調べてみましょう。

変量 x から第1主成分 p を搾り取った「搾りカス」は、ベクトルの理論から、次のように表せます。

$$\vec{x} - \dfrac{\vec{x}\cdot\vec{p}}{|\vec{p}|^2}\vec{p} \quad \cdots(3)$$

（注）ベクトルの射影という理論を使っています。なお、内積を「・」で表しています。

$\vec{x}$、$\vec{y}$、$\vec{p}$、及び分散、共分散の定義から、(3) の $\vec{x}\cdot\vec{p}$ の項は次のように変形されます。

$$\vec{x}\cdot\vec{p} = \vec{x}\cdot(a\vec{x}+b\vec{y}) = a\vec{x}\cdot\vec{x}+b\vec{x}\cdot\vec{y} = n(as_x{}^2+bs_{xy}) \quad \cdots(4)$$

また、性質（Ⅰ）を成分で表して、

$$\begin{pmatrix} s_x{}^2 & s_{xy} \\ s_{xy} & s_y{}^2 \end{pmatrix}\begin{pmatrix} a \\ b \end{pmatrix} = \lambda \begin{pmatrix} a \\ b \end{pmatrix}$$

これを展開して、1行目を書き出すと、

$$a\,s_x{}^2 + b\,s_{xy} = \lambda a$$

(4) に代入すると、

$$\vec{x}\cdot\vec{p} = n\lambda a \quad \cdots(5)$$

性質（Ⅱ）と (5) 式を (3) に代入して、

$$\vec{x} - \dfrac{\vec{x}\cdot\vec{p}}{|\vec{p}|^2}\vec{p} = \vec{x} - \dfrac{n\lambda a}{n\lambda}\vec{p} = \vec{x} - a\vec{p}$$

変量ベクトル $\vec{x} - a\vec{p}$ は、変量 $x - ap$ について資料の値を列挙したものなので、2者は同じものです。こうして、目標の (2) 式の前半が示されました。

残る後半も同様なことは、以上の証明から明らかでしょう。

付録 H 正規分布と多変量正規分布

本書では原則的に確率理論的な解釈には触れていません。しかし、SEM（共分散構造分析）では、多少言及しています。そこで、多変量解析の場合の標準的な確率分布となる正規分布と多変量正規分布について調べることにします。

● 正規分布

経験的に知られているように、変量 x について多くのデータを集め、その分布をグラフにすると、右の図のような曲線になります。この分布を理想化したものが、次の式で与えられる正規分布曲線です。

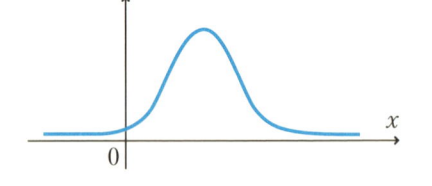

$$f(x) = \frac{1}{\sqrt{2\pi}\,\sigma} e^{-\frac{(x-\mu)^2}{2\sigma^2}} \quad \cdots (1)$$

ここで、π は円周率（$= 3.14159\cdots$）、e はネイピア数（$= 2.71828\cdots$）です。また、μ は変量 x の平均値、σ^2 は分散です。正規分布は、この μ と σ によって特徴づけられる分布で、記号 $N(\mu, \sigma^2)$ と書き表されます。

本書で調べるほとんどの確率現象の裏には、この分布が仮定されています。

● 多変量正規分布

1変量の正規分布(1)を多変量に拡張した正規分布はどのようになるでしょうか。それが多変量正規分布です。例えば2変量の場合の多変量正規分布は、次のように与えられます。

$$f(x, y) = \frac{1}{(\sqrt{2\pi})^2 \sqrt{|\Sigma|}} e^{-\frac{1}{2}D^2} \quad \cdots (2)$$

ここで、Σ は2変量 x、y の分散共分散行列、$|\Sigma|$ はその行列式です。すなわち、

$$\Sigma = \begin{pmatrix} \sigma_x^2 & \sigma_{xy} \\ \sigma_{xy} & \sigma_y^2 \end{pmatrix}, \quad |\Sigma| = \sigma_x^2 \sigma_y^2 - \sigma_{xy}^2$$

また、D^2 は次のように定義されます。

$$D^2 = (x - \overline{x} \quad y - \overline{y}) \begin{pmatrix} \sigma_x^2 & \sigma_{xy} \\ \sigma_{xy} & \sigma_y^2 \end{pmatrix}^{-1} \begin{pmatrix} x - \overline{x} \\ y - \overline{y} \end{pmatrix} \quad \cdots (3)$$

ここで、D^2 はマハラノビスの距離と呼ばれます（6章§6）。

（注）行列の計算については付録Dをご覧ください。

> **MEMO　マハラノビス**
>
> マハラノビスの距離の「マハラノビス」とは学者の名です。インドに生まれ、統計学、経済学、物理学の分野で、多彩な才能を発揮しました。1893年に生まれ1972年に没するまで、インドの激動の時代を指導した学者でした。
> 　ちなみに、マハラノビスの距離をマハラノビスの汎距離とも呼びます。通常の距離を一般化したことから、そう呼ばれるのです。

付録 1 最尤推定法

SEM（共分散構造分析）で、最尤推定法を利用しました。この最尤推定法について調べることにします。

● 最尤推定法とは

最尤推定法（最尤法ともいいます）とは、その漢字が示すように、資料から「最も尤もらしい」パラメータを推定する方法を言います。簡単な例を調べてみましょう。

> **(例)** コインが一つあり、表の出る確率がpとする。このコインを5回投げたところ、表、表、裏、表、裏と出た。このコインの表の出る確率pを最尤推定法で推定してみよ。

この現象の起こる確率$L(p)$は確率pを用いて、次のように表現できます。
$$L(p) = p \times p \times (1-p) \times p \times (1-p) = p^3(1-p)^2$$
この$L(p)$を尤度関数と呼びます。そして、$L(p)$の値が最大になるときに、コインの表の出る確率pが実現されると考えるのです。

尤度関数$L(p)$をグラフに示してみましょう。

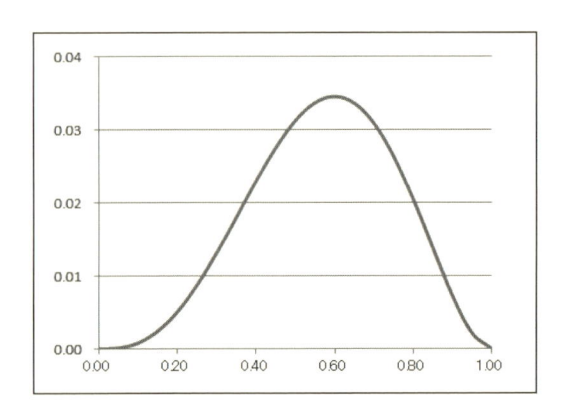

このグラフから、$p=0.6$ のときに最もこの現象が起こりやすいことが分かります。したがって、コインの表の出る確率 p は 0.6 と推定されます。

$p = 0.6$

これが最尤推定法の考え方です。

（注）最尤推定法は英語で Maximum Liklihood Estimation と表現されます。

最尤推定法とExcel

Excelアドイン「ソルバー」は最尤推定法を実行するのに最適です。実際に、ソルバーを用いて、先の例の解 $p=0.6$ を求めてみましょう。

（注）ソルバーの使い方については1章§7をご覧ください。

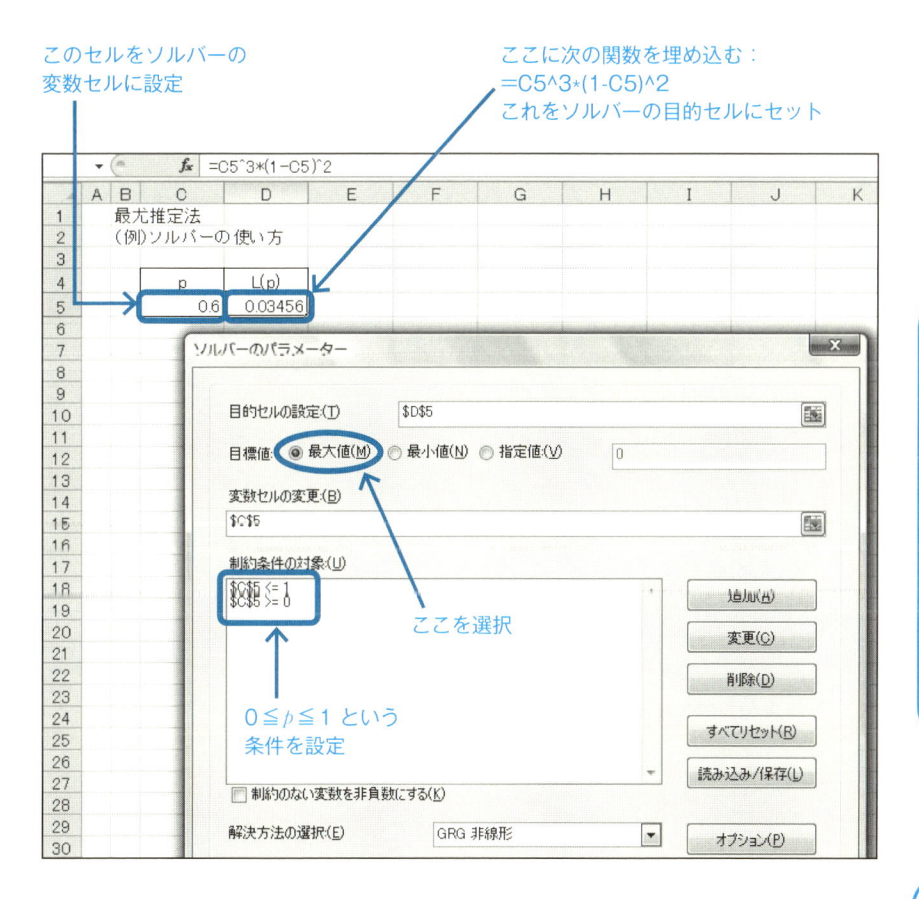

このセルをソルバーの変数セルに設定

ここに次の関数を埋め込む：
＝C5^3*(1-C5)^2
これをソルバーの目的セルにセット

ここを選択

$0 \leq p \leq 1$ という条件を設定

付録 J 最尤推定法のための適合度関数

　SEMでは、推定法として最尤推定法をよく利用します（付録I）。これは、適合度関数の値を利用してχ^2検定が行えるという利点があるからです。ここでは、最尤推定法で利用される適合度関数の求め方を見てみましょう。具体的な求め方の仕組みを調べたいので、次のような2変量の簡単な資料を分析対象とします。

個体名	x	y
1	x_1	y_1
2	x_2	y_2
…	…	…
i	x_i	y_i
…	…	…
n	x_n	y_n

nは個体数。x_i、y_iはi番目の個体の変量値。

● 多変量正規分布を仮定

　付録Hで調べたように、多変量解析では、変量の従う分布として多変量正規分布を仮定するのが一般的です。そうすることで、式変形が容易になるからです。また、最初に述べたように、χ^2検定が応用できるからです。このとき、2変量x、yの従う確率分布の関数$f(x, y)$は次のように表現されます。

$$f(x, y) = \frac{1}{\sqrt{2\pi}^2 \sqrt{|\Sigma|}} e^{-\frac{1}{2}D^2} \quad (D^2 = {}^t X \Sigma^{-1} X) \quad \cdots (1)$$

　ここで、Σは母集団についての分散共分散行列、すなわちモデルから導かれた分散共分散行列です。Xは偏差からなるベクトルです。

$$\Sigma = \begin{pmatrix} \sigma_x^2 & \sigma_{xy} \\ \sigma_{xy} & \sigma_y^2 \end{pmatrix}, \quad X = \begin{pmatrix} x - \mu_x \\ y - \mu_y \end{pmatrix} \quad (\mu_x、\mu_y は変量x、yの平均値)$$

$|\Sigma|$はその行列Σの行列式で、Σ^{-1}はこの行列Σの逆行列です。また、${}^t X$

はベクトル X の転置行列です。

（注）行列式、逆行列、転置行列については、付録Dをご覧下さい。

● 尤度関数を求める

多変量解析のとき、最尤推定法のための確率分布としては多変量正規分布(1)を用いるのが一般的です。したがって、個々の個体の値は(1)式に従うことになります。そこで、資料に n 個の個体が含まれているとき、その資料の実現する確率 P は(1)の積になります。すなわち、

$$P = f(x_1, y_1) f(x_2, y_2) \cdots f(x_n, y_n)$$
$$= \left(\frac{1}{\sqrt{2\pi}}\right)^2 \frac{1}{\sqrt{|\Sigma|}} e^{-\frac{1}{2}D_1^2} \left(\frac{1}{\sqrt{2\pi}}\right)^2 \frac{1}{\sqrt{|\Sigma|}} e^{-\frac{1}{2}D_2^2} \cdots \left(\frac{1}{\sqrt{2\pi}}\right)^2 \frac{1}{\sqrt{|\Sigma|}} e^{-\frac{1}{2}D_n^2}$$
$$= \left(\frac{1}{\sqrt{2\pi}}\right)^{2Nn} \left(\frac{1}{\sqrt{|\Sigma|}}\right)^n e^{-\frac{1}{2}(D_1^2 + D_2^2 + \cdots + D_n^2)} \quad \cdots (2)$$

ここで、D_i^2 は次の意味を持ちます。

$$D_i^2 = {}^t X_i \Sigma^{-1} X_i \quad \left(X_i = \begin{pmatrix} x_i - \mu_x \\ y_i - \mu_y \end{pmatrix} \quad (i = 1, 2, \cdots, n)\right)$$

こうして、多変量正規分布を仮定した場合の資料の実現する確率は(2)式で与えられることがわかりました。これが尤度関数です。そこで、この**(2)式が最大になるように母数を決める**ことが、最尤推定法です。

● 最尤推定法のための適合度関数を求める

実際の計算がしやすいように、(2)を変形しましょう。

(2)の両辺の自然対数をとり、最大最小値問題では関係しない定数を省いたものを $\ln P$ と置くと、

$$\ln P = -\frac{1}{2} {}^t X_1 \Sigma^{-1} X_1 - \frac{1}{2} {}^t X_2 \Sigma^{-1} X_2 - \cdots - \frac{1}{2} {}^t X_n \Sigma^{-1} X_n - \frac{n}{2} \ln |\Sigma|$$

（注）$\ln x$ は自然対数を表します。

(2)の最大値を求めることは、この $\ln P$ の最大値を求めることと同じです。

ところで、計算の際には、最大値よりも最小値の方を求めるのが普通なので、$\ln P$ にマイナスをかけた値が利用されます。すなわち、

$$-\ln P = \frac{1}{2}{}^t X_1 \Sigma^{-1} X_1 + \frac{1}{2}{}^t X_2 \Sigma^{-1} X_2 + \cdots + \frac{1}{2}{}^t X_n \Sigma^{-1} X_n + \frac{n}{2}\ln|\Sigma| \quad \cdots (3)$$

こうして、最大化問題を最小化問題に置き換えるのです。

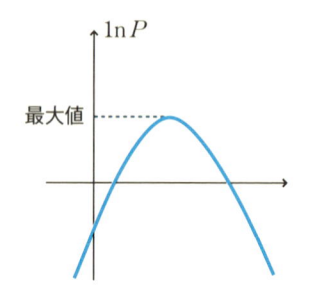

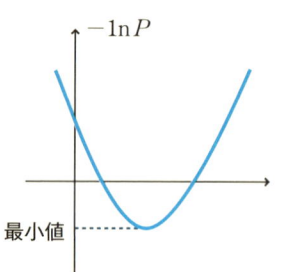

最大化問題を最小化問題に置き換え。

さて、X を行ベクトル、A を正方行列としたときに成立する行列の公式
$${}^t X A X = \mathrm{tr}(A X {}^t X)$$
を利用しましょう。すると (3) は次のようになります。

$$-\ln P = \frac{1}{2}\mathrm{tr}\Sigma^{-1} X_1 {}^t X_1 + \frac{1}{2}\mathrm{tr}\Sigma^{-1} X_2 {}^t X_2 + \cdots + \frac{1}{2}\mathrm{tr}\Sigma^{-1} X_n {}^t X_n + \frac{n}{2}\ln|\Sigma|$$

更に、A、B を正方行列とするときに成立する行列の公式
$$\mathrm{tr}(A) + \mathrm{tr}(B) = \mathrm{tr}(A + B)$$
を利用すると

$$-\ln P = \frac{1}{2}\mathrm{tr}\Sigma^{-1}\{X_1 {}^t X_1 + X_2 {}^t X_2 + \cdots + X_n {}^t X_n\} + \frac{n}{2}\ln|\Sigma|$$

$$= \frac{n}{2}\mathrm{tr}\Sigma^{-1}\frac{1}{n}\{X_1 {}^t X_1 + X_2 {}^t X_2 + \cdots + X_n {}^t X_n\} + \frac{n}{2}\ln|\Sigma|$$

$$= \frac{n}{2}\mathrm{tr}\Sigma^{-1} S + \frac{n}{2}\ln|\Sigma| \quad \cdots (4)$$

ここで、

$$S = \frac{1}{n}\{X_1 {}^t X_1 + X_2 {}^t X_2 + \cdots + X_n {}^t X_n\}$$

と置きましたが、母平均を資料から得られる平均値で置き換えれば、S は

資料から得られる分散共分散行列そのものです。すなわち、

$$S = \begin{pmatrix} s_x{}^2 & s_{xy} \\ s_{xy} & s_y{}^2 \end{pmatrix}$$

(4)で、Σ を Σ^{-1} に合わせるために、次の関係を利用します。

$\Sigma\Sigma^{-1} = E$　すなわち、$|\Sigma||\Sigma^{-1}| = 1$

これを(4)に代入して、

$$-\ln P = \frac{n}{2}\operatorname{tr}\Sigma^{-1}S - \frac{n}{2}\log|\Sigma^{-1}| \quad \cdots(5)$$

この(5)の最小化を考える際には、定数である $\frac{n}{2}$ は問題にならないので略します。さらに χ^2 検定ができるように最小値問題に関係しない補正項

$\ln|S| + N$　（N は変量の個数。いまの場合は $N = 2$）

を(6)式から引くことで、次の値 f_{ML} を得ることができます。

$$f_{\mathrm{ML}} = \operatorname{tr}\Sigma^{-1}S - \log|\Sigma^{-1}| - \ln|S| - N \quad \cdots(6)$$

（注）ML は Most Likely の略

これが結論の式です。ところで、(6)式は2変量の場合について導き出しましたが、導き出し方は変量数には依りません。一般的に成立するのです。すなわち、(6)式が多変量正規分布を仮定したときの標準的な適合度関数になるのです。

本文でも調べたように（5章§5）、(6)式を用いることで、多変量解析のモデルの検定が行えます。$(n-1)f_{\mathrm{ML}}$ が自由度の $\frac{1}{2}N(N+1) - p$ の χ^2 分布に従うことが証明できるからです。（p は多変量解析モデルに含まれるパラメータの個数。）

INDEX

数字

- 1因子モデル ... 98
- 1次データ ... 16
- 2因子モデル ... 110
- 2次元マッピング ... 225
- 2次データ ... 16
- 3行3列 ... 247

英字

- AMOS ... 162
- column of table ... 37
- covariance ... 26
- GROWTH関数 ... 72
- LINEST関数 ... 65
- $m \times n$クロス集計表 ... 37
- row of table ... 37
- RSQ関数 ... 65
- SEM ... 138
- SMC法 ... 117
- variance ... 21

あ行

- アイテム ... 203
- 因子決定行列 ... 122
- 因子負荷行列 ... 122
- 因子負荷量 ... 100, 107, 110
- 因子分析 ... 98

か行

- 回帰曲線 ... 69
- 回帰係数 ... 43
- 回帰式 ... 40
- 回帰直線 ... 43
- 回帰分析 ... 40
- 回帰方程式 ... 40, 42
- 外的基準 ... 40, 204
- 解の不定性 ... 128
- 確認的因子分析 ... 106, 139, 140
- カテゴリー ... 203
- カテゴリーウェイト ... 205, 234
- 間隔尺度 ... 202
- 観測変数 ... 144
- 観測変量 ... 31
- 規格化 ... 252
- 級間変動 ... 169
- 級内変動 ... 169
- 行 ... 247
- 共通因子 ... 98, 110
- 共通性 ... 108, 116
- 共通性の推定 ... 117
- 共分散 ... 18, 24, 239
- 共分散構造分析 ... 139
- 行ベクトル ... 247
- 行列 ... 247
- 行列式 ... 250
- 極値 ... 244
- 極値条件 ... 244

寄与率	81, 87, 109, 126	実測値	45, 119
クロス集計表	37	質的データ	203
群間変動	169, 213	搾りカス	256
群内変動	169, 170, 213	尺度	202
決定係数	54	主因子法	118, 132
構造方程式モデル	138	重回帰分析	40, 242
誤差	31	重相関係数	56
誤差変数	31, 139, 140	従属変量	40
個体	17	自由度調整済み決定係数	67
個体名	17	重判別分析	200
誤判別率	198	主成分	78
個票	16	主成分得点	80
個票データ	16	主成分負荷量	78
個票データの開示	38	主成分分析	175
固有値	95, 136, 251, 254	順序尺度	202
固有値問題	95, 136, 251	情報量	20
固有ベクトル	95, 136, 251, 254	親近度	227
コレスポンデンス分析	203, 231	数量化	203

さ行

		スピアマン	106
最小2乗法	45, 47, 60, 118, 153, 207	スペクトル分解	253
最尤推定法	260	正規分布曲線	258
残差	46, 60	正則行列	249
残差平方和	47, 60	成長曲線	69
散布図	22	正答率	198
サンプルスコア	206	正の相関	23
サンプルプロット	91	成分	247
識別問題	157	正方行列	247
指数曲線	68	積率相関係数	26
		切片	43, 60

INDEX

説明変量	40, 42
線形回帰分析	65
線形結合	76
線形代数	28
線形の回帰分析	41
線形判別関数	175
線形判別分析	173
潜在変数	33, 144
全変動	168
相関行列	28
相関係数	26, 173
相関図	22
相関はない	23
相関比	167, 171, 212
総共通性	109, 126
ソルバー	34

た行

第1主成分	83
第2主成分	83
対角成分	247
対称行列	251
対数線形モデル	68
多変量解析	14, 17
多変量正規分布	193, 258
単位行列	247
単回帰係数	43, 60
単回帰分析	40, 42
探索的因子分析	106, 138

直交モデル	112
適合度関数	142, 155
転置行列	250
独自因子	31, 100, 107, 111
独自性	108, 116
独立変量	40
トレース	250

は行

パス	31
パス係数	141
パス図	30
パラメータ	141
バリマックス回転	121, 128
反復計算法	123
判別係数	175
判別的中率	198
判別得点	182
判別分析	165, 175
非線形の回帰分析	41
非直交モデル	145
標準化	103
標準化解	141
標準偏差	21
表側	37
表頭	37
比例尺度	202
負の相関	23
分割表	37

分散	18, 20, 239
分散共分散行列	28, 63
平均値	18
平方和	19
ベクトル	247
偏回帰係数	60
偏差	19
偏差平方和	19
変数	17
変数セル	35
変動	19, 167
偏微分	245
変量	17
変量の合成	74
変量の標準化	29
変量プロット	89

ま行

マハラノビスの距離	191
マハラノビスの汎距離	259
名義尺度	202
目的セル	35
目的変量	40, 42, 205

や行

尤度関数	153, 260
要素	17
要素名	17
予測値	45

ら行

ラグランジュの未定係数法	93, 244
量的データ	203
理論値	119
累乗法	96, 136, 254
累積寄与率	87
列	247
列ベクトル	247

【著者】

涌井 良幸（わくい　よしゆき）
1950年、東京都生まれ。東京教育大学（現・筑波大学）数学科を卒業後、千葉県立高等学校の教職に就く。教職退職後はライターとして著作活動に専念。

涌井 貞美（わくい　さだみ）
1952年東京生まれ。東京大学理学系研究科修士課程修了後、富士通、神奈川県立高等学校教員を経て、サイエンスライターとして独立。

【著述歴】

共著として「道具としてのベイズ統計」「図解でわかる多変量解析」「図解でわかる回帰分析」「図解でわかる統計解析用語辞典」（以上、日本実業出版社）、「困ったときのパソコン文字解決字典」「ピタリとわかる統計解析のための数学」（以上、誠文堂新光社）、「パソコンで遊ぶ数学実験」（講談社ブルーバックス）、「大学入試の『抜け道』数学」（学生社）、ほか多数。

カバーイラスト ● ゆずりはさとし
装　　丁　　　● 小山巧（志岐デザイン事務所）
本文図版・DTP ● BUCH⁺

●本書へのご意見、ご感想は、技術評論社ホームページ（http://gihyo.jp/）または以下の宛先へ書面にてお受けしております。電話でのお問い合わせにはお答えいたしかねますので、あらかじめご了承ください。

〒162-0846
東京都新宿区市谷左内町21-13
株式会社技術評論社書籍編集部
『多変量解析がわかる』係

ファーストブック
多変量解析がわかる

2011年5月25日　初版　第1刷発行
2024年8月31日　初版　第10刷発行

著　者　　涌井良幸
　　　　　涌井貞美
発行者　　片岡巌
発行所　　株式会社技術評論社
　　　　　東京都新宿区市谷左内町21-13
　　　　　電話　03-3513-6150 販売促進部
　　　　　　　　03-3267-2270 書籍編集部
印刷／製本　株式会社加藤文明社

定価はカバーに表示してあります。

本書の一部または全部を著作権法の定める範囲を超え、無断で複写、複製、転載、テープ化、ファイルに落とすことを禁じます。

©2011 涌井良幸、涌井貞美

造本には細心の注意を払っておりますが、万一、乱丁（ページの乱れ）や落丁（ページの抜け）がございましたら、小社販売促進部までお送りください。送料小社負担にてお取り替えいたします。

ISBN978-4-7741-4639-3　C3041

Printed in Japan